高职高专生物技术类专业系列规划教材

仪器分析技术

主　编　张俊霞　王　利
副主编　牛红军　达林其木格
参　编　李利花　闫宁怀
　　　　范　静　王　馥
顾　问　刘　峰　范文斌

重庆大学出版社

内容提要

本书是编者根据高职高专生物技术专业要求，结合高职教育人才培养的特点编写而成。本书共5篇，由9个项目组成，每个项目又分为仪器分析技术理论基础和仪器分析检测实训项目两个部分，第9个项目为综合实训任务。重点介绍了光学分析技术、电化学分析技术、色谱分析技术及其他重要分析技术的基本原理、仪器的构造、实验技术和经典的分析检测项目。为了增强学生对各类仪器分析技术的综合应用能力和理解分析技术的先进性、前沿性，本书设置了项目小结、知识链接、练习题等内容。

本书可供高职高专院校生物技术类、制药技术类、化工类、食品类、环境类等相关专业师生使用，也可供相关从业者参考。

图书在版编目(CIP)数据

仪器分析技术/张俊霞，王利主编. —重庆：重庆大学出版社，2015.8(2018.8重印)
高职高专生物技术类专业系列规划教材
ISBN 978-7-5624-9331-0

Ⅰ.①仪… Ⅱ.①张… ②王… Ⅲ.①仪器分析—高等职业教育—教材 Ⅳ.①O657

中国版本图书馆 CIP 数据核字(2015)第 160689 号

仪器分析技术

主　编　张俊霞　王　利
副主编　牛红军　达林其木格
策划编辑：袁文华

责任编辑：袁文华　姜　凤　　版式设计：袁文华
责任校对：谢　芳　　　　　　　责任印制：赵　晟

*

重庆大学出版社出版发行
出版人：易树平
社址：重庆市沙坪坝区大学城西路21号
邮编：401331
电话：(023) 88617190　88617185(中小学)
传真：(023) 88617186　88617166
网址：http://www.cqup.com.cn
邮箱：fxk@cqup.com.cn (营销中心)
全国新华书店经销
重庆升光电力印务有限公司印刷

*

开本：787mm×1092mm　1/16　印张：20　字数：474千
2015年8月第1版　2018年8月第2次印刷
印数：3 001—4 000
ISBN 978-7-5624-9331-0　定价：39.00元

本书如有印刷、装订等质量问题，本社负责调换
版权所有，请勿擅自翻印和用本书
制作各类出版物及配套用书，违者必究

高职高专生物技术类专业系列规划教材
※ 编委会 ※

（排名不分先后）

总 主 编	王德芝			
编委会委员 陈春叶	池永红	迟全勃	党占平	段鸿斌
范洪琼	范文斌	辜义洪	郭立达	郭振升
黄蓓蓓	李春民	梁宗余	马长路	秦静远
沈泽智	王家东	王伟青	吴亚丽	肖海峻
谢必武	谢 昕	袁 亮	张俊霞	张 明
张媛媛	郑爱泉	周济铭	朱晓立	左伟勇

高职高专生物技术类专业系列规划教材
※ 参加编写单位 ※

（排名不分先后）

北京农业职业学院	湖北生态工程职业技术学院
重庆三峡医药高等专科学校	湖北生物科技职业学院
重庆三峡职业学院	江苏农牧科技职业学院
甘肃酒泉职业技术学院	江西生物科技职业学院
甘肃林业职业技术学院	辽宁经济职业技术学院
广东轻工职业技术学院	内蒙古包头轻工职业技术学院
河北工业职业技术学院	内蒙古大学鄂尔多斯学院
河南漯河职业技术学院	内蒙古呼和浩特职业学院
河南三门峡职业技术学院	内蒙古医科大学
河南商丘职业技术学院	山东潍坊职业学院
河南信阳农林学院	陕西杨凌职业技术学院
河南许昌职业技术学院	四川宜宾职业技术学院
河南职业技术学院	四川中医药高等专科学校
黑龙江民族职业学院	云南农业职业技术学院
湖北荆楚理工学院	云南热带作物职业学院

总　序

　　大家都知道,人类社会已经进入了知识经济的时代。在这样一个时代中,知识和技术比以往任何时候都扮演着更加重要的角色,发挥着前所未有的作用。在产品(与服务)的研发、生产、流通、分配等任何一个环节,知识和技术都居于中心位置。

　　那么,在知识经济时代,生物技术前景如何呢?

　　有人断言,知识经济时代以如下六大类高新技术为代表和支撑,它们分别是电子信息、生物技术、新材料、新能源、海洋技术、航空航天技术。是的,生物技术正是当今六大高新技术之一,而且地位非常"显赫"。

　　目前,生物技术广泛地应用于医药和农业,同时在环保、食品、化工、能源等行业也有着广阔的应用前景,世界各国无不非常重视生物技术及生物产业。有人甚至认为,生物技术的发展将为人类带来"第四次产业革命";下一个或者下一批"比尔·盖茨"们,一定会出在生物产业中。

　　在我国,生物技术和生物产业发展异常迅速,"十一五"期间(2006—2010年)全国生物产业年产值从6 000亿元增加到16 000亿元,年均增速达21.6%,增长速度几乎是我国同期GDP增长速度的2倍。到2015年,生物产业产值将超过4万亿元。

　　毫不夸张地讲,生物技术和生物产业正如一台强劲的发动机,引领着经济发展和社会进步。生物技术与生物产业的发展,需要大量掌握生物技术的人才。因此,生物学科已经成为我国相关院校大学生学习的重要课程,也是从事生物技术研究、产业产品开发人员应该掌握的重要知识之一。

　　培养优秀人才离不开优秀教师,培养优秀人才离不开优秀教材,各个院校都无比重视师资队伍和教材建设。多年的生物学科经过发展,已经形成了自身比较完善的体系。现已出版的生物系列教材品种也较为丰富,基本满足了各层次各类型的教学需求。然而,客观上也存在一些不容忽视的不足,如现有教材可选范围窄,有些教材质量参差不齐、针对性不强、缺少行业岗位必需的知识技能等,尤其是目前生物技术及其产业发展迅速,应用广泛,知识更新快,新成果、新专利急剧涌现,教材作为新知识、新技术的载体应与时俱进,及时更新,才能满足行业发展和企业用人提出的现实需求。

　　正是在这种时代及产业背景下,为深入贯彻落实《国家中长期教育改革和发展规划纲要(2010—2020年)》和《教育部 农业部 国家林业局关于推动高等农林教育综合改革的若干意见》(教高〔2013〕9号)等有关指示精神,重庆大学出版社结合高职高专的发展及专业教学基本要求,组织全国各地的几十所高职院校,联合编写了这套"高职高专生物技术类专业系列规划教材"。

从"立意"上讲,本套教材力求定位准确、涵盖广阔,编写取材精炼、深度适宜、分量适中、案例应用恰当丰富,以满足教师的科研创新、教育教学改革和专业发展的需求;注重图文并茂,深入浅出,以满足学生就业创业的能力需求;教材内容力争融入行业发展,对接工作岗位,以满足服务产业的需求。

编写一套系列教材,涉及教材种类的规划与布局、课程之间的衔接与协调、每门课程中的内容取舍、不同章节的分工与整合……其中的繁杂与辛苦,实在是"不足为外人道"。

正是这种繁杂与辛苦,凝聚着所有编者为本套教材付出的辛勤劳动、智慧、创新和创意。教材编写团队成员遍布全国各地,结构合理、实力较强,在本学科专业领域具有较深厚的学术造诣及丰富的教学和生产实践经验。

希望本套教材能体现出时代气息及产业现状,成为一套将新理念、新成果、新技术融入其中的精品教材,让教师使用时得心应手,学生使用时明理解惑,为培养生物技术的专业人才,促进生物技术产业发展做出自己的贡献。

是为序。

全国生物技术职业教育教学指导委员会委员
高职高专生物技术类专业系列规划教材总主编　王德芝
2014 年 5 月

前言

在科学技术和生产快速发展的今天,仪器分析技术在诸多领域的分析检测工作中发挥着越来越重要的作用。本书是编者根据高职高专生物技术类专业要求,结合高职教育人才培养的特点编写而成。

本书紧紧围绕"工学结合"的教育理念,理论知识贯彻"实用、必须、够用"的原则,密切结合专业实际和岗位需求,注重实际问题的解决和技能的培养,编写时力求内容准确、条理清晰、方法合理、技术先进、分析科学。本书共分5个篇,篇下设有9个项目,每个项目又分为仪器分析技术理论基础和仪器分析检测实训项目两部分,第9个项目为综合实训任务。仪器分析的特点是理论抽象而实践性又非常强,为了使抽象理论与具体实践紧密联系,每一项仪器分析技术安排了针对性强的实际工作任务操作实训,学生通过实训操作可加深对仪器分析技术基本原理的理解,做到理论与实践的有机结合。重点介绍了光学分析技术、电化学分析技术、色谱分析技术及其他重要分析技术的基本原理、仪器的构造、实验技术和经典的分析检测项目。为了增强学生对各类仪器分析技术的综合应用能力和理解分析技术的先进性、前沿性,本书设置了项目小结、知识链接、练习题等内容。本书可供高职高专院校生物技术类、制药技术类、化工类、食品类、环境类等相关专业师生使用,也可供相关从业者参考。

本书由张俊霞(呼和浩特职业学院,项目4、项目7)和王利(内蒙古医科大学,绪论、项目6)担任主编;牛红军(天津现代职业技术学院,项目5)和达林其木格(呼和浩特职业学院,项目2)担任副主编;李利花(广东食品药品职业学院,项目1)、闫宁怀(内蒙古化工职业学院,项目3)、范静(内蒙古化工职业学院,项目8、综合实训)、王馥(信阳农林学院,绪论)参与了编写;全书由张俊霞和王利统稿。

本书在编写过程中,由内蒙古伊利实业集团股份有限公司刘峰和呼和浩特职业学院范文斌对实训项目给予了技术指导,同时也得到了编者所在院校和重庆大学出版社的大力支持,在此表示衷心的感谢。本书所引用的资料和参考的文献均已列入书后参考文献中,在此向原著作者表示诚挚的谢意。

由于计算机技术和分析仪器自动化的快速发展,仪器分析技术的发展日新月异,如仪器分析技术新仪器、分析仪器的联用技术等难免有疏漏。

由于编者水平有限,书中错误和欠妥之处恳请读者提出宝贵意见。

编 者
2015 年 5 月

目录 CONTENTS

绪 论
- 0.1 仪器分析的特点和任务 ··· (2)
- 0.2 仪器分析方法的分类 ·· (3)
- 0.3 分析仪器的构成 ·· (4)
- 0.4 分析仪器的性能指标 ·· (5)
- 0.5 仪器分析法的应用及发展趋势 ······································ (6)

第1篇 光学分析技术

项目1 紫外-可见光谱分析技术

- 任务1.1 紫外-可见光谱分析法基本原理 ································ (10)
- 任务1.2 紫外-可见分光光度计 ·· (14)
- 任务1.3 紫外-可见分光光度分析实验技术 ······························ (17)
- 任务1.4 紫外分光光度分析实验技术 ···································· (24)
- 【项目小结】 ·· (29)
- 实训项目1.1 邻二氮菲分光光度法测微量铁 ···························· (30)
- 实训项目1.2 水杨酸含量的测定 ······································ (32)
- 实训项目1.3 紫外分光光度法测定水中总酚含量 ························ (33)
- 实训项目1.4 紫外-可见分光光度法测定饮料中的防腐剂 ·················· (35)
- 实训项目1.5 甲硝唑片的含量测定 ···································· (36)
- 实训项目1.6 发酵食品中还原糖和总糖的测定 ·························· (37)
- 【练习题1】 ··· (39)

项目2 原子光谱分析技术

- 任务2.1 原子吸光谱法(AAS) ·· (43)
- 任务2.2 原子荧光光谱分析技术 ······································ (53)
- 任务2.3 原子发射光谱分析技术 ······································ (54)

1

  【项目小结】 …………………………………………………………………………… (60)
  实训项目 2.1 原子吸收光谱法测定最佳实验条件的选择 ………………………… (60)
  实训项目 2.2 原子吸收光谱法测定自来水中钙和镁 …………………………… (62)
  实训项目 2.3 原子吸收光谱法测定黄酒中铜含量(标准加法) ………………… (63)
  实训项目 2.4 石墨炉原子吸收光谱法测定食品中铅的含量(标准曲线法) …… (65)
  实训项目 2.5 冷原子荧光法测定废水中痕量汞 ………………………………… (67)
  【练习题 2】 ……………………………………………………………………………… (68)

项目 3 红外吸收光谱技术

  任务 3.1 红外吸收光谱法的基本原理 …………………………………………… (71)
  任务 3.2 傅里叶变换红外光谱仪 ………………………………………………… (88)
  任务 3.3 红外吸收光谱分析实验技术 …………………………………………… (91)
  【项目小结】 ……………………………………………………………………………… (94)
  实训项目 3.1 未知样品的定性分析 ……………………………………………… (94)
  实训项目 3.2 正丁醇-环己烷溶液中正丁醇含量的测定 ……………………… (95)
  实训项目 3.3 聚苯乙烯的红外光谱测定与谱图解析 …………………………… (97)
  实训项目 3.4 苯甲酸的红外光谱测定与谱图解析 ……………………………… (98)
  实训项目 3.5 顺、反丁烯二酸的区分 …………………………………………… (100)
  【练习题 3】 ……………………………………………………………………………… (101)

第 2 篇 电化学分析技术

项目 4 核磁共振波谱技术

  任务 4.1 核磁共振现象的产生 …………………………………………………… (106)
  任务 4.2 核磁共振波谱仪 ………………………………………………………… (115)
  任务 4.3 核磁共振波谱分析实验技术 …………………………………………… (117)
  【项目小结】 ……………………………………………………………………………… (119)
  实训项目 4.1 乙基苯核磁共振氢谱测绘和谱峰归属 …………………………… (120)
  实训项目 4.2 根据 ^1HNMR 推出有机化合物 $C_9H_{10}O_2$ 的分子结构式 ………… (121)
  实训项目 4.3 核磁共振波谱法研究乙酰乙酸乙酯的互变异构现象 ………… (123)
  【练习题 4】 ……………………………………………………………………………… (124)

项目 5 电化学分析技术

  任务 5.1 电化学分析技术概述 …………………………………………………… (126)
  任务 5.2 电位分析技术 …………………………………………………………… (127)
  任务 5.3 电位滴定法 ……………………………………………………………… (136)

任务 5.4	极谱分析法	(140)
任务 5.5	库仑滴定法	(151)
【项目小结】		(158)
实训项目 5.1	水溶液 pH 的测定	(159)
实训项目 5.2	用离子选择性电极测定牙膏中的氟含量	(160)
实训项目 5.3	极谱分析法测定水中镉含量	(162)
实训项目 5.4	$AgNO_3$ 标准溶液自动电位滴定法测定溶液中的氯化物含量	(167)
实训项目 5.5	库仑滴定法测定维生素 C 药片中抗坏血酸含量	(169)
【练习题 5】		(171)

第 3 篇　色谱分析技术

项目 6　气相色谱分析技术

任务 6.1	色谱分析技术概述	(176)
任务 6.2	气相色谱仪	(192)
任务 6.3	气相色谱实验技术	(201)
【项目小结】		(209)
实训项目 6.1	白酒中微量成分含量分析	(210)
实训项目 6.2	气相色谱法分析苯系物	(211)
实训项目 6.3	血液中乙醇含量的测定	(213)
实训项目 6.4	饮料中挥发有机物的测定	(214)
实训项目 6.5	气相色谱法测无水乙醇中水的含量	(216)
【练习题 6】		(218)

项目 7　液相色谱分析技术

任务 7.1	高效液相色谱分析技术概述	(221)
任务 7.2	高效液相色谱仪	(225)
任务 7.3	液相色谱实验技术	(234)
任务 7.4	液相色谱仪的日常维护与使用技术	(240)
【项目小结】		(243)
实训项目 7.1	葡萄酒中有机酸的定性定量分析	(243)
实训项目 7.2	高效液相色谱法测定饮料中的咖啡因	(246)
实训项目 7.3	奶粉中三聚氰胺的分析检测	(247)
实训项目 7.4	HPLC 法测定食品中苏丹红染料	(250)
实训项目 7.5	高效液相色谱法分析果汁中的苯甲酸和山梨酸	(253)
实训项目 7.6	柱前衍生化反相 HPLC 法测定多维氨基酸片氨基酸的含量	(254)

【练习题7】 ………………………………………………………………………………（257）

第4篇 其他分析技术

项目8 质谱分析技术

任务8.1 质谱分析技术概述 ………………………………………………………（261）
任务8.2 质谱仪 ……………………………………………………………………（263）
任务8.3 质谱分析实验技术 ………………………………………………………（267）
任务8.4 GC-MS分析技术 …………………………………………………………（273）
任务8.5 LC-MS分析技术 …………………………………………………………（276）
任务8.6 MS-MS串联质谱 …………………………………………………………（279）
【项目小结】 ………………………………………………………………………（282）
实训项目8.1 GC-MS法测定奶粉中三聚氰胺 …………………………………（282）
实训项目8.2 LC-MS法测定牛乳中三聚氰胺 …………………………………（284）
实训项目8.3 皮革及其制品中残留五氯苯酚的检测 …………………………（286）
实训项目8.4 质谱法测定固体阿司匹林试样 …………………………………（288）
实训项目8.5 GC-MS法测定植物油中的不饱和脂肪酸的含量 ………………（290）
【练习题8】 ………………………………………………………………………（292）

第5篇 仪器分析综合实训

综合实训项目1 地面水中污染物的分析 …………………………………………（295）
综合实训项目2 穿心莲药材与制品中有效成分的富集及含量测定 ……………（298）
综合实训项目3 化妆品中性激素的测定 …………………………………………（300）
综合实训项目4 家畜肉中土霉素、四环素、金霉素残留量测定 ………………（303）

参考文献 ……………………………………………………………………………（305）

绪 论

0.1 仪器分析的特点和任务

分析化学(analytical chemistry)是研究物质组成和结构信息的科学。作为化学学科的一个重要分支,分析化学的任务主要是鉴别物质的化学性质、测定物质组分的相对含量,以及确定物质的化学结构。

分析化学方法包括化学分析和仪器分析两大类。近代化学分析起源于17世纪,而仪器分析则在19世纪后期才开始出现。化学分析是基于化学反应及其计量关系进行分析的方法。仪器分析是以测量物质的物理性质或物理化学性质为基础来确定物质的化学组成、含量以及化学结构的一类分析方法,由于这类方法需要比较复杂或特殊的仪器设备,故称为仪器分析。

仪器分析是从化学分析发展起来的一门学科,仪器分析作为分析化学的重要组成部分,采用各种先进的分析方法和手段,可对复杂试样进行准确、快速分析。随着现代仪器分析技术与各种专业技术的结合,特别是计算机技术在仪器分析中的应用,使仪器分析理论和方法得到迅猛发展,并广泛应用于生物、医药、食品、环境等诸多领域,已成为各种专业研究工作中不可或缺的重要组成部分。由于仪器分析理论和方法涉及化学、物理、数学、计算机及自动化等方面的相关知识,因此在学习过程中对学生综合知识运用能力和分析解决问题能力的提高具有十分重要的意义。仪器分析法与化学分析法相比主要具有以下特点:

1)灵敏度高,试样用量少

仪器灵敏度的提高,使试样用量由化学分析的 mL、mg 级下降到 μL、μg 级,甚至 ng 级,更适用于试样中微量、半微量乃至超微量组分的分析。

2)重现性好,分析速度快

飞速发展的计算机技术在分析仪器上的应用,使仪器的自动化程度大大提高,不仅操作更加简便,而且随着仪器体量的不断减小,更方便携带,易于实现在线分析和远程分析。

3)用途广泛,能适应各种分析要求

仪器分析方法众多、功能各不相同,不仅可以进行定性、定量分析,还能进行分子结构分析、形态分析、微区分析、化学反应有关参数测定等。这使仪器分析不仅是重要的分析测试方法,而且是强有力的科学研究手段,这是一般化学分析难以实现的。

4)可实现对复杂样品的成分分离和分析

化学分析通常要对试样进行溶解或分离等繁复的处理;而仪器分析则可以在试样的原始状态下进行,实现对试样的无损分析以及表面、微区、形态等的分析。

虽然仪器分析比化学分析具有显著的优点,但也有不足之处,比如,大型精密仪器的价格昂贵,构造复杂。仪器分析是一种相对分析方法,需要与标准物质或标准数据进行比对。另外,仪器分析的相对误差较大,一般在 3% ~ 5%,不适合样品中常量及以上成分的测定。

应该清楚的是,仪器分析方法的发展和分析仪器的更新是非常迅猛的,在学习过程中,不能只注重现有仪器的使用操作,而是应该注重对分析方法原理和应用的理解与掌握,这样才能跟上仪器分析的发展速度。

0.2 仪器分析方法的分类

根据仪器的分析原理,仪器分析方法主要分为:光学分析法、电化学分析法、分离分析法、热分析法和质谱法等。

1) 光学分析法

光学分析法是基于被分析组分和电磁辐射相互作用产生辐射的信号与物质组成和结构的关系所建立的分析方法。根据物质和电磁辐射作用性质的不同,光学分析法又分为光谱法和非光谱法两大类。光谱法是通过测定物质与电磁辐射作用时,物质内部发生量子化能级跃迁产生的吸收或发射电磁波的性质或强度的方法;非光谱法是基于物质与辐射相互作用时,测量辐射的某些性质(如折射、散射、干涉、衍射、偏振等)变化的分析方法。

2) 电化学分析法

电化学分析法是应用电化学原理和技术,利用化学电池内被分析溶液的组成及含量与其电化学性质的关系而建立起来的一类分析方法。根据测量的电信号不同,电化学分析法可分为电位法、电解法、电导法和伏安法等。

3) 分离分析法

分离分析法是指组分分离和测定一体化的仪器分离分析方法或分离分析仪器的方法,主要是以气相色谱、高效液相色谱、毛细管电泳等为代表的分离分析方法及其与上述仪器联用的分离分析技术。

4) 其他仪器分析法

其他仪器分析法主要包括质谱法、热分析法和放射化学分析法等。质谱法是将样品转化为运动的带电气态离子碎片,根据磁场中质荷比不同进行分析的一种方法;热分析法是基于物质的质量、体积、热导或反应热等与温度的关系的分析方法;放射化学分析法是利用放射性同位素进行分析的方法。主要的仪器分析方法和相应的测量参数见表0.1。

表0.1 仪器分析方法的分类

方法分类	测量参数或相关性质	分析方法举例
光学分析法	辐射的散射	比浊法;浊度测定法;拉曼光谱法
	辐射的折射	折射法;干涉衍射法
	辐射的衍射	X射线法;电子衍射法
	辐射的旋转	偏振法;旋光色散法;圆二色谱法
	辐射的吸收	原子吸收光谱法;分光光度法(X射线、紫外、可见、红外);核磁共振波谱法
	辐射的发射	原子发射光谱法;火焰光度法;荧光、磷光和化学发光法(X射线、紫外、可见)

续表

方法分类	测量参数或相关性质	分析方法举例
电化学分析法	电导	电导分析法
	电位	电位分析法；计时电位分析法
	电流	安培法；电流滴定法
	电流-电压	伏安法；极谱分析法
	电荷量	库仑分析法
分离分析法	组分在两相间的分配	气相色谱法；液相色谱法；超临界流体色谱；离子交换色谱
其他仪器分析法	质荷比	质谱法
	反应速度	反应动力学方法
	热性质	热重法；差热分析法；热导法
	放射性	放射化学分析法

0.3 分析仪器的构成

分析仪器是分析工作者实现快速、准确、实时和动态等分析目的的基本工具。现代分析测试技术，已从过去的成分分析和一般的结构分析，发展到从微观层面上探索物质的外在表现与物质结构之间的内在联系，因此对分析仪器的性能不断提出更高的要求。尽管现代分析仪器种类繁多、型号多变、结构各异、计算机应用和智能化程度差别很大，但在分析过程中对信息的采集、数据的处理和分析结果的表述等方面还有许多相似或相同之处。

分析仪器一般都由信号发生器、检测装置和数据处理工作站等几部分组成。由于各种仪器分析方法的原理、样品的处理要求以及分析流程等差异，所以不同文献对分析仪器基本组成单元的划分也各不相同。部分常用分析仪器的基本组成见表0.2。

表0.2 部分常用分析仪器的基本组成

仪 器	信号发生器	信号类型	检测器	输出信号	信号处理器	读出装置
紫外-可见分光光度计	钨灯或氢灯,样品	衰减光束	光电倍增管	电流	放大器	表头、记录仪或打印机、数字显示或工作站
化学发光仪	样品	相对光强	光电倍增管	电流	放大器	
离子计	样品	离子活度	选择性电极	电位	放大器	
库仑计	直流电,样品	电量	电极	电流	放大器	
气相色谱仪	样品	电阻、电流			放大器	

0.4 分析仪器的性能指标

1) 精密度

精密度(precision)是指在相同条件下对同一样品进行多次平行测定所得结果之间的符合程度。同一操作者在相同条件下的分析结果的精密度称为重复性;不同操作者在各自条件下的分析结果的精密度称为再现性。根据国际纯粹与应用化学联合会(IUPAC)的规定,精密度通常用标准偏差 S 或相对标准偏差 RSD 来表示:

$$S = \sqrt{\frac{\sum_{i}^{n}(x_i - \bar{x})^2}{n-1}} \tag{0.1}$$

$$RSD = \frac{S}{\bar{x}} \times 100\% \tag{0.2}$$

式中 x_i——个别测定值;

$\bar{x}$——n 次平行测定的平均值。

2) 灵敏度

灵敏度(sensitivity)是指被测组分在低浓度区,当浓度有一个单位的微小改变时所引起的测定信号的改变值,它与校准曲线的斜率和仪器设备自身的精密度有关。在相同精密度的两种方法中,校准曲线斜率较大的分析方法的灵敏度较高;而当两种分析方法的校准曲线斜率相等时,仪器精密度好的分析方法灵敏度高。根据 IUPAC 的规定,灵敏度的定义是指在浓度测定的线性范围内校准曲线的斜率,各种分析方法的灵敏度可通过测定一系列标准溶液来求得。

3) 线性范围

校准曲线的线性范围(linear range)是指定量测定的最低浓度到符合线性相应关系的最高浓度之间的范围。在实际分析工作中,分析方法的线性范围至少应有两个数量级,有些分析方法适用的浓度范围可达 5~6 数量级。分析方法的线性范围越宽,样品浓度测定的适用性就越强。

4) 检出限

检测下限简称为检出限(detection limit),是指在一定置信水平下检出分析物或组分的最低浓度或最小质量,其数值取决于被分析组分产生的信号与本底空白信号或仪器噪声的统计平均值之比。当被分析组分产生的信号值与空白信号随机变化值之比大于一定倍数 k (一般 $k \geq 3$)时,才可能认定被分析组分准确检出。

在与试样测定相同的条件下,对空白试样进行充分多次的平行测定(通常测定次数为 20~30 次),测得仪器噪声的统计平均值为 A_0 (即信号空白值),得到空白值的标准差为 S_0;在检出限水平时测得试样的信号平均值为 A_L,则最小检测信号

$$A_L - A_0 = 3S_0 \tag{0.3}$$

最小检出量 q_L 和最低检出浓度 c_L 可分别表示为:

$$q_L = 3\frac{S_0}{m} \tag{0.4}$$

$$c_L = 3\frac{S_0}{m} \qquad (0.5)$$

式中 m——灵敏度,即校准曲线的斜率。

上式(0.4)和式(0.5)表明,检出限和灵敏度的含义不同,但二者又密切相关。灵敏度是指分析信号的变化随组分含量变化的比值,与仪器信号放大的倍数有关;而检出限与空白信号的波动或仪器噪声有关,具有明确的统计含义。仪器的灵敏度越高,组分的检出限就越低。因此,提高分析的精密度,降低噪声,可以降低检出限。

5)选择性和准确度

选择性(selectivity)是指分析方法不受试样自身共存组分干扰的程度。到目前为止,还没有哪一种分析方法是可以绝对不受试样共存其他组分干扰的。因此,在选择分析方法时,必须充分考虑可能出现的各种干扰因素。当然,分析方法使用时受到的干扰越小,分析结果的准确度就可能越高。

准确度(percent of accuracy)是指多次测定结果的平均值与真实值的符合程度,通常用误差或相对误差来表示。在实际分析工作中,常用标准物质或标准方法通过对照试验或回收试验进行评估。

0.5 仪器分析法的应用及发展趋势

众所周知,人类社会的进步依赖科学技术的发展,而各种分析技术的应用是促进科学技术发展的前提和基础。同时,随着现代科学技术的发展,各学科相互渗透、相互促进、相互结合,一些新兴的领域不断开拓,使仪器分析的使用领域越来越广泛,仪器分析方法渗透在人们的衣食住行及健康中。如在食品安全、生命科学、环境保护、新材料科学等方面起着重要的作用。

现代分析技术以仪器分析为主,仪器分析的发展趋势主要表现在以下5个方面:

1)分析仪器的综合性

仪器分析是一门综合性学科,现代科学技术的发展早已打破了传统学科间的界限,现代分析仪器更是集多种学科技术于一身,特别是与计算机技术的相互融合和相互促进,使分析仪器的信息化速度、自动化速度以及网络化速度更快。

2)分析仪器技术的创新

当今世界的各个尖端科学技术(如信息技术、新材料技术、新能源技术、生物技术、海洋技术和空间技术等)的发展都离不开现代分析测试技术。现代分析测试技术的分析对象已经从过去简单的成分分析和一般的结构分析,发展到了从微观和亚微观结构的层面上去探索物质的外在表现与物质结构之间的内在联系,寻找物质分子间相互作用的微观反应规律。

3)分析仪器的微型化、智能化、自动化及在线分析检测

今天,人们的日常生活更是与分析测试技术的应用密不可分,比如,在食品安全、医疗诊断、环境监测等领域,都离不开现代分析测试技术。分析仪器进一步的微型化、自动化和智能化,不但能够对复杂体系、动态体系进行实时快速、准确的定性和定量分析,而且使在线分析和远程分析变得更方便。

4) 分析仪器操作的专业化

现代科学仪器是信息的源头，它包含许多基础科学和应用学科方面的内容，更涉及许多边缘科学、交叉学科的实验技能知识，这就对分析测试技术人员的专业素质提出了更高的要求。没有能够熟练掌握分析理论和实际操作技能的专业人员，就不能充分高效地利用已有的技术条件服务于各个专业发展的需要。

5) 仪器联用技术

随着现代科学技术的发展，试样的复杂性、测量难度、信息量及响应速度对仪器分析不断提出新的挑战与要求。仅采用一种分析方法，往往不能满足这些要求。各类分析仪器的联用，特别是分离仪器与检测仪器的联用，分离仪器包括气相色谱仪、液相色谱仪、超临界流体色谱仪、原子发射光谱仪等，检测仪器包括质谱仪、核磁共振波谱仪、傅里叶变换红外光谱仪、原子光谱仪等，分离仪器的分离功能和与各种检测仪器的检测功能得到很好的结合，有利于发挥各种分析仪器的优点，逐步适应社会对仪器分析方法的新的需求。

总之，仪器分析在过去半个世纪取得了巨大的进步，为推动经济发展和科技进步作出了难以估量的贡献，成为当代最富有活力的学科之一。仪器分析应用广泛，更新换代的速度也越来越快，正向着样品用量小、痕量无损分析、活体动态分析、高灵敏度、高选择性、微型化、智能化、网络化、专用化、现场实时在线分析、多技术联用等方向快速发展。

第 1 篇

光学分析技术

项目1 紫外-可见光谱分析技术

📖 【项目描述】

紫外-可见分光光度法(Ultraviolet-Visible Absorption Spectroscopy, UV-Vis)是基于物质分子对200~780 nm区域内的光吸收而建立起来的分析方法。分子的紫外可见吸收光谱是由于分子中的某些基团吸收了紫外可见辐射光后,发生了电子能级跃迁而产生的吸收光谱。由于各种物质具有各自不同的分子、原子和不同的分子空间结构,其吸收光能量的情况也就不会相同。因此,每种物质都有其特有的、固定的吸收光谱曲线,可根据吸收光谱上的某些特征波长处的吸光度的高低判别或测定该物质的含量,这就是分光光度定性和定量分析的基础。用于测定溶液中物质对紫外光或可见光的吸收程度的仪器称为紫外-可见分光光度计,也可简称为分光光度计。

📖 【知识目标】

1. 熟悉紫外-可见分光光度计的结构;
2. 了解紫外-可见光谱法测定条件;
3. 掌握紫外-可见分光光度法的定性、定量方法;
4. 掌握紫外-可见光谱仪的日常维护与保养。

📖 【能力目标】

1. 能熟练操作紫外-可见分光光度计;
2. 能设置紫外-可见光谱法测定条件;
3. 能测定并绘制吸收曲线、标准曲线;
4. 能正确使用并维护紫外-可见光谱仪。

任务1.1 紫外-可见光谱分析法基本原理

1.1.1 光的基本特性

光具有波粒二象性,既具有波动性,又具有粒子性。光的波动性是指光具有波的性质,光的反射、折射、偏振、干涉和衍射等现象,证明了光具有波动性。光的吸收、发射以及光电效应等证明了光具有粒子性。光波是由一颗颗连续的光子构成的粒子流。光子是量子化的,有一定的能量,不同波长的光子具有不同的能量。光子的能量 E 和光波的频率(波数)或波长有以下关系:

$$E = h\nu = \frac{hc}{\lambda} \tag{1.1}$$

式中 h——普朗克(Planck)常数,其值为 6.63×10^{-34} J·s。

式(1.1)中能量 E 反映的是光的粒子性,ν 或 c/λ 反映的是光的波动性,因此,该式通过普朗克常数把光的粒子性和波动性定量地联系起来了,是光的波粒二象性的统一表达式。

1.1.2 光吸收定律

1) 物质对光的选择性吸收

物质对光的选择性吸收的特性。物质结构不同,其分子能级的能量(各种能级能量总和)或能量间隔就不同,因此不同物质将选择性地吸收不同波长或能量的外来光,吸收光子后产生的吸收光谱就会不同,物质的颜色就是基于物质对光选择性吸收的结果。当一束白光通过某溶液时,如果该溶液物质对可见光区各波长的光都不吸收,即入射光全部通过,这时看到的溶液是无色透明的;若该溶液对各波长的光全部吸收,则看到该溶液呈黑色;若选择性地吸收了某波长的光,则该溶液呈现出被吸收光的互补色光的颜色。例如,$KMnO_4$ 溶液呈紫色是由于 $KMnO_4$ 溶液吸收了白光中的绿色光,而使与绿色光互补的紫色光透过溶液的缘故。互补色光示意图如图1.1所示。

图1.1 互补色光示意图

可以用吸收光谱曲线来进行描述。将不同波长的单色光透过某一固定浓度和厚度的某物质的溶液,测量每一波长下溶液对光的吸光度 A,然后以波长 λ 为横坐标,吸光度 A 为纵坐标进行作图,所得到的曲线即为该物质的吸收曲线,也称吸收光谱,它描述了溶液对不同波长光的选择性吸收程度。

研究不同物质的吸收曲线可以发现,吸收光谱具有以下特征:一是不同物质的吸收曲线的形状和最大吸收波长不同,说明光的吸收与溶液中的物质的结构有关,根据这一特性可用于物质的初步定性分析;二是不同浓度的同一物质,吸收曲线的形状相似,λ_{max} 相同,但吸光度值却不同(见图1.2)。在任一波长处,溶液的吸光度随浓度的增加而增大。试验证明,稀溶液对光的吸收符合朗伯-比尔定律,即稀溶液的吸光度与浓度成正比关系,这是分光光度法定量分析的依据。为了获得较高的测定灵敏度,一般选用最大吸收波长 λ_{max} 的光作为入射光。

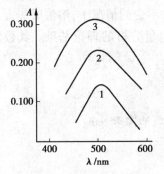
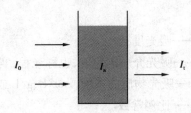

图1.2　邻菲罗啉亚铁溶液的吸收曲线
1—0.2 mg/L;2—0.4 mg/L;3—0.6 mg/L

图1.3　光通过溶液示意图

2)透光率和吸光度

当一束平行光通过均匀的溶液介质时,光的一部分被吸收,一部分被器皿反射,一部分光透过去(见图1.3)。

设入射光强度为 I_0,吸收光强度为 I_a,透射光强度为 I_t,反射光强度为 I_r,则

$$I_0 = I_a + I_t + I_r \tag{1.2}$$

在进行吸收光谱测量时,被测溶液和参比溶液是分别放在同样材料及厚度的两个吸收池中,让强度同为 I_0 的单色光分别通过两个吸收池,用参比池调节仪器的零吸收点,再测量被测溶液的透射光强度 I_t,所以反射光的影响 I_r 可以从参比溶液中消除,则式(1.2)可简写为

$$I_0 = I_a + I_t \tag{1.3}$$

透射光强度与入射光强度之比称为透射比(也称透光率,transmittance),用 T 表示

$$T = \frac{I_t}{I_0} \times 100\% \tag{1.4}$$

从式(1.4)可知,溶液的透光率越大,表示溶液对光的吸收越少;反之,透光率越小,表示溶液对光的吸收越多。透光率的倒数反映了物质对光的吸收程度,取它的对数 $\lg 1/T$ 称为吸光度(absorbance),用 A 表示

$$A = \lg \frac{I_0}{I_t} = \lg \frac{1}{T} = -\lg T \tag{1.5}$$

3)朗伯-比尔定律

朗伯-比尔定律(Lambert-Beer)是光吸收的基本定律,俗称光吸收定律,是分光光度法定量分析的依据和基础。当入射光波长一定时,溶液的吸光度 A 是吸光物质的浓度 c 及吸收介质厚度 L(吸收光程)的函数。朗伯(Lambert J. H)和比尔(Beer A)分别于1760年和1852年研究了这三者的定量关系,朗伯定律的结论是:当用适当波长的单色光照射一固定浓度的均匀溶液时,A 与 L 成正比,其数学表达式为

$$A = K'L \tag{1.6}$$

比尔的结论是:当用适当波长的单色光照射一固定液层厚度的均匀溶液时,A 与 c 成正比,其数学表达式为

$$A = K''c \tag{1.7}$$

二者结合称为朗伯-比尔定律,是光吸收的基本定律。它表明,当一束平行单色光通过均匀、无散射现象的溶液时,在单色光强度、溶液温度等条件不变的情况下,溶液吸光度与溶液浓度及液层厚度的乘积成正比。这是吸光光度法进行定量分析的理论基础。其数学表达式为

$$A = KLc \tag{1.8}$$

式中 A——吸光度;

L——吸光介质的厚度,也称光程,实际测量中为吸收池厚度,cm;

c——吸光物质的浓度,mol/L、g/L 或百分浓度;

K——比例常数。

朗伯-比尔定律不仅适用于有色溶液,也适用于无色溶液及气体和固体的非散射均匀体系;不仅适用于可见光区的单色光,也适用于紫外和红外光区的单色光。

(1)吸光系数

在朗伯-比尔定律 $A = KLc$ 中,比例常数 K 也称为吸光系数(absorption coefficient)。其物理意义为:吸光物质在单位浓度、单位液层厚度时的吸光度,为吸光物质的特征参数,与物质的性质、入射光波长、温度及溶剂等因素有关,其值随 c 的单位不同而不同,在一定条件下为常数。根据浓度单位不同,K 值的含义也不尽相同。常有摩尔吸光系数和百分吸光系数之分。

①摩尔吸光系数。是指波长一定,溶液浓度为 1 mol/L,液层厚度为 1 cm 时的吸光度。用 ε 表示,ε 单位为 L/(mol·cm)。此时朗伯-比尔定律为

$$A = \varepsilon cL \tag{1.9}$$

摩尔吸光系数 ε,反映吸光物质对光的吸收能力,也反映用吸光光度法测定该吸光物质的灵敏度,是选择显色反应的重要依据。ε 值越大,表示吸光质点对某波长的光吸收能力越强,光度法测定的灵敏度就越高。

②百分吸光系数。也称比吸光系数,它是指在波长一定时,溶液浓度为 1%(g/10 mL),液层厚度为 1 cm 时的吸光度,用 a 表示,单位为 mL/(g·cm)。此时:

$$A = acL \tag{1.10}$$

【例1.1】 以二苯硫腙光度法测定铜:100 mL 溶液中含铜 50 μg,用 1.00 cm 比色皿,在分光光度计 550 nm 波长处测得其透光率为 44.3%,计算铜二苯硫腙配合物在此波长处的吸光度、百分吸光系数和摩尔吸光系数。

解:$A = -\lg T = -\lg 0.443 = 0.354$

$$c = \frac{50 \times 10^{-6} \times 1\,000}{100 \times 63.55} = 7.87 \times 10^{-6} (\text{mol/L})$$

$$\varepsilon = \frac{A}{bc} = \frac{0.354}{1.00 \times 7.87 \times 10^{-6}} = 4.50 \times 10^{4} [\text{L/(mol·cm)}]$$

$$a = \frac{\varepsilon \times 10}{M} = \frac{4.50 \times 10^{4} \times 10}{63.55} = 7.08 \times 10^{3} [\text{mL/(g·cm)}]$$

(2) 偏离朗伯-比尔定律

按照式(1.10)可知,浓度 c 与吸光度 A 之间的关系应是一条通过原点的直线。而实际工作中,特别是当溶液浓度较高时,会出现偏离标准曲线的弯曲现象,此时若仍按式(1.10)进行计算,将会引起较大的测定误差。若溶液的实际吸光度比理论值大,称正偏离朗伯-比尔定律;实际吸光度比理论值小,称负偏离朗伯-比尔定律。偏离朗伯-比尔定律如图 1.4 所示。

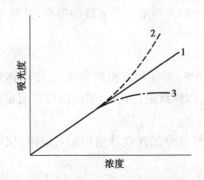

图 1.4　偏离朗伯-比尔定律
1—无偏离;2—正偏离;3—负偏离

这是因为,推导朗伯-比尔定律时有两个基本假设:入射光是单色光;吸光粒子是独立的,彼此间无相互作用(一般溶液能很好服从该定律)。导致偏离朗伯-比尔定律的主要因素有以下 3 个方面:

①单色光不纯引起的偏离。朗伯-比尔定律只适用于单色光,但实际上单波长的光不能得到。一般的分光光度计只能获得近乎单色的狭窄光带,难以获得真正的纯单色光。单色光的纯度越差,偏离朗伯-比尔定律的程度越严重。在实际工作中,若使用精度较高的分光光度计,可获得较纯的单色光。

②介质不均匀引起的偏离。朗伯-比尔定律的应用前提是:溶液是均匀的、非散射的。如果被测溶液是胶体溶液、悬浊液或乳浊液,当入射光通过溶液时,一部分光将会产生散射而损失,使得实测吸光度比没有散射现象时的吸光度增大,工作曲线发生正偏离。

③与测定溶液有关的因素。通常只有在稀溶液($c<10^{-2}$ mol/L)时才符合朗伯-比尔定律。当溶液浓度 $c>10^{-2}$ mol/L 时,吸光质点间的平均距离缩小,质点相互影响电荷分布,吸光质点间可能发生缔合等相互作用,直接影响了对光的吸收,导致对朗伯-比尔定律的偏离。

当溶液中存在着离解、聚合、光化反应、互变异构及配合物的形成等作用时,也会使被测组分的吸收曲线发生明显改变,从而偏离朗伯-比尔定律。

1.1.3　紫外-可见光谱分析法的特点及应用范围

利用物质分子对紫外光的选择性吸收特性,采用紫外分光光度计测定物质对紫外光的吸收程度而进行定性定量分析的方法,称为紫外分光光度法。紫外分光光度法是在 200～400 nm 紫外光区进行测定的。

利用物质分子对可见光的选择性吸收特性,采用可见分光光度计测量有色溶液对可见光的吸收程度以确定组分含量的方法,则称为可见分光光度法。有色溶液可见光的吸收程度,反映了溶液颜色的深浅,故也反映了其浓度的大小。可见分光光度法波长测量范围是 400～780 nm。由此可见,紫外分光光度法与可见分光光度法的区别只是在于波长范围不同而已,通常将紫外分光光度法和可见分光光度法统称为紫外-可见分光光度法。

1) 紫外-可见分光光度法的特点

(1) 灵敏度高

适用于微量组分的测定,一般可测定 10^{-6} g 级的物质,其摩尔吸光系数可达 $10^4 \sim 10^5$ 数量级。

(2) 准确度高

其相对误差一般在 2%～5%,若使用高档精密仪器,则可达到 1%～3% 以内。其准确度虽然不如化学分析中的容量法和称量法,但在微量分析可以满足要求。

(3) 仪器价格较低,方法简便

紫外-可见分光光度计或可见分光光度计结构相对简单,仪器操作容易,价格相对便宜,分析速度快。

(4) 通用性强,应用广泛

紫外-可见分光光度法不仅可以用于有色溶液的测定,而且可以用于在紫外区有吸收的无色组分。大多数无机组分及有机物都可以直接或间接地用该法测定。

2) 紫外-可见分光光度法的应用范围

紫外-可见分光光度法不仅可以用来对物质进行定性分析及结构分析,而且还可以进行定量分析及测定某些化合物的物理化学数据等,例如,分子量、络合物的络合比及稳定常数和电离常数等。

任务 1.2　紫外-可见分光光度计

1.2.1　结构与原理

利用紫外及可见光区测定溶液吸光度的分析仪器称为紫外-可见分光光度计,若只具有可见光源,只能测定有色溶液的仪器,则称为可见分光光度计。尽管目前生产的紫外-可见分光光度计类型很多,但就其结构而言,都是由 5 大部件组成,即光源、单色器、吸收池、检测器及输出系统。

1) 光源

光源的作用是发射一定强度的紫外可见光以照射样品溶液。分光光度计对光源的基本要求:有能发射足够强度且稳定的、具有连续光谱的光源。为得到全波长范围(200～800 nm)的光,使用分立的双光源,其中氢灯或氘灯的波长为 150～400 nm(提供紫外光源),钨灯的波长为 350～800 nm(提供可见光源)。绝大多数仪器都通过一个动镜实现光源之间的平滑切换,可以平滑地在全光谱范围扫描。

2) 单色器

单色器的作用是从光源发出的连续光谱中分离出所需要的波段足够狭窄的单色光,它是分光光度计的关键部件。单色器由狭缝、准直镜及色散元件组成。单色器的原理如图1.5所示。

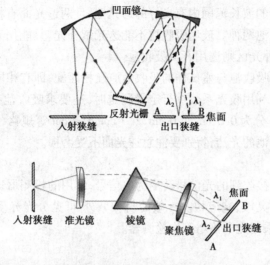

图1.5 单色器光路示意图

聚集于进光狭缝的光,经准直镜变为平行光,投射于色散元件(作用是使各种不同波长的复合光分散为单色光),再由准直镜将色散后各种不同波长的平行光聚集于出光狭缝面上,形成按波长排列的光谱。转动色散元件的方位,可使所需波长的单色光从出光狭缝分出。

(1)狭缝

一般廉价仪器多用固定宽度的狭缝,不能调节。精密的分光光度计狭缝大都可以调节,通过转动色散元件的方位,可调节所需波长的单色光从出光狭缝分出。须注意测定时狭缝宽度要适当,一般以减小狭缝宽度至溶液的吸光度不再增加为止。若狭缝过宽,会造成单色光不纯;过窄,则光通量过小,使灵敏度降低。

(2)准直镜

准直镜是以狭缝为焦点的聚光镜,作用是将进入单色器的发散光转为平行光,又可将色散后的单色平行光聚于出光狭缝。

(3)色散元件

常用的色散元件有棱镜和衍射光栅。目前仪器较多地使用光栅,取代了棱镜。

①棱镜。其色散作用是由于棱镜对不同波长的光有不同的折射率。棱镜材料有玻璃和石英两种。玻璃对可见光的色散比石英好,但不能透过紫外光;石英对紫外光有很好的色散作用,在可见光区却不如玻璃。由于棱镜的色散率与入射光的波长有关,所以用棱镜分光所得的光谱是波长不等距的,长波长区较密,短波长区较疏。

②光栅。光栅是一种在玻璃表面上刻有等宽、等距平行条痕的色散元件。其优点在于可用的波长范围比棱镜宽且分光所得的光谱是波长等距的,即在不同波段区光谱线的间隔均相等。

光栅仪器多用单色光谱带宽度显示狭缝宽度,直接表示单色光纯度;棱镜仪器因色散不匀,只能用狭缝实际宽度表示,单色光的纯度须换算后才能得到。

3）吸收池

吸收池又称比色皿或样品池，是分光光度分析中盛放样品的容器。

吸收池应在所选用的波长范围内有良好的透光性，且两透光面有精确的光程。吸收池有玻璃吸收池和石英吸收池两种。玻璃吸收池不能透光紫外光，只能用于可见光区。可见光区应选用玻璃吸收池，紫外光区则选用石英吸收池。

用作盛空白溶液的吸收池与盛试样的吸收池应互相匹配，即有相同的厚度与相同的透光性。在测定吸光系数或利用吸光系数进行定量测定时，还要求吸收池有准确的厚度（光程）。吸收池根据厚度（光程）分为 0.5 cm、1.0 cm、2.0 cm、3.0 cm 等规格，常用 1 cm 规格的吸收池。使用时应保持吸收池的光洁，特别要注意透光面不受磨损。

4）检测器

检测器的作用是将接收到的光信号转变为电信号，常用的检测器通常为光电管或光电倍增管。理想的检测器应灵敏、响应快。一般简易型紫外-可见分光光度计广泛采用光电管作检测器；而精密型的则采用光电倍增管作检测器。

5）输出系统

由于透过样品溶液的光很微弱，因此由检测器产生的电信号也是很微弱的，需要放大才能测量出来，放大后的信号以一定方式显示或输出。数据处理有微机处理或计算机工作站，显示系统有电表指针、数字显示、荧光屏显示等。

1.2.2 紫外-可见分光光度计类型及特点

紫外-可见分光光度计主要分为单波长和双波长分光光度计两类。其中单波长分光光度计又有单光束和双光束两种。

1）单光束分光光度计

单光束分光光度计只有一束单色光，一只吸收池，一只接收器。经单色器分光后的一束平行单色光，轮流通过参比溶液和试样溶液，以进行吸光度的测定。这种简易型分光光度计的结构简单，操作方便，易于维修，适用于测定特定波长的吸收，进行定量分析。单光束分光光度计示意图如图 1.6 所示。

图 1.6　单光束分光光度计示意图

2）双光束分光光度计

从光源发出的光经单色器分光后，再经斩光器分成两束，交替通过参比池和试样池，测得的是透过试样溶液和参比溶液的光信号强度之比。此类分光光度计的光源波动、杂散光、电噪声的影响都能部分抵消，但同时因为一束光被分成两束光，能量变低，产生了光的波动、杂散光、电噪声。主要应用在待测溶液和参比溶液的浓度随时间变化而变化的实验中，起到随时跟踪，抵消相应浓度的变化而给测试结果带来的影响。双光束分光光度计示意图如图 1.7 所示。

3）双波长分光光度计

由同一光源发出的光被分成两束，分别经过两个单色器，得到两个不同波长的单色光 λ_1

和 λ_2,由斩光器并束,使其交替入射到同一吸收池,由光电倍增管检测信号,得到的信号经过处理后转化为两波长处吸光度之差 ΔA。双波长紫外-可见分光光度计主要适用于试样的多组分测量。双波长分光光度计示意图如图 1.8 所示。

图 1.7 双光束分光光度计示意图

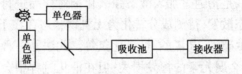

图 1.8 双波长分光光度计示意图

1.2.3 紫外-可见分光光度计的日常维护

正确安装、使用和保养对保持仪器良好的性能和保证测试的准确度有重要作用。

1) 对仪器工作环境的要求

分光光度计应安装在稳固的工作台上,仪器周围不应有强磁场,应远离电场以及发生高频波的电器设备,室内温度宜保持在 15～28 ℃。室内应干燥,相对湿度宜控制在 45%～65%。室内应无腐蚀性气体(如 SO_2、NO_2 及酸雾等),应与化学分析准备室隔开,室内光线不宜过强。

2) 仪器保养和维护方法

①仪器工作电源一般允许 220 V±10% 的电压波动。为保持光源灯和检测系统的稳定性,在电源电压波动较大的实验室最好配备稳压器(有过电压保护)。

②为了延长光源使用寿命,在不使用时不要开光源灯。如果光源灯亮度明显减弱或不稳定,应及时更换新灯。

③单色器是仪器的核心部分,装在密封的盒内,一般不宜拆开,要经常更换单色器盒内的干燥剂,防止色散原件受潮生霉。

④必须正确使用吸收池,保护吸收池光学面。

⑤光电器件不宜长时间曝光,应避免强光照射或受潮积尘。

任务 1.3 紫外-可见分光光度分析实验技术

1.3.1 样品的制备

分光光度法分析要将样品转化为液体才能进行测定。固体样品转化为液体可以通过干法消化、湿法消化和溶剂萃取等方法。液体样品一般也需要通过皂化、添加掩蔽剂或沉淀等方法来去除干扰物质的影响。

1) 干法消化

干法消化又称灰化法或灼烧法,是指用高温灼烧的方式破坏样品中有机物的方法。此法具体操作是将一定量的固体样品置于坩埚中加热使其中的有机物脱水、炭化、分解、氧化,再置于高温电炉中(500~550 ℃)灼烧灰化,直至残灰为白色或浅灰色为止。得到的残灰即为无机成分,可制成溶液供测定。

2) 湿法消化

湿法消化又称消化法,是指通过加入液态强氧化剂对样品进行加热处理,使样品中的有机物完全氧化分解,呈气态散发,待测成分转化为无机物状态存在于消化液中,供测试用。常用的强氧化剂有浓硝酸、浓硫酸、高氯酸、过氧化氢等。此法是一种常用的无机化法,所需时间短、加热温度低,可减少金属元素的挥发损失;但在消化过程中会起泡并产生有毒气体,故需在通风橱中进行。另外试剂用量大,空白值偏高。消化时可根据不同种类的样品而选用不同性质和特点的消化剂。

3) 皂化法

皂化法是用热碱溶液处理样品提取液,以除去脂肪等干扰杂质。其原理是利用氢氧化钾-乙醇溶液将脂肪等杂质皂化后除去,以达到净化的目的。此方法仅适用于对碱稳定的被测组分的分离。

4) 掩蔽法

掩蔽法是通过向样品中加入某种试剂,与试样中的干扰成分相互作用,使干扰成分转变为不干扰测定的状态,即被掩蔽起来,使测定正常进行的过程。用以产生掩蔽作用的试剂称为掩蔽剂。常用的掩蔽剂有络合掩蔽剂和氧化还原掩蔽剂,如酒石酸盐和柠檬酸盐、三乙醇胺等。在选用掩蔽剂时要注意掩蔽剂的性质和加入时的条件,另外加入掩蔽剂的量要适当。此法的最大优点是可免去分离操作,使分析步骤大大简化。常用于金属元素的测定。

5) 沉淀法

沉淀法是利用沉淀反应进行分离的方法。其原理是在试样中加入适当的沉淀剂,使被测组分沉淀下来,或将干扰组分沉淀下来,经过过滤或离心将沉淀与母液分开,从而达到分离的目的。

1.3.2 显色剂的选择及显色条件的选择

在进行可见分光光度分析时,有些物质本身是有颜色的,对可见光区的光有较强吸收,可以直接测定其吸光度 A,但大多数情况下待测物质是无色的,对可见光不产生吸收或吸收不大,这就需要加入显色剂与其定量反应生成稳定的有色化合物再进行测量,由有色化合物的浓度得到待测物的浓度。因此,选择合适的显色条件就非常重要。

1) 显色剂的选择

常见的显色反应有配位反应、氧化还原反应以及增加生色基团的衍生化反应等,以配位反应应用最广。显色剂一般应满足以下要求:

①反应生成物及有色物质在紫外、可见光区有强吸收,且反应有较高的选择性。

②反应生成物应当稳定性好,显色条件易于控制,反应重现性好。

③对照性要好,显色剂与有色生成物的最大吸收峰波长应距离60 nm以上。

能同时满足上述条件的显色剂不是很多,因此要在初步选定显色剂后,认真研究显色反应条件。显色剂主要有无机显色剂和有机显色剂两大类:

(1) 无机显色剂

许多无机显色剂能与金属离子发生显色反应,但由于灵敏度不高、选择性较差等原因,具有实用价值的并不多。常用的无机显色剂主要有:硫氰酸盐、钼酸铵、氨水以及过氧化氢等。

(2) 有机显色剂

有机显色剂与金属离子形成的配合物的稳定性、灵敏度和选择性都比较高,而且有机显色剂的种类较多,实际应用广,常用的有机显色剂有:磺基水杨酸、邻二氮菲、双硫腙、二甲酚橙等。

2) 显色条件的选择

分光光度法是测定显色反应达到平衡后溶液的吸光度,因此要想得到准确的结果,必须了解影响显色反应的因素,控制适当的条件,保证显色反应完全和稳定。现对显色的主要条件进行讨论:

(1) 显色剂用量

假设 M 为被测物质,R 为显色剂,MR 为反应生成的有色配合物,则显色反应可用下式表示:

$$M(被测物质)+R(显色剂) \Longleftrightarrow MR(有色配合物)$$

待测组分与显色剂的反应通常都是可逆的,因此,为了使待测组分尽量转变成有色物质,应增加显色剂的用量。对于稳定性好的有色化合物,显色剂只要稍许过量就足够了,而如果有色化合物离解度较大,则显色剂要过量较多或严格控制用量。但需注意,并不是显色剂越多越好,过多加入显色剂有时会引起副反应,影响测定。如果显色剂本身有颜色,过多加入会增加空白值,使灵敏度降低。所以显色剂的用量必须适量。

显色剂的用量可以通过实验确定。作吸光度随显色剂用量变化的曲线,选恒定吸光度时的显色剂用量。具体做法是:保持待测离子 M 的浓度和其他条件不变,配制一系列不同浓度的显色剂溶液 c_R,分别测定其吸光度 A,通过做 A-c_R 曲线,寻找适宜 c_R 的范围。

(2) 显色时间

显色反应速度有差异,有的显色反应可以很快进行完全,即在显色后可立即测定吸光度。有的显色反应进行缓慢,须经过一段时间才能达到稳定的吸光度值。而有些时候吸光度达到一个峰值后又慢慢降低。因此对于不同的显色反应,必须通过实验,作出一定温度(一般是室温)下的吸光度 A-t 的关系曲线,选择适宜的显色时间与稳定时间。

(3) 显色温度

多数显色反应速度很快,在室温下即可进行。只有少数显色反应速度较慢,须加热以促使其迅速完成。但温度太高可能使某些显色剂分解。故适宜的温度也通过实验由 A-t 关系曲线图来确定。

(4) 溶液酸度

溶液酸度对显色反应的影响是多方面的,许多显色剂本身就是有机弱酸,如磺基水杨酸、铝试剂、二甲酚橙、双硫腙等,它们在水溶液中存在弱酸生物电离平衡,酸度变化会影响它们的电离平衡和显色反应能否进行完全;另外,溶液酸度还会影响显色剂颜色、被测金属离子的存在状态以及配合物的组成。例如,邻二氮菲与 Fe^{2+} 反应,如果溶液酸度太高,将发生质子化副反应,降低反应完全度;而酸度太低,Fe^{2+} 又会水解甚至沉淀。因此,测定时必须通过实验作 A-pH 曲线,确定适宜的酸度范围。控制溶液酸度的有效办法是加入适宜的 pH 缓冲溶液。

1.3.3 测量条件的选择

1) 试样浓度的选择

朗伯-比尔定律只适用于稀溶液,为了得到准确的测定结果,宜在试样浓度符合朗伯-比尔定律时和在仪器的线性范围内测定。一般试样的浓度应控制在使其吸光度为 0.20~0.80(相当于透光率为 65%~15%)范围。实验和公式推导已经证明,试样浓度控制在吸光度为 0.434(透光率为 36.8%)时,仪器测量误差最小。当试样浓度控制在吸光度为 0.20~0.80 范围时,仪器测量误差小于 2%。实际工作中也可以同时通过选用厚度不同的吸收池来调整待测溶液吸光度,使其在适宜的吸光度范围内。

2) 入射光波长的选择

入射光波长的选择依据是吸收曲线,一般以最大吸收波长 λ_{max} 为测量的入射光波长。这是因为在此波长处 ε 最大,测定的灵敏度最高,而且在此波长处吸光度有一较小的平坦区,能够减少或消除由于单色光不纯而引起的对朗伯-比尔定律的偏离,从而提高测定的准确度。但如果在 λ_{max} 处有共存离子的干扰,则应考虑选择灵敏度稍低但能避免干扰的入射光波长。选择入射光波长的原则是"吸收最大、干扰最小"。有时为了测定高浓度组分,也选用灵敏度稍低的吸收峰波长作为入射波长,以保证其标准曲线有合适的线性范围。

3) 参比溶液的选择

在测量试样溶液的吸光度时,先要根据被测试样溶液的性质,选择合适的参比溶液调节其吸光度为 100%,并以此消除试样溶液中其他成分、溶剂和吸光池等对光的反射及吸收所带来的误差。通常参比溶液的选择有以下 4 种方法:

(1) 溶剂参比

如果仅待测物与显色剂反应的产物有色,而试剂与待测物均无色时,可用纯溶剂作参比溶液,称为溶剂空白。常用蒸馏水作参比溶液。

(2) 试剂参比

当试样溶液无色,而显色剂及试剂有色时,可用不加试样的显色剂和试剂的溶液作参比溶液,称为试剂空白。

(3) 试液参比

如果试样中其他共存组分有吸收,但不与显色剂反应,且外加试剂在测定波长无吸收时,可用试样溶液作参比溶液。这种参比溶液可以消除试样中其他共存组分的影响。

(4) 平行操作溶液参比

当操作过程中由于试剂、器皿、水和空气等因素引入了一定量的被测试样组分的干扰离子,可按与测量被测试样组分完全相同的操作步骤,用不加入被测组分的试样进行平行操作,以消除操作过程中引入干扰杂质所带来的误差。

总之,应根据待测组分的性质,选择合适的参比溶液,尽可能抵消各种共存有色物质的干扰,使测得的吸光度真正反映待测组分的浓度。

1.3.4　共存离子的干扰和消除方法

在光度分析中,共存离子的干扰是客观存在的。试样中存在干扰物质会影响被测组分的测定。例如,干扰物质本身有颜色或与显色剂反应,在吸光度测量时也有吸收,造成正干扰。干扰物质与被测组分反应或与显色剂反应,使显色反应不完全,也会造成干扰。干扰物质在测量条件下从溶液中析出,使溶液变混浊,无法准确测定溶液的吸光度。为了消除干扰物质的影响,可采取以下6种方法:

1) **控制显色溶液的酸度**

这是消除共存离子干扰的一种简便而重要的方法,可以通过控制酸度来提高反应的选择性。控制酸度使待测离子显色,而干扰离子不生成有色化合物。例如,用磺基水杨酸测定 Fe^{3+} 时,若 Cu^{2+} 共存,此时 Cu^{2+} 也能与磺基水杨酸形成黄色配合物而干扰测定。若溶液酸度控制在pH=2.5,此时 Fe^{3+} 能与磺基水杨酸形成配合物,而 Cu^{2+} 就不能,这样就能消除 Cu^{2+} 的影响。

2) **加入掩蔽剂**

加入掩蔽剂使其只与干扰离子反应,生成不干扰测定的配合物。如光度测定 Ti^{4+},可加入 H_3PO_4 作掩蔽剂,使共存的 Fe^{3+}(黄色)生成无色的 $[Fe(PO_4)_2]^{3-}$,消除干扰。

3) **利用氧化还原反应,改变干扰离子价态**

利用氧化还原反应改变干扰离子价态,使干扰离子不与显色剂反应,以消除共存组分的干扰。

4) **改变测定波长**

在一般情况下,通常选用待测吸光物质的最大吸收波长作为入射波长。但是,如果最大吸收峰附近有干扰存在(如共存离子或所使用试剂有吸收),则在保证有一定灵敏度的情况下,可以选择吸收曲线中其他波长进行测定,以消除干扰。例如,在 $\lambda_{max}=525$ nm 处测定 MnO_4^-,共存离子 $Cr_2O_7^{2-}$ 产生吸收干扰,此时改用 545 nm 作为测量波长,虽然测得 MnO_4^- 的灵敏度略有下降,但在此波长下 $Cr_2O_7^{2-}$ 不产生吸收,干扰被消除。

5) **选择合适的参比溶液**

选用合适的参比溶液可消除显色剂和某些共存离子的干扰。

6) **分离干扰离子**

在上述方法不宜采用时,可采用沉淀、离子交换或溶剂萃取等分离方法除去干扰离子。

1.3.5　定量方法

可见分光光度法定量的依据是朗伯-比尔定律,即一定范围内,物质在一定波长处的吸光度与它的浓度呈线性关系。因此,在相应范围内,通过测定溶液对一定波长入射光的吸光度,即可求出溶液中物质的浓度和含量。

1)单组分测定

(1)标准曲线法

标准曲线法又称工作曲线法,这是实际工作中用得最多的一种定量方法。工作曲线绘制方法的具体步骤如下:

①配制标准系列溶液。用已知的标准样品配制成一系列不同浓度的标准溶液(至少4个,一般是5个浓度)。

②测定吸光度。以空白溶液为参比溶液,在适当波长通常为λ_{max}下,分别测定各标准溶液的吸光度A。

③作图。以标准溶液浓度为横坐标,吸光度为纵坐标,在坐标纸上或用Excel作图,绘制A-c曲线,即为标准曲线,如图1.9所示。

④按与配制标准溶液相同的方法配制待测试液。在相同条件下测量试液的吸光度,然后在此工作曲线上查出待测组分的浓度。

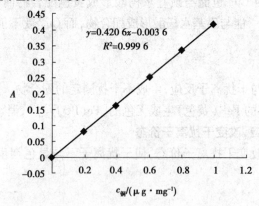

图1.9 绘制的标准曲线及一元线性回归方程和R^2

(2)标准对照法

标准对照法又称标准比较法,在标准曲线法中,若只有一个标准溶液时,则可用标准比较法。在相同的条件下配制样品溶液和标准品溶液,在所选波长处同时测定它们的吸光度A_x及A_s,由标准溶液的浓度c_s可计算出样品溶液中被测物质的浓度c_x。

根据朗伯-比尔定律有:$A_s = kc_s$,$A_x = kc_x$,两式相比,得

$$c_x = c_s \times \frac{A_x}{A_s} \tag{1.11}$$

然后再根据样品的称量及稀释情况计算得到样品的百分含量。这种方法比较简单,但只有在测定的范围内溶液完全遵守朗伯-比尔定律,并且在c_x与c_s浓度相接近时,才能得到较为准确的实验结果。

(3)吸光系数法

吸光系数是物质的特性常数,只要测定条件(包括溶液的浓度与酸度、单色光纯度等)未引起朗伯-伯尔定律偏离,就可根据测得的吸光度来求浓度,其表达式为

$$c = \frac{A}{aL} \tag{1.12}$$

【例1.2】 精密称取维生素 B_{12} 注射液 2.5 mL,加水稀释至 10 mL。另配制 B_{12} 标准液,精密称取 B_{12} 标准品 25 mg,加水稀释至 1 000 mL。在 361 nm 处,用 1 cm 吸收池,分别测得吸光度为 0.508 和 0.518,求维生素 B_{12} 注射液的浓度以及标示量的百分含量。(此维生素 B_{12} 注射液的标示量是 100 μg/mL;维生素 B_{12} 水溶液在 361 nm 处的 a 值为 207)

解:①使用标准对照法计算:

$$c_x = c_s \times \frac{A_x}{A_s}$$

$$c_x' \times \frac{2.5}{10} = \frac{\frac{25 \times 1\,000}{1\,000} \times 0.508}{0.518} = 98.1(\mu g/mL)$$

$$B_{12} 标示量 = \frac{c_x}{标示量} \times 100\% = \frac{98.1}{100} \times 100\% = 98.1\%$$

②使用吸光系数法计算:

$$c = \frac{A}{ab}$$

$$c_x \times \frac{2.5}{10} = \frac{0.508}{207 \times 1} = 98.1(\mu g/mL)$$

$$B_{12} 标示量 = \frac{c_x}{标示量} \times 100\% = \frac{98.1}{100} \times 100\% = 98.1\%$$

在具体的测定中,目前中国药典中大多数药品用吸光系数法定量,也有部分采用标准对照法定量。吸光系数法较简单、方便,但使用不同型号的仪器测定会带来一定的误差。标准对照法能够排除仪器带来的一些误差,但必须采用国家有关部门提供的测定所需的标准对照品。

2)多组分的测定

多组分是指在被测溶液中含有两个或两个以上的吸光组分。根据吸光度的加和性,利用紫外-可见分光光度法也可不经分离测定样品中两种或多种组分的含量。但是,利用此法进行多组分的测定时,要求各组分间彼此不能发生反应;同时,每一组分都应在某一波长范围内遵从朗伯-比尔定律。假定溶液中存在 A 和 B 两种组分,在一定条件下将其转化为有色物质,分别绘出吸收曲线,会有以下 3 种情况:

①若两组分的吸收曲线不重叠,如图 1.10(a)所示,说明 A 和 B 两组分互不干扰,因此可分别在 λ_{max}^A 及 λ_{max}^B 处测定 A 和 B 组分的吸光度,从而求出各自的浓度。

②若两组分的吸收曲线部分重叠,如图 1.10(b)所示,则说明 A 和 B 组分彼此会互相干扰,此时可在 λ_{max}^A 及 λ_{max}^B 处分别测定 A 和 B 两组分的总的吸光度 $A_{\lambda_{max}^A}^{A+B}$(简记作 A_1)和 $A_{\lambda_{max}^B}^{A+B}$(简记作 A_2),然后再根据吸光度的加和性联立方程,求得各组分的浓度。

$$A_1 = \varepsilon_1^A L c_A + \varepsilon_1^B L c_B \tag{1.13}$$

$$A_2 = \varepsilon_2^A L c_A + \varepsilon_2^B L c_B \tag{1.14}$$

式中 $\varepsilon_1^A, \varepsilon_1^B, \varepsilon_2^A, \varepsilon_2^B$——分别为组分 A 和 B 在波长 λ_{max}^A 及 λ_{max}^B 处的摩尔吸光系数,其值可由已知准确浓度的纯组分 A 和纯组分 B 在两个波长处测得,求解联立方程,即可得到 A 与 B 组分的浓度 c_A 与 c_B。

对于更多组分的复杂体系,可用计算机处理测定结果。但应该指出,随着测量组分的增多,实验结果的误差也将增大。

③若两组分的吸收曲线完全重叠,如图 1.10(c)所示,很显然已不能使用单纯的单波长分光光度法,应设法把其中一个组分的吸收度设法消去,采取的措施是使用双波长测定法。双波长分光光度法需要两个单色器获得两束单色光(λ_1 和 λ_2),不需空白溶液作参比,而以参比波长 λ_1 处的吸光度 A^{λ_1} 作为参比来消除干扰。在分析浑浊或背景吸收较大的复杂试样时显示出很大的优越性,灵敏度、选择性、测量精密度等方面都比单波长法有所提高。

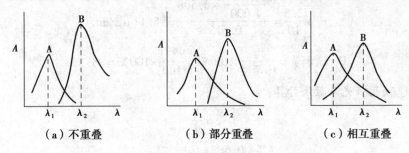

(a) 不重叠　　　　(b) 部分重叠　　　　(c) 相互重叠

图 1.10　混合物的紫外吸收光谱

以测定 a 消去 b 为例,通过下列公式可计算出试样中待测物质的浓度

$$\Delta A = A_2 - A_1 = A_2^a - A_1^a = (E_2^a - E_1^a)c_a L \tag{1.15}$$

由此可见,测得的吸光度 ΔA 只与待测组分 a 的浓度呈线性关系,而与干扰组分 b 无关。若 a 为干扰组分,则可用同样的方法测定 b 组分。

任务 1.4　紫外分光光度分析实验技术

1.4.1　紫外分光光度分析技术

物质在紫外光区所产生的吸收光谱称为紫外吸收光谱,研究物质紫外吸收光谱的分析方法称为紫外吸收光谱(UV)。

1) 紫外吸收光谱的产生

紫外-可见吸收光谱是分子中价电子能级的跃迁产生的,因此,这种吸收光谱决定于分子中价电子分布和结合情况。按分子轨道理论,在有机化合物中有 3 种不同性质的价电子:形成单键的 σ 电子、形成双键的 π 电子和未成键的孤电子 n 电子(或 p 电子)。根据分子轨道理论,这 3 种电子的能级顺序为:$\sigma<\pi<n<\pi^*<\sigma^*$(σ,π 表示成键分子轨道;$\sigma^*$,$\pi^*$ 表示反键分子轨道;n 表示非键分子轨道)。

当外层价电子吸收紫外光或可见光后,就从基态向激发态(反键轨道)跃迁。分子中的价电子跃迁方式与键的性质有关,即与化合物的结构有关。电子跃迁(electron transition)主要类型有:σ→σ*、n→σ*、π→π*、n→π*,如图1.11所示。各种电子跃迁所需能量 ΔE 的大小顺序为:σ→σ* > n→σ* > π→π* > n→π*。

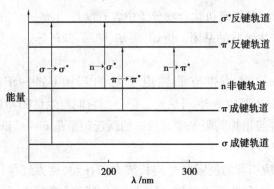

图1.11 电子能级及电子跃迁示意图

(1)σ→σ*跃迁

由单键构成的化合物,如饱和碳氢化合物,由于只有 σ 电子,只能发生 σ→σ*跃迁。σ→σ*跃迁所需能量在所有跃迁类型中最大,所吸收的辐射波长最短,其吸收发生在远紫外区,波长小于200 nm。有机饱和烃中 C—C 键属于这类跃迁,例如,甲烷的最大吸收波长 λ_{max} 为 125 nm,乙烷的最大吸收波长 λ_{max} 为 135 nm。由于仅能产生 σ→σ*跃迁的物质在 200 nm 以上波长没有吸收,故它们在紫外-可见吸收光谱法中常用作溶剂。

(2)n→σ*跃迁

含有未共用电子对的杂原子(N、S、O、P 和卤素原子等)的饱和有机化合物,都含有 n 电子,因此都可发生这种跃迁。实现这类跃迁所需要的能量较高,但比 σ→σ*跃迁所需能量小,n→σ*跃迁比 σ→σ*跃迁所引起的吸收峰波长长,为 150~250 nm,大部分在远紫外区和近紫外区。例如,CH_3OH 的吸收峰为 183 nm,CH_3NH_2 的吸收峰为 213 nm。由 n→σ*跃迁产生的吸收峰多为弱吸收峰,它们的摩尔吸光系数 ε_{max} 一般为 100~300,因而在紫外区有时不易观察到。

(3)π→π*跃迁(K带)

含有 π 电子基团的不饱和烃、共轭烯烃和芳香烃类等有机物可发生此类跃迁。π→π*跃迁所需能量比 σ→σ*跃迁小,与 n→σ*跃迁差不多,吸收峰一般处于近紫外光区,在 200 nm 附近,其特征是摩尔吸光系数大,一般 ε_{max} 为 10^4 以上,属强吸收带。如乙烯(蒸气)的最大吸收波长 λ_{max} 为 162 nm。

若有共轭体系,π→π*跃迁所需能量减少,波长向长波方向移动,在 200~700 nm 的紫外可见光区。

(4)n→π*跃迁(R带)

含有杂原子双键(如 C═O、—N═O、C═S、—N═N—等)的不饱和有机化合物可发生这种跃迁。实现这种跃迁所需能量最小,因此其最大吸收波长一般出现在近紫外光区(200~400 nm)。由 n→π*跃迁产生的吸收带的特点是 ε_{max} 小,一般为 10~100。摩尔吸光系数的差别显著,是区别 π→π*跃迁和 n→π*跃迁的方法之一。例如,乙醛分子中羰基 n→π*跃迁所产生的吸收带为 290 nm,ε_{max} 只有 17。

2) 常用术语

(1) 生色团(发色团)

生色团(chromophore)是指有机化合物分子中含有能产生 $\pi\to\pi^*$、$n\to\pi^*$ 跃迁的,并且能在紫外-可见光范围内产生吸收的基团。例如,羰基、硝基、苯环等。

(2) 助色团

助色团(auxochrome)是指带有非键电子对的基团(如—OH、—OR、—NHR、—SH、—Cl、—Br 等),它们本身不吸收紫外-可见光。但是当它们与生色团相连时,会使生色团的吸收峰向长波方向移动,并且增加其吸光度。对应的跃迁类型是 $n\to\sigma^*$ 跃迁。

(3) 红移与蓝移(紫移)

由取代基或溶剂效应引起的使吸收峰向长波方向移动,称为红移(red shift),又称长移。使吸收向短波长方向移动,称为蓝移(blue shift),又称紫移(或短移)。吸收强度即摩尔吸光系数 ε 增大或减小的现象,分别称为增色效应(hyperchromicity)或减色效应(hypochromic effect)。

1.4.2 吸收带的产生

吸收带是指吸收峰在紫外-可见光谱中的波带位置。根据电子及分子轨道的种类可将紫外光谱的吸收带分为 4 种类型,在解析光谱时,可以从这些吸收带的类型推测有机化合物的分子结构。

1) R 吸收带(基团带)

由 $n\to\pi^*$ 跃迁产生的吸收带,即由具有杂原子和双键的共轭基团,例如,$C=O$、—$N=O$、—NO_2、—$N=N$— 等发色团产生的吸收带。其特点是能量小,处于长波范围,吸收强度较弱,一般摩尔吸光系数 ε 小于 100。

2) K 吸收带(共轭带)

由共轭双键中的 $\pi\to\pi^*$ 跃迁产生的吸收带,是共轭分子的特征吸收带。可据此判断化合物中共轭结构,是紫外光谱中应用最多的吸收带。其特点是跃迁所需的能量较 R 带大,一般 λ_{max} 位于 210~250 nm,为强吸收($\varepsilon>10^4$)。随着共轭体系的增长,K 吸收带向长波方向移动(红移)。

3) B 吸收带(苯吸收带)

由苯环本身振动及闭合环状共轭双键 $\pi\to\pi^*$ 跃迁而产生的吸收带,是芳香族(包括杂环芳香族)的主要特征吸收带。其特点是为弱吸收带(230~270 nm),具有精细结构,摩尔吸光系数 ε 约为 200。常用来识别芳香族化合物,如图 1.12 所示。

但溶剂的极性、酸碱性等对精细结构的影响较大。在极性溶剂中测定,或苯环上有取代基时,精细结构消失。若有助色团与基团、共轭体系或苯环形成大 π 键,均能使相应的谱带发生红移,形成的 π 越大,红移越显著。

4) E 吸收带

由苯环结构中环状共轭体系的 $\pi\to\pi^*$ 跃迁产生的吸收带,分为 E_1(185 nm)和 E_2(204 nm)吸收带。可以分别看成乙烯和共轭烯烃的吸收带,也是芳香结构化合物的特征谱带。吸收强度 E_1 为 $\varepsilon>10^4$,E_2 约为 $\varepsilon>10^3$,均属强带吸收。

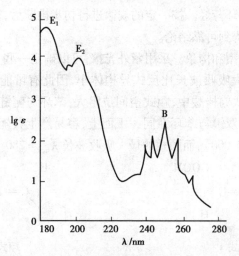

图 1.12 苯在乙醇中的紫外吸收光谱

E 带主要用于研究取代苯的结构。当苯环上有助色团(如—Cl、—OH 等)取代时,E_2 出现红移,但一般在 210 nm 左右;当有生色团取代并与苯环共轭时,则 E 带常与 K 带合并,有 B 和 K 两种吸收带。取代苯中,E_2 带和 B 带研究最为广泛,而 E_1 带在远紫外区,较少研究。

1.4.3 紫外吸收光谱的应用

1)定性分析

用紫外吸收光谱法来进行定性分析一般是根据该物质的吸收光谱特征,包括光谱吸收曲线的形状、最大吸收波长 λ_{max} 及吸收系数 ε_{max} 三者的一致性来提供某些能吸收紫外-可见光的基团的信息。主要是用于不饱和有机化合物,尤其是共轭体系的鉴定,以此推断未知物的骨架结构。但由于紫外-可见光区的吸收光谱比较简单,特征性不强,紫外-可见吸收光谱法的定性分析有一定的局限性。无机元素一般不用该方法定性分析,而主要是用发射光谱来进行定性分析。有机化合物的紫外吸收光谱,只反映结构中生色团和助色团的特性,不完全反映分子特性。

(1)未知试样的鉴定

一般采用比较光谱法。即在相同的测定条件下,比较待测物与已知标准物的吸收曲线,如果它们的吸收曲线完全相同,则可初步认为是同一物质。

如果没有标准物,则可以借助汇编的各种有机化合物的紫外-可见标准图谱及有关的电子光谱的文献资料进行比较。使用与标准图谱比较的方法时,要求仪器准确度、精密度高,操作时测定条件完全与文献规定的条件相同,否则可靠性差。

(2)推测化合物的分子结构

①推测化合物所含的官能团。先将试样尽可能提纯,绘制出化合物的紫外-可见吸收光谱,根据光谱特征对化合物作初步推断。如果该化合物在紫外-可见光区无吸收峰,则可能不含双键或共轭体系,而可能是饱和化合物;如果在 210~250 nm 有强吸收带,表明它含有共轭

双键;若在260~250 nm有强吸收带,可能有3~5个共轭单位。如在260 nm附近有中吸收且有一定的精细结构,则可能为苯环。如果化合物有许多吸收峰,甚至延伸到可见光区,则可能为一长链共轭化合物或多环芳烃。按一定的规律进行初步推断后,能缩小该化合物的归属范围,还需要其他方法才能得到可靠结论。

②确定有机化合物构型和构象。采用紫外光谱,可以确定一些化合物的构型和构象。一般说来,顺式异构体的最大吸收波长比反式异构体小,因此有可能用紫外光谱法进行区别。例如,在顺式肉桂酸和反式肉桂酸中,顺式空间位阻大,苯环与侧链双键共平面性差,不易产生共轭;反式空间位阻小,双键与苯环在同一平面上,容易产生共轭。因此,反式的最大吸收波长 $\lambda_{max}=295$ nm($\varepsilon_{max}=7\,000$),而顺式的最大吸收波长 $\lambda_{max}=280$ nm($\varepsilon_{max}=13\,500$)。

采用紫外光谱法,还可以对某些同分异构体进行判别。例如,乙酰乙酸乙酯有酮式和烯醇式间的互变异构体:

酮式没有共轭双键,在206 nm处有中吸收;而烯醇式存在共轭双键,在245 nm处有强吸收。因此,可以根据它们的紫外吸收光谱来判别。

紫外光谱也可用于确定构象。例如,α-环己酮有以下两种构象:化合物Ⅰ中的C—X键为直立键,而化合物Ⅱ的C—X键为平伏键。前者的C=O上的π电子与σ电子重叠较后者为大,因而化合物Ⅰ的 λ_{max} 比化合物Ⅱ更大。可以区别直立键与平伏键,从而确定待测物的构象。

化合物Ⅰ   化合物Ⅱ

(3)纯度检查

如果某化合物在紫外区没有吸收峰,而其中的杂质有较强的吸收,就可以方便地检出该化合物中的痕量杂质。例如,要检出甲醇或乙醇的杂质苯,可利用苯在256 nm波长处的B吸收带,而甲醇或乙醇在此波长处几乎没有吸收。因此,只要观察在256 nm处有无苯的吸收峰,即可知道是否含有苯杂质。如果某化合物在可见区或紫外区有较强的吸收带,有时可用摩尔吸光系数来检查其纯度。

另外,通过观察紫外吸收光谱还可以判断双键是否移动。因为不共轭的双键具有典型的烯键紫外吸收带,其所在波长较短;共轭的双键谱带在波长较长,且共轭键越多,吸收谱带波长越长。

2) 定量分析

紫外分光光度定量分析与可见分光光度定量分析的定量依据和定量方法相同,也是利用朗伯-比尔定律,这里不再详述。但值得注意的是,在进行紫外定量分析时应选择好测定波长和溶剂。通常情况下,一般选择 λ_{max} 作测定波长,若在 λ_{max} 处共存的其他物质也有吸收,则应另选 ε 较大,而共存物质没有吸收的波长作测定波长。选择溶剂时要注意所用溶剂在波长处应没有明显的吸收,而且对被测物溶解性好,不与被测物发生作用,不含干扰测定的物质。

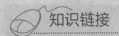

导数分光光度法

根据朗伯-比尔定律,吸光度是波长的函数,即 $A = \varepsilon(\lambda)cL$,将吸光度 A 对波长 λ 求导,所形成的光谱称为导数光谱(derivative specrta)。导数光谱对吸收强度随波长的变化很敏感,对重叠吸收带有较好的分辨能力;能选择性地放大窄而弱的吸收带,从而能从一个强干扰背景中检测出较弱的信号;提高狭窄谱带吸收强度从而提高分析灵敏度。因此,导数分光光度法在多组分同时测定、混浊试样定性或定量分析、消除背景干扰、加强光谱精细结构和复杂光谱的解析等方面有其独特的优点。导数分光光度法在药物、生物化学及食品分析中应用研究十分广泛。

• 项目小结 •

紫外-可见吸光光度法是基于物质对光的选择性吸收而建立起来的一种分析方法,是以物质对光的选择性吸收为基础的分析方法,朗伯-比尔定律是其定量分析的基础。该方法的特点是灵敏度高、操作简单、快速。紫外-可见分光光度计由光源、单色器、吸收池、检测器及输出系统构成。其仪器设备简单、应用广泛、准确度高,是测量微量及痕量组分的常用方法。

在学习可见分光光度法时,重点是选择合适的条件使测量相对误差达到最小,提高测量的准确度,包括显色剂的选择及显色条件的选择、测量条件的选择(主要包括试样浓度、入射光波长、参比溶液的选择、共存离子的消除)。

实训项目 1.1 邻二氮菲分光光度法测微量铁

【实训目的】
1. 掌握用邻二氮菲显色法测定铁的原理及方法。
2. 学习吸收曲线和工作曲线的绘制,掌握适宜测量波长的选择。
3. 学习分光光度计的使用方法。

【方法原理】
分光光度法测定铁的显色剂比较多,其中邻二氮菲(又称为邻菲洛啉)为显色剂测定铁,灵敏度较高,稳定性较好,干扰容易消除,因而是目前普遍采用的测定方法。在 pH 为 2~9 的溶液中,邻二氮菲与 Fe^{2+} 反应生成稳定的橙红色配合物。

其中 $\lg \beta_3 = 21.3$,最大吸收峰在 510 nm 波长处,摩尔吸光系数 $\varepsilon_{510} = 1.1 \times 10^4$ L/(mol·cm)。如果存在 Fe^{3+},则可用盐酸羟胺将其还原为 Fe^{2+}。

$$4Fe^{3+} + 2NH_2OH = 4Fe^{2+} + 4H^+ + N_2O \uparrow + H_2O$$

在最大吸收波长处,测定橙红色配合物的吸光度。铁含量为 0.1~6 μg/mL 时,吸光度与浓度有线性关系,可用标准曲线法测定。为了得到较高准确度,要选择吸光度与浓度有线性关系的浓度范围,测定时尽量使吸光度为 0.2~0.8。此外,吸收池尽量配套、显色剂加入顺序一致。

【仪器与试剂】
1. 仪器:722 型分光光度计(或 721、752、752N 型),棕色容量瓶(50 mL,6 个),吸量管(5 mL,4 支;10 mL,1 支),量筒(10 mL),镜头纸。
2. 试剂:盐酸羟胺水溶液(10%,临用时配制),邻二氮菲水溶液(0.15%,临用时配制),醋酸钠溶液(1 mol/L)。

【实训内容】
1) 标准溶液的配制
(1) 铁标准溶液(10 μg/mL)的配制
准确称取 0.863 4 g 硫酸铁铵 $NH_4Fe(SO_4)_2 \cdot 12H_2O$ 于 100 mL 烧杯,加入 20 mL 6 mol/L HCl 溶液和适量水,溶解后定量转移至 1 000 mL 容量瓶中,加水稀释至刻度,摇匀,得 100 μg/mL 储备液。用时吸取 10.00 mL 稀释至 100 mL,得 10 μg/mL 工作液。
(2) 系列铁标准溶液的配制
取 6 个 50 mL 容量瓶按 1~6 依次编号,分别加入 10 μg/mL 铁标准溶液 0.00 mL、2.00 mL、4.00 mL、6.00 mL、8.00 mL、10.00 ml,然后加入 1 mL 盐酸羟胺溶液、2.00 mL 邻二氮菲

溶液和 5 mL NaAc 溶液(注意:每加入一种试剂都要初步混匀,再加另一种试剂)。最后,用去离子水定容至刻度,充分摇匀,放置 10 min。

2) 吸收曲线的绘制

选用 1 cm 比色皿,以 1 号试剂空白为参比溶液,取 6 号试液,选择 440~560 nm 波长,每隔 10 nm 测一次吸光度,其中 510 nm 附近每隔 5 nm 测定一次(注意:每改变波长一次,均需用参比溶液将透光率调到 100%,才能测量吸光度)。以所得吸光度 A 为纵坐标,以相应波长 λ 为横坐标,用 Excel 绘制 A 与 λ 的吸收曲线,找出最大吸收波长。

3) 标准曲线(工作曲线)的绘制

用 1 cm 比色皿,以试剂空白为参比溶液,在选定的最大波长下,测定各标准溶液的吸光度。以铁含量为横坐标,吸光度 A 为纵坐标,用 Excel 绘制标准曲线。

4) 试样中铁含量的测定

从实验教师处领取含铁未知液 1 份,吸取 5.0 mL 放入 50 mL 容量瓶中,按以上方法显色,并测其吸光度。此操作应与系列标准溶液显色、测定同时进行。依据试液的 A 值,从标准曲线上即可查得其浓度,最后计算出原试液中含铁量。(以 μg/mL 表示)

【结果处理】

1. 数据记录。

分光光度计型号:＿＿＿＿＿＿＿＿ λ_{max}:＿＿＿＿＿＿＿＿

吸收曲线的绘制

波长/nm	480	490	500	505	507	510	513	515	520	530	540
A											

标准曲线的绘制与铁含量的测定

容量瓶号	标准溶液						未知液
	1	2	3	4	5	6	7
吸取毫升数	0.0	2.0	4.0	6.0	8.0	10.0	5.0
含铁量/(μg·mL^{-1})	0.00	0.40	0.60	0.80	1.00	1.20	
吸光度 A							

2. 绘制吸收曲线和标准曲线。
3. 计算未知液中铁的含量。

$$c_{铁} = c_x \cdot D \cdot 10^{-6}$$

式中　D——稀释倍数;

c_x——未知液吸光度在标准曲线上对应的含铁总量,g/L。

【注意事项】

测吸收曲线时,每次改变波长后都要用参比溶液调"T"为"100%"。

【思考题】

参比溶液的作用是什么？为什么每改变一次波长,均需用参比溶液将透光率调到100%,才能测量吸光度？

实训项目 1.2　水杨酸含量的测定

【实训目的】

1. 了解紫外可见分光光度计的性能、结构及其使用方法。
2. 掌握紫外-可见分光光度法定性、定量分析的基本原理和实验技术。

【方法原理】

水杨酸又称邻羟基苯甲酸,为白色结晶性粉末,无臭,味先微苦后转辛。水杨酸易溶于乙醇、乙醚、氯仿、丙酮、松节油等,不易溶于水。水杨酸是重要的精细化工原料,在医药工业中,水杨酸是一种用途极广的消毒防腐剂;水杨酸具有优秀的"去角质、清理毛孔"能力,安全性高,且对皮肤的刺激较果酸更低,近年来成为保养护肤品的新宠儿。

水杨酸在紫外光区吸收稳定、重现性好,可利用紫外吸收曲线进行定性分析、工作曲线法进行定量分析。

【仪器与试剂】

1. 仪器:紫外-可见分光光度计,石英吸收池,容量瓶(100 mL 1个、50 mL 5个),刻度吸量管(1 mL、2 mL、5 mL 各1支)。

2. 试剂:水杨酸对照品(分析纯),60%乙醇溶液。

①水杨酸标准溶液(100 μg/mL):准确称取 0.1 g 水杨酸置于 100 mL 烧杯中,用60%乙醇溶解后,转移到 100 mL 容量瓶中,以60%乙醇稀释至刻度,摇匀,作为储备液(1 mg/mL)。再用该储备液稀释成浓度为 100 μg/mL 的水杨酸标准溶液。

②两种(也可以是多种)未知液:未知液均配成 100 μg/mL 的待测溶液(其中一种为水杨酸)。

【实训内容】

1)定性(绘制吸收曲线)

用 1 cm 石英吸收池,以60%乙醇为参比,在波长 200~350 nm 范围内分别测定水杨酸标准溶液和两种未知液的吸光度,并作吸收光谱曲线。根据吸收曲线的形状确定哪种未知液为水杨酸,并从吸收光谱曲线上确定最大吸收波长作为定量测定时的测量波长。

2)定量

(1)工作曲线的绘制

将 6 个 50 mL 干净的容量瓶按 1~6 依次编号,分别准确移取水杨酸标准溶液 0.00 mL、1.00 mL、2.00 mL、4.00 mL、6.00 mL、8.00 mL 于相应编号容量瓶中,用60%乙醇溶液稀释至刻度,摇匀。以试剂空白为参比溶液,在选定的最大波长下,测定并记录各溶液的吸光度,然后以浓度为横坐标,以相应的吸光度为纵坐标绘制工作曲线。

(2)试液中水杨酸含量的测定

准确移取 2 mL 水杨酸未知液,在 50 mL 容量瓶中定容,在选定的最大波长下测定吸光度,从工作曲线上查得未知液的浓度。

【结果处理】

1. 绘制水杨酸和未知液的吸收曲线,确定哪种未知液是水杨酸。
2. 绘制水杨酸的标准曲线。

编 号	1	2	3	4	5	6
标液体积/mL	0.00	1.00	2.00	4.00	6.00	8.00
水杨酸浓度/($\mu g \cdot mL^{-1}$)	0.00	2.00	4.00	8.00	12.00	16.00
A						

3. 根据标准曲线和样品吸光度查出试液中水杨酸的浓度。

【注意事项】

未知样品的浓度在线性范围内。

【思考题】

本实验的参比液用的是什么物质?

实训项目 1.3　紫外分光光度法测定水中总酚含量

【实训目的】

1. 掌握紫外分光光度法测定酚的原理和方法。
2. 熟悉紫外分光光度计的基本操作技术。

【方法原理】

苯酚,又名石炭酸、羟基苯,是最简单的酚类有机物,一种弱酸。常温下为一种无色晶体,有毒。苯酚是工业废水中的一种有害物质,如果流入江河会使水质受到污染,因此在检测饮用水的卫生质量时,需对水中酚含量进行测定。

苯具有环状共轭体系,由 $\pi \rightarrow \pi^*$ 跃迁在紫外吸收光区产生 3 个特征吸收带:强度较高的 E_1 带,出现在 180 nm 左右;中等强度的 E_2 带,出现在 204 nm 左右;强度较弱的 B 带,出现在 255 nm。具有苯环结构的化合物在紫外光区均有较强的特征吸收峰,在苯环上的第一类取代基(致活基团)使吸收更强,而苯酚在 270 nm 处有特征吸收峰,其吸收程度与苯酚的含量成正比,因此可用紫外分光光度法,根据朗伯-比尔定律直接测定水中总酚的含量。

【仪器与试剂】

1. 仪器:紫外-可见分光光度计,25 mL 容量瓶,移液管。

2. 试剂:苯酚标准溶液(50 mg/L)。配制方法:准确称取 0.025 g 苯酚于 250 mL 烧杯,加 20 mL 去离子水溶解,移入 100 mL 容量瓶,用去离子水定容至刻度,摇匀,此溶液为储备液(250 mg/L),再用该储备液稀释成 50 mg/L 的苯酚标准溶液。

【实训内容】

1) 苯酚标准系列溶液的配制

取 6 个 25 mL 容量瓶按 1~6 依次编号,分别加入 0.00 mL、1.00 mL、2.00 mL、3.00 mL、4.00 mL、5.00 mL 浓度为 50 mg/L 的苯酚标准溶液,用去离子水稀释至刻度,摇匀。分别计算标准溶液的浓度(mg/L)。

2) 吸收曲线的测定

取上述标准系列中的任一溶液,用 1 cm 石英比色皿,以溶剂空白(去离子水)作参比,在 220~300 nm 波长范围内,绘制吸收曲线,选择测定的最大吸收波长。

3) 标准曲线的测定

选择苯酚的最大吸收波长(λ_{max}),用 1 cm 石英比色皿,以溶剂空白(去离子水)作参比,按浓度由低到高的顺序依次测定苯酚标准溶液的吸光度。

4) 水样的测定

在与上述标准曲线相同的条件下,测定水样的吸光度。

【结果处理】

1. 绘制吸收曲线。以溶剂空白作参比,用标准系列中最大浓度的溶液作吸收曲线,测定波长范围 220~300 nm 内该溶液的吸光度,绘制吸收曲线,找出 λ_{max}。

λ/nm	220	230	235	238	240	245	250
A							
λ/nm	260	270	280	290	292	295	300
A							

2. 绘制标准曲线和测定未知试样。以不含酚的溶液作参比,绘制标准曲线及测定未知水样。

编号	1	2	3	4	5	6
标液体积/mL	0.00	1.00	2.00	3.00	4.00	5.00
总含酚量/$(mg \cdot L^{-1})$	0.00	2.00	4.00	6.00	8.00	10.00
A						

在 λ_{max} 波长处测定标准溶液的吸光度和未知水样的吸光度,绘制工作曲线。从工作曲线查得未知水样总酚的含量。实验结果以 1 L 水中含酚多少毫克表示。

【注意事项】

吸收池的透光应保持光洁,拿取吸收池时,只能拿磨砂面,不能拿透光面。吸收池外表面需擦拭时,只能用擦镜纸擦或白绸布擦,实验结束后吸收池应用水冲洗干净,晾干即可。

【思考题】
紫外分光光度计与可见分光光度计的仪器部件有什么不同?

实训项目 1.4　紫外-可见分光光度法测定饮料中的防腐剂

【实训目的】
1. 掌握蒸馏操作。
2. 掌握紫外-可见分光光度法测定苯甲酸的方法及原理。

【方法原理】
为了防止食品在储存、运输过程中发生腐败、变质,常在食品中添加少量防腐剂。防腐剂使用的品种和用量在食品卫生标准中都有严格的规定,苯甲酸及其钠盐、钾盐是食品卫生标准允许使用的主要防腐剂之一,其使用量一般在 0.1% 左右。苯甲酸具有芳香结构,在波长 225 nm 和 272 nm 处有 K 吸收带和 B 吸收带。

由于食品中苯甲酸用量很少,同时食品中其他成分也可能产生干扰,一般需预先将苯甲酸与其他成分分离。从食品中分离防腐剂常用蒸馏法和溶剂萃取法等。本实验采用蒸馏法对鲜橙多中的苯甲酸进行了测定,苯甲酸(钠)在 225 nm 处有最大吸收,可在 225 nm 波长处测定标准溶液及样品溶液的吸光度,绘制标准曲线法,可求出样品中苯甲酸的含量。

【仪器与试剂】
1. 仪器:紫外分光光度计、蒸馏装置。
2. 试剂:无水硫酸钠、磷酸、硫酸、氢氧化钠、重铬酸钾、苯甲酸、鲜橙多。

【实训内容】
1) 样品前处理

准确称取 10.0 g 均匀的样品,置于 250 mL 蒸馏瓶中,加 1 mL 磷酸,20 g 无水硫酸钠,70 mL 水,三粒玻璃珠进行第一次蒸馏。用预先加有 5 mL 0.1 mol/L NaOH 的 50 mL 容量瓶接收馏出液,当蒸馏液收集到 45 mL 时,停止蒸馏,用少量水洗涤冷凝器,最后用水稀释至刻度。

吸取上述蒸馏液 25 mL,置于另一个 250 mL 蒸馏瓶中,加入 25 mL 0.033 mol/L K_2CrO_7 溶液,6.5 mL 2 mol/L H_2SO_4 溶液,连接冷凝装置,水浴上加热 10 min,冷却,取下蒸馏瓶,加入 1 mL H_3PO_4、20 g 无水 Na_2SO_4、40 mL 水和 3 颗玻璃珠,进行第二次蒸馏,用预先加有的 5 mL 0.1 mol/L NaOH 的 50 mL 容量瓶接收蒸馏液,当蒸馏瓶收集到 45 mL 左右时,停止蒸馏,用少量洗涤冷凝器,最后用水稀释至刻度。

根据样品中苯甲酸含量,取第二次蒸馏液 5~20 mL,置于 50 mL 容量瓶中,用 0.01 mol/L NaOH 定容,以 0.01 mol/L NaOH 作为对照液,于紫外分光光度计 225 nm 处测定吸光度。

2) 标准曲线的制作

取苯甲酸标准溶液 2.00 mL、4.00 mL、6.00 mL、8.00 mL、10.00 mL,分别置于 50 mL 容量瓶中,用 0.01 mol/L NaOH 溶液稀释至刻度。以 0.01 mol/L NaOH 溶液为对照液,测定 5 号

标准溶液的紫外可见吸收光谱(测定范围为 200~350 nm),找出 λ_{max},然后在 λ_{max} 处测定 5 个标准溶液的吸光度 A,绘制标准曲线。

【结果处理】

1. 记录数据。将标准溶液的质量浓度 c 和吸光度 A 的数据填入下表中。

苯甲酸标准溶液浓度及吸光度测定数据

标液体积/mL	空白	2.00	4.00	6.00	8.00	10.00	样品
A	0.000						

2. 绘制标准曲线。以浓度为横坐标,吸光度为纵坐标绘制标准曲线。

3. 计算样品中苯甲酸含量。将实验测得的样品吸光度(A_x)从曲线上找出相应的苯甲酸浓度 c_x,按下列公式计算样品中苯甲酸含量。

$$w(苯甲酸) = \frac{50c_x}{m \times \frac{25.0}{50.0} \times \frac{V}{50.0}}$$

式中 m——样品的质量,mg;

V——样品测定时所取得第二次蒸馏液体积,mL;

c_x——从标准曲线上查得样品溶液中苯甲酸钠的质量浓度,mg/mL。

吸收池在测定前,应用被测试液冲洗 2~3 次,以保证溶液的浓度不变。

【注意事项】

石英比色杯每换一种溶液或试剂时必须清洗干净,并用待测溶液或参比溶液润洗 3 次。

【思考题】

在用分光光度计进行定量分析时,哪些操作可能影响测定结果的准确性?

实训项目 1.5 甲硝唑片的含量测定

【实训目的】

1. 掌握紫外分光光度法测定甲硝唑片的原理及操作,并能进行有关计算。
2. 熟练使用紫外分光光度计。
3. 了解排除片剂中常用辅料干扰的操作。

【方法原理】

根据甲硝唑能产生紫外吸收的性质,将本品用盐酸溶液配成稀溶液,在甲硝唑的最大吸收波长处测定吸光度,根据朗伯-比尔定律,用吸收系数法计算含量。

【仪器与试剂】

1. 仪器:紫外-可见分光光度计。
2. 试剂:盐酸溶液(9→1 000)。配制方法:取盐酸 9 mL,加水适量使成 1 000 mL,摇匀。

【实训内容】

取本品 10 片,精密称定,研细,精密称取适量(约相当于甲硝唑 50 mg),置 100 mL 量瓶中,加盐酸溶液(9→1 000)约 80 mL,微温使甲硝唑溶解,加盐酸溶液(9→1 000)稀释至刻度,摇匀,用干燥滤纸过滤,精密量取续滤液 5 mL,置 200 mL 量瓶中,加盐酸溶液(9→1 000)稀释至刻度,摇匀。取该溶液置 1 cm 厚石英吸收池中,以相同盐酸溶液为空白,在 277 nm 波长处测定吸光度,按 $C_6H_9N_3O_3$ 的吸收系数为 377 计算,即得。《中国药典》(2010 版)规定本品含甲硝唑($C_6H_9N_3O_3$)应为标示量的 93.0%~107.0%。

【结果处理】

甲硝唑片占标示量的百分含量可按下式求得:

$$标示量\% = \frac{\frac{A}{E_{1\,cm}^{1\%} \times L} \times \frac{1}{100} \times V \times D \times 平均片重}{W \times 标示量} \times 100\%$$

式中　V——供试品溶液原始体积;

　　　D——稀释倍数;

　　　W——称取供试品的量,g;

　　　$E_{1\,cm}^{1\%}$——波长 277 nm 处的吸收系数,377;

　　　L——1 cm。

【注意事项】

在使用紫外-可见分光光度计时,暂停测试时,应尽可能关闭光路阀门,以保护光电管,勿使受光过久而遭损坏。

【思考题】

用紫外-可见分光光度法测物质含量时如何保证测定结果的准确?

实训项目 1.6　发酵食品中还原糖和总糖的测定

【实训目的】

1. 掌握紫外分光光度法测定还原糖和总糖的原理及操作,并能进行有关计算。
2. 熟练使用紫外分光光度计。
3. 掌握样品的前处理过程。

【方法原理】

还原糖是指含有自由醛基或酮基、具有还原性的糖类。黄色的 3,5-二硝基水杨酸(DNS)试剂与还原糖在碱性条件下共热后,自身被还原为棕红色的 3-氨基-5-硝基水杨酸。在一定范围内,反应液里棕红色的深浅与还原糖的含量成正比,在波长为 540 nm 处测定溶液的吸光度,查对标准曲线并计算,便可求得样品中还原糖的含量。

不具还原性的部分双糖或多糖经酸水解后可彻底分解为具有还原性的单糖,通过对样品中的总糖进行酸水解,测定水解后还原糖含量,可计算出样品的含量。由于多糖水解为单糖时,每断裂一个糖苷键需加入一分子水,所以在计算多糖含量时应乘以系数0.9。

【仪器与试剂】

1. 仪器:分光光度计、电热恒温水浴锅、试管及试管架、容量瓶、移液器、量筒。

2. 试剂:1 mg/mL 葡萄糖标准液:准确称取 80 ℃烘至恒重的分析纯葡萄糖 100 mg,置于小烧杯中,加少量蒸馏水溶解后,转移至 100 mL 容量瓶中,用蒸馏水定容至刻度,混匀,4 ℃冰箱中保存备用。

【实训内容】

1) 样品预处理

(1) 样品中还原糖的提取

准确称取 1.00 g 样品,放入 100 mL 烧杯中,先用少量蒸馏水调成糊状,然后补足至 50 mL 蒸馏水,搅匀,煮沸 5 min,使还原糖浸出。将浸出液(含沉淀)转移至 50 mL 离心管中,于 4 000 r/min 离心 5 min,沉淀可用 20 mL 蒸馏水洗涤一次,再离心,将两次离心的上清液收集在 100 mL 容量瓶中,用蒸馏水定容至刻度,混匀,即为 100 倍的还原糖待测液。

(2) 样品中总糖的水解和提取

准确称取 1.00 g(1 mL)样品,放入 100 mL 烧杯中,加 15 mL 蒸馏水及 10 mL 6 mol/L 的 HCl,置沸水浴中加热水解 30 min。待烧杯中的水解液冷却后,加入 1 滴酚酞指示剂,用 6 mol/L 的 NaOH 中和至微红色(至中性),用蒸馏水定容在 100 mL 容量瓶中,混匀,即为稀释 100 倍的总糖待测液。

2) 葡萄糖标准曲线制作

取 6 支具塞刻度试管编号,按下表分别加入浓度为 1 mg/mL 的葡萄糖标准液、蒸馏水和 DNS 试剂,配成不同浓度的葡萄糖标准溶液。

葡萄糖标准曲线的制作

试 剂	0	1	2	3	4	5
葡萄糖标准溶液/mL	0	0.2	0.4	0.6	0.8	1.0
蒸馏水/mL	2	1.8	1.6	1.4	1.2	1.0
DNS/mL	1.5	1.5	1.5	1.5	1.5	1.5
葡萄糖浓度/(mg·mL^{-1})						
A_{540}						

将以上溶液,封口置沸水浴煮 5 min,冷却,定容至 25 mL,以 0 号管为对照液,在 540 nm 波长下测定吸光度,以葡萄糖含量为 y 轴,吸光度为 x 轴作标准曲线。

3) 样品中还原糖和总糖的测定

取 4 支具塞试管,编号 0、1、2、3,以制作标准曲线相同的方法,在 1~3 号试管分别加入 1 mL 待测液和 1 mL 蒸馏水,1.5 mL DNS(保证与葡萄糖标准曲线制作相同的反应体系),而对照的 0 号管内则加 2 mL 的蒸馏水和 1.5 mL DNS。封口置沸水浴煮 5 min,冷却,定容至 25 mL。在 540 nm 波长下测吸光度值。

样品中还原糖的测定

试　剂	0	1	2	3
样品溶液/mL	0	1.0	1.0	1.0
蒸馏水/mL	2.0	1.0	1.0	1.0
DNS	1.5	1.5	1.5	1.5
A_{540}				
通过标准曲线计算得到的还原糖浓度/(mg·mL^{-1})				
样品中还原糖或总糖质量分数/%				
平均质量分数				

【结果处理】

根据标准曲线可得到还原糖的浓度 c，按下式计算样品中还原糖的总糖的含量。

$$w_1 = \frac{c \times V}{m} \times 100$$

$$w_2 = w_1 \times 0.9$$

整理得到

$$w_{还原糖} = \frac{查曲线所得葡萄糖浓度 \times \dfrac{提取液总体积}{测定时取用体积}}{样品质量} \times 100\%$$

式中　w_1——还原糖(以葡萄糖计)的质量分数,%；

　　　w_2——总糖的质量分数,%；

　　　c——还原糖或总糖提取液浓度,mg/mL(本公式中即为根据标准曲线计算得到的每毫升含还原糖毫克数)；

　　　V——提取液的总体积,mL(提取液的总体积即为稀释倍数)；

　　　m——样品质量,mg。

【注意事项】

样品的稀释倍数要保证计算得到的葡萄糖浓度在标准曲线线性范围内,A 在 0.1~0.4 范围内数据较为合适。

【思考题】

实验中能否用普通光学玻璃比色皿进行测定？为什么？

1. 物质的吸收-可见光谱的产生是由于(　　)。

　A. 分子的振动　　　　　　　　　B. 分子的转动

　C. 原子核外层电子的跃迁　　　　D. 原子核内层电子的跃迁

2. 分子运动包括电子相对原子核的运动 $E_{电子}$、核间相对位移的振动 $E_{振动}$ 和转动 $E_{转动}$，这3种运动的能量大小顺序为（　　）。

　　A. $E_{电子} > E_{振动} > E_{转动}$　　　　　　B. $E_{电子} > E_{转动} > E_{振动}$

　　C. $E_{转动} > E_{电子} > E_{振动}$　　　　　　D. $E_{振动} > E_{转动} > E_{电子}$

3. 所谓的紫外区，一般所指的波长范围是（　　）。

　　A. 200～400 nm　　　　　　　　B. 400～800 nm

　　C. 800～1 000 nm　　　　　　　D. 10～200 nm

4. 符合朗伯-比尔定律的有色溶液，当有色物质的浓度增加时，最大吸收波长和吸光度分别是（　　）。

　　A. 增加、不变　　B. 减少、不变　　C. 不变、增加　　D. 不变、减少

5. 在分光光度法中，宜选用的吸光度读数范围为（　　）。

　　A. 0～100　　　B. 0～1　　　C. 0.2～0.8　　　D. 0～∞

6. 用实验方法测定某金属配合物的摩尔吸收系数 ε，测定值的大小决定于（　　）。

　　A. 入射光强度　　　　　　　　B. 比色皿厚度

　　C. 配合物的性质　　　　　　　D. 配合物的浓度

7. 若显色剂无色，而被测溶液中存在其他有色离子干扰，在分光光度法分析中，应采用的参比溶液是（　　）。

　　A. 蒸馏水　　　　　　　　　　B. 显色剂

　　C. 试剂空白溶液　　　　　　　D. 不加显色剂的被测溶液

8. 下列因素对朗伯-比尔定律不产生偏差的是（　　）。

　　A. 改变吸收光程长度　　　　　B. 溶质的离解作用

　　C. 溶液的折射指数增加　　　　D. 杂散光进入检测器

9. 有 A 和 B 两份不同浓度的有色溶液，A 溶液用 1.0 cm 吸收池，B 溶液用 3.0 cm 吸收池，在同一波长下测得的吸光度相等，则它们的浓度关系为（　　）。

　　A. A 是 B 的 1/3　　　　　　　　B. A 等于 B

　　C. B 是 A 的 3 倍　　　　　　　　D. B 是 A 的 1/3

10. 双光束分光光度计与单光束分光光度计相比，其突出的优点是（　　）。

　　A. 可以抵消吸收池所带来的误差

　　B. 可以抵消因光源的变化而产生的误差

　　C. 可以采用快速响应的检测系统

　　D. 可以扩大波长的应用范围

11. 吸光度法进行定量分析的依据是_____，用公式表示为_____。

12. 一有色溶液对某波长光的吸收遵守朗伯-比尔定律，当选用 2.0 cm 的比色皿时，测得透光率为 T；若改用 1.0 cm 的比色皿时，则透光率应为_____。

13. 在分光光度法中，以_____为纵坐标，以_____为横坐标作图，可得_____。

14. 分光光度法中，以_____为横坐标，以_____为纵坐标作图，可得_____。

15. 助色团对谱带的影响是使谱带向_____移动。

16. 有色溶液对光选择性吸收，为了使测定结果有较高的灵敏度，测定时选择吸收波长应

在_____处,有时选择肩缝为测量波长是因为_____。

17. 显色剂 R 与金属离子 M 形成有色配合物 MR,一般要求对比度 $\Delta\lambda = \lambda_{max,MR} - \lambda_{max,R} =$ _____。

18. 在紫外-可见吸收光谱中,溶剂的极性不同,对吸收带的影响也不同。通常,极性大的溶剂使 π→π* 跃迁的吸收带_____,而对 n→π* 跃迁的吸收带,则_____。

19. 现取某含铁试液 2.00 mL 定容至 100 mL,从中吸取 2.00 mL 显色并定容至 50 mL,用 1 cm 吸收池测得透光率为 39.8%。已知,显色络合物的摩尔吸光系数为 1.10×10^4。求该含铁试液中铁的含量。($M_{Fe} = 55.85$ g/mol)

20. 某药物浓度为 2.0×10^{-4} mol/L,用 1 cm 吸收池,于最大吸收波长 238 nm 处测得其透光度 $T = 20\%$,试计算其 $E_{1\ cm,\lambda_{max}}^{1\%}$ 及 ε_{max}。($M = 234$ g/mol)

21. 用分光光度法同时测定某试液中 MnO_4^- 和 $Cr_2O_7^{2-}$ 的含量。用 1 cm 比色皿在 $\lambda_1 = 440$ nm 处测得水样吸光度 $A = 0.365$,在 $\lambda_2 = 545$ nm 处测得 $A = 0.682$。计算试液中 $Cr_2O_7^{2-}$ 和 MnO_4^- 的量浓度。(已知:$\varepsilon_{\lambda_1,Cr_2O_7^{2-}} = 370$,$\varepsilon_{\lambda_2,Cr_2O_7^{2-}} = 11.0$;$\varepsilon_{\lambda_1,MnO_4^-} = 93.0$,$\varepsilon_{\lambda_2,MnO_4^-} = 2\ 350$)

22. 在光度法测定中引起偏离朗伯-比尔定律的主要因素有哪些?

23. 电子跃迁有哪几种类型?具有什么样结构的化合物可以产生紫外吸收光谱?

24. 朗伯-比尔定律的物理意义是什么?为什么说该定律只适用于稀溶液?

项目2　原子光谱分析技术

📖【项目描述】

原子光谱分析技术包括原子吸收光谱法(AAS)、原子荧光光谱法(AFS)和原子发射光谱法(AES)3项内容,本项目重点介绍了AAS,对AFS、AES作了简单介绍。AAS是基于待测组分的原子蒸气对同种原子辐射出来的特征谱线的吸收作用来进行定量待测元素含量的分析方法。AAS可直接测定70多种金属元素,也可用间接方法测定一些非金属和有机化合物,广泛应用于食品、医药、化工等领域。AFS是通过测量待测元素的原子蒸气在辐射能激发下所产生荧光的发射强度,来测定待测元素含量的一种发射光谱分析方法。AFS在As、Sb、Bi、Se、Te、Pb、Ge、Sn、Hg、Zn、Cd这11种元素的分析方面较AAS有巨大的优势。AES是根据处于激发态的待测元素原子回到基态时发射的特征谱线对待测元素进行分析的方法。AES应用于为无机元素组成与含量的分析,但不能提供物质分子结构、价态和状态等信息,也不能用于有机物和一些非金属元素分析。

📖【知识目标】

1. 熟悉原子吸收分光光度计结构及测定原理;
2. 掌握火焰、石墨炉法的定量分析方法;
3. 熟练原子吸收分光光度法的样品处理、分析最佳条件选择等操作技术;
4. 了解原子荧光光谱法和原子发射光谱法的产生及用途。

📖【能力目标】

1. 熟练原子吸收分光光度法的样品处理、分析最佳条件选择等操作技术;
2. 熟悉原子吸收分光光度计的使用,熟练火焰法及墨炉法的操作步骤;
3. 熟悉标准曲线法与标准加入法在实际样品分析中的应用。

任务 2.1　原子吸光谱法(AAS)

2.1.1　概述

原子吸收光谱法(Atomic Absorption Spectrometry, AAS)又称原子吸收分光光度法或简称原子吸收法。原子吸收光谱分析是基于试样蒸气相中被测元素的基态原子对由光源发出的该原子的特征性窄频辐射产生共振吸收,其吸光度在一定范围内与蒸气相中被测元素的基态原子浓度成正比。根据被测元素原子化方式的不同,可分为火焰原子吸收法和非火焰原子吸收法两种。另外,某些元素如汞,能在常温下转化为原子蒸气而进行测定,称为冷原子吸收法。

原子吸收分光光度法与紫外-可见分光光度法的基本原理相同,都遵循朗伯-比尔定律,均属于吸收光谱法。但它们吸光物质的状态不同,原子吸收法是基于蒸气相中基态原子对光的吸收现象,吸收的是由空心阴极灯发出的锐线光,是窄频率的线状吸收,吸收波长的半宽度只有 1.0×10^{-3} nm,所以原子吸收光谱是线光谱。紫外-可见分光光度法则是基于溶液中的分子(或原子团)对光的吸收,可在广泛的波长范围内产生带状吸收光谱,这是两种方法的根本区别。

原子吸收分光光度法具有以下特点:

①灵敏度高,检出限低。火焰原子吸收法的检出限可达 ng/mL 数量级;石墨炉原子吸收法其绝对灵敏度可达 $10^{-14} \sim 10^{-10}$ g。

②精密度高。火焰原子吸收法测定中等和高含量元素的相对标准偏差可小于 1%,其测量精度已接近于经典化学方法。石墨炉原子吸收的测量精度一般为 3% ~ 5%。原子吸收光谱用样量小,火焰原子化器 3 ~ 6 mL,石墨炉原子化器 10 ~ 30 μL。

③选择性好。大多数情况下共存元素对被测元素不产生干扰。

④操作简便,分析速度快。在准备工作做好后,一般几分钟即可完成一种元素的测定。若利用自动原子吸收光谱仪可在 35 min 内连续测定 50 个试样中的 6 种元素。

⑤应用广泛。原子吸收光谱法被广泛应用于各领域中,它可直接测定 70 多种金属元素,也可用间接方法测定一些非金属和有机化合物。

⑥原子吸收法的局限性。分析不同的元素需要更换光源,不便于多元素的同时测定,虽有多元素灯销售,但使用中还存在不少问题;多数元素分析线位于紫外波段,其强度弱,给测量带来一些困难;校准曲线范围窄,通常为一个数量级;存在背景吸收时比较麻烦,要正确扣除。不能测定共振线处于真空紫外区域的元素,如磷、硫等。

2.1.2　基本原理

原子吸收光谱法基于从光源发出的被测元素的特征辐射通过样品蒸气时,被待测元素基态原子吸收,由辐射的减弱程度求得样品中被测元素含量。在光源发射线的半宽度小于吸收线的半宽度(锐线光源)的条件下,光源的发射线通过一定厚度的原子蒸气,并被基态原子所吸收,吸光度与原子蒸气中待测元素的基态原子数的关系遵循朗伯-比尔定律:

$$A = KN_0L \tag{2.1}$$

式中　N_0——单位体积基态原子数;
　　　L——光程长度。

实际工作中,要求测定的是试样中待测元素的浓度 c_0,在确定的实验件下,试样中待测元素浓度 c_0 与蒸气中原子总数 N_0 有确定的关系,其表达式为

$$N_0 = \alpha c_0 \tag{2.2}$$

式中　α——比例常数。

将式(2.2)代入式(2.1)得公式

$$A = K\alpha c_0 L = K' c_0 L \tag{2.3}$$

这就是原子吸收光谱法的基本公式。它表示在确定实验条件下,吸光度与试样中待测元素浓度呈线性关系。

2.1.3　原子吸收分光光度计

原子吸收分光光度计型号繁多,自动化程度也各不相同,有单光束型和双光束型两大类。其主要组成部分均包括光源、原子化装置、单色器和检测系统,如图2.1所示。

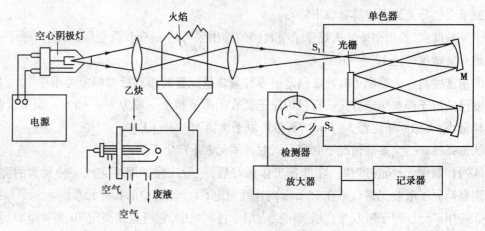

图 2.1　原子吸收光谱仪基本结构示意图
S_1—入射狭缝;S_2—出射狭缝;M—凹面镜

1)光源

光源的作用是辐射待测元素的特征光谱。它应满足能发射出比吸收线窄得多的锐线;有足够的辐射强度,稳定、背景小等。目前应用广泛的是空心阴极灯,其结构如图2.2所示。

它由封在玻璃管中的一个钨丝阳极和一个由被测元素的金属或合金制成的圆筒状阴极组成,内充低压的氖气或氩气。

当在阴、阳两极间加上电压时,气体发生电离,带正电荷的气体离子在电场作用下轰击阴

极,使阴极表面的金属原子溅射出来,金属原子与电子、惰性气体原子及离子碰撞激发而发出辐射。最后,金属原子又扩散回阴极表面而重新淀积下来。

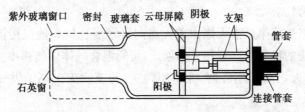

图2.2 空心阴极灯示意图

空心阴极灯有单元素灯和多元素灯。单元素灯只能用于该元素测定,如果要测定另外一种元素,就要更换相应的元素灯。多元素灯(如六元素的空心阴极灯)可以测定6种元素而不必换灯,使用较为方便。但发射强度低于单元素灯,且如果金属组合不当,易产生光谱干扰,因此,不被普遍使用。

2)原子化器

原子化器的作用是将试样中待测元素变成基态原子蒸气。原子化方法有火焰原子化和无火焰原子化两种方法。

(1)火焰原子化器

火焰原子化器是利用化学火焰的燃烧热为待测元素的原子提供能量。火焰原子化器是最早也是最常用的原子化器,它操作简便、测定快速、精密度好。

①火焰原子化器的结构。火焰原子化器是利用化学火焰的燃烧热为待测元素的原子提供能量。火焰原子化器由雾化器、雾化室和燃烧器3部分组成。雾化器的作用是将试样溶液雾化,使之成为微米级的湿气溶胶,如图2.3所示。当高压助燃气体由外管高速喷出时,在内管管口形成负压,试液由毛细管吸入并被高速气流分散成雾滴,当其从雾化器喷嘴喷出,进入雾化室时,将与喷嘴前的玻璃撞击球相撞,被进一步粉碎。

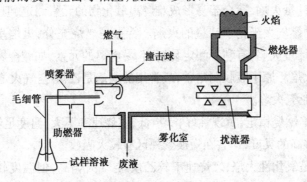

图2.3 火焰原子化器结构示意图

雾化室(也称预混合室)的作用是使燃气、助燃气与试液的湿气溶胶在进入燃烧器头之前充分混合均匀,以减少它们进入火焰时对火焰的扰动;同时也使未被细化的较大雾滴在雾化室内凝结为液珠,沿室壁流入泄漏管内排走。可见火焰原子化效率低,试样利用率仅为10%～15%,这是影响火焰原子化方法测定灵敏度的因素之一。

燃烧器头是火焰燃烧的地方,通常用电子点火器将火焰点燃。试样随燃气、助燃气一起从燃烧器头的狭缝中喷出进入火焰,在火焰高温下被迅速干燥(去溶剂)、灰化、原子化。从光源发出的特征辐射平行穿过整个火焰,火焰中的基态原子对特征辐射产生吸收。

②火焰的基本特性。

a. 燃烧速率。燃烧速率是指火焰由着火点向可燃混合气其他点传播的速率。它影响火焰的安全操作和燃烧的稳定性。要使火焰稳定,可燃混合气体供气速率应大于燃烧速率。但供气速率过大,会使火焰离开燃烧器,变得不稳定,甚至吹灭火焰。供气速率过小将会引起回火。

b. 火焰温度。不同类型的火焰,其温度是不同的,见表2.1。

表2.1 几种常用火焰的燃烧特性

燃气	助燃气	最快燃烧速率/($cm \cdot s^{-1}$)	最高火焰温度/℃	附注
乙炔	空气	158	2 250	最常用火焰
乙炔	氧化亚氮	160	2 700	用于测定难挥发和难原子化的物质
氢气	空气	310	2 050	火焰透明度高,用于测定易电离元素
丙烷	空气	82	1 920	用于测定易电离元素

c. 火焰的燃气与助燃气比例。火焰是由燃料气(还原剂)和助燃气(氧化剂)在一起发生激烈的化学反应——燃烧而形成的,故也称为化学火焰。按照燃气与助燃气的混合比率(简称燃助比),可将火焰划分为3大类:化学计量火焰、富燃火焰、贫燃火焰。

• 化学计量火焰是指燃气与助燃气之比和化学反应计量关系相近,又称中性火焰。这类火焰温度高,稳定,背景低,适用于大多数元素的测定。

• 富燃火焰指燃气量大于化学计量的火焰。其特点是燃烧不完全,火焰呈黄色,具有还原性,温度低于化学计量火焰,适合于易形成难解离氧化物的元素测定,但背景高。

• 贫燃火焰指助燃气大于化学计量的火焰。特点是燃烧充分,火焰呈蓝色,有较强的氧化性,温度低于化学计量火焰,有利于测定易解离、易电离的元素,如碱金属等。

d. 几种常用的火焰。原子吸收测定中,最常用的火焰是乙炔-空气火焰。此外,还有氢-空气火焰和乙炔-氧化亚氮火焰。

• 乙炔-空气火焰燃烧稳定,重现性好,噪声低,燃烧速率不大,温度足够高(约2 300 ℃),对大多数元素有足够高的灵度,但它在短波紫外区有较大吸收。

• 氢-空气火焰是氧化性火焰,燃烧速率较乙炔-空气火焰高,但温度较低(约2 050 ℃),优点是背景发射较弱,透射性能较好。

• 乙炔-氧化亚氮火焰的优点是火焰温度高(约2 700 ℃),而燃烧速率并不快,是目前唯一获了广泛应用的高温化学火焰,适于难原子化元素的测定,用它可测定70多种元素。

(2)石墨炉原子化器

石墨炉原子化器是一种无火焰原子化装置,如图2.4所示。它是用电加热方法使试样干燥、灰化、原子化。试样用量只需几微升。为了防止试样及石墨管氧化,在加热时通入氮气或氩气，在这种气氛中有石墨提供大量碳，故能得到较好的原子化效率，特别是易形成耐熔氧化物的元素。这种原子化法的最大优点是注入的试样几乎完全原子化，故灵敏度高。缺点是基体干扰及背景吸收较大，测定重现性较火焰原子化法差。

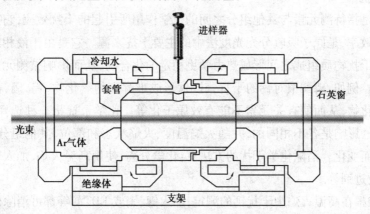

图 2.4　石墨炉原子化器结构示意图

（3）其他原子化法

应用化学反应进行原子化也是常用的方法。砷、硒、碲、锡等元素通过化学反应，生成易挥发的氢化物，送入空气-乙炔焰或电加热的石英管中使之原子化。

汞原子化可将试样中汞盐用 $SnCl_2$ 还原为金属汞。由于汞的挥发性，用 N_2 气或 Ar 气将汞蒸气带入气体吸收管进行测定。

3）单色器

单色器由入射和出射狭缝、反射镜和色散元件组成，其作用是将被测元素所需要的共振吸收线分离出来。单色器的关键部件是色散元件，现在商品仪器都使用光栅。原子吸收光谱仪对单色器的分辨率要求不高，能分开 Mn 279.5 nm 和 Mn 279.8 nm 即可。光栅放置在原子化器之后，以阻止来自原子化器内的所有不需要的辐射进入检测器。

4）检测系统

原子吸收光谱仪的检测系统是由光电转换器、放大器和显示器组成的，它的作用就是把单色器分出的光信号转换为电信号，经放大器放大后以透射比或吸光度的形式显示出来。原子吸收光谱仪中广泛使用的检测器是光电倍增管，近年来，一些仪器也采用 CCD 作为检测器。

2.1.4　干扰及其消除方法

原子吸收光谱分析中，干扰效应按其性质和产生的原因，可以分为物理干扰、化学干扰、电离干扰和光谱干扰 4 类。

1）物理干扰

物理干扰是指试样在转移、蒸发过程中任何物理因素变化而引起的干扰效应。属于这类干扰的因素有：试液的黏度、溶剂的蒸气压、雾化气体的压力等。物理干扰是非选择性干扰，对试样各元素的影响基本是相似的。

配制与被测试样相似的标准样品,是消除物理干扰常用的方法。在不知道试样组成或无法匹配试样时,可采用标准加入法或稀释法来减小和消除物理干扰。

2)化学干扰

化学干扰是指待测元素与其他组分之间的化学作用所引起的干扰效应,它主要影响待测元素的原子化效率,是原子吸收分光光度法中的主要干扰来源。它是由于液相或气相中被测元素的原子与干扰物质组成之间形成热力学更稳定的化合物,从而影响被测元素化合物的解离及其原子化。例如,磷酸根对钙的干扰,硅、钛形成难解离的氧化物,钨、硼、稀土元素等生成难解离的碳化物,从而使有关元素不能有效原子化等。化学干扰是一种选择性干扰,它对试样中各元素的影响是各不相同的,并随火焰温度、火焰状态和部位、其他组分的存在、雾滴的大小等条件而变化。消除化学干扰的方法有:化学分离、使用高温火焰、加入释放剂和保护剂、使用基体改进剂等。

例如,磷酸根在高温火焰中干扰钙的测定,加入锶、镧或 EDTA 等都可消除磷酸根对测定钙的干扰。在石墨炉原子吸收法中,加入基体改进剂,提高被测物质的稳定性或降低被测元素的原子化以消除干扰。又如,汞极易挥发,加入硫化物生成稳定性较高的硫化汞,灰化温度可提高到 300 ℃;测定海水中 Cu、Fe、Mn、As 时,加入 NH_4NO_3,使 NaCl 转化为 NH_4Cl,在原子化之前低于 500 ℃ 的灰化阶段除去。

3)电离干扰

在高温下原子电离,使基态原子的浓度减少,引起原子吸收信号降低,此种干扰称为电离干扰。电离效应随温度升高、电离平衡常数增大而增大,随被测元素浓度增高而减小。加入更易电离的碱金属元素,可以有效地消除电离干扰。另外,采用低温火焰也可以减少电离干扰。

4)光谱干扰

光谱干扰是由于仪器本身不能将所检测到的分析元素的吸收辐射和其他辐射完全区分所致。

(1)谱线干扰

谱线干扰包括光谱通带内存在着非吸收线、待测元素的分析线与共存元素的吸收线相重叠以及原子直流发射等。此时,可采用减小狭缝宽度,降低灯电流,采用其他分析线以及采用交流调制等办法来消除干扰。

(2)背景干扰

背景干扰包括分子吸收和光散射。它们使吸收值增加,产生正误差。分子吸收干扰是指在原子化过程中生成的气态分子或氧化物及盐类分子对光源共振辐射的吸收,造成透射比减小,吸光度增加。分子吸收是带状光谱,会在一定波长范围内形成干扰。光散射是指在原子化过程中,产生的固体微粒(如石墨炉中的炭末)使来自光源的光发生散射,造成透射光减弱,吸收光度增加。一般石墨炉原子化方法的背景吸收干扰比火焰原子化法高得多,若不扣除背景,有时根本无法测定。背景校正方法有多种,但较常用的还是利用一些仪器技术手段,例如,连续光源背景校正法和塞曼效应背景校正法。

2.1.5 测定条件的选择

1) 分析线

通常可选用共振线作分析线,因为这样一般都能得到较高的灵敏度;测定高含量元素时,为避免试样浓度过度稀释和减少污染等问题,可选用灵敏度较低的非共振吸收线为分析线;对于 As、Se、Hg 等元素其共振线位于 200 nm 以下的远紫外区,因火焰组分对其有明显吸收,故宜选用其他谱线。常用元素分析谱线见表 2.2。

表 2.2 原子吸收分光光度中常用的元素分析线

单位:nm

元素	分析线	元素	分析线	元素	分析线
Ag	328.1,338.3	Ge	265.2,275.5	Re	346.1,346.5
Al	309.3,308.2	Hf	307.3,288.6	Sb	217.6,206.8
As	193.6,197.2	Hg	253.7	Sc	391.2,402.0
Au	242.3,267.6	In	303.9,325.6	Se	196.1,204.0
B	249.7,249.8	K	766.5,769.9	Si	251.6,250.7
Ba	553.6,455.4	La	550.1,413.7	Sn	224.6,286.3
Be	234.9	Li	670.8,323.3	Sr	460.7,407.8
Bi	223.1,222.8	Mg	285.2,279.6	Ta	271.5,277.6
Ca	422.7,239.9	Mn	279.5,403.7	Te	214.3,225.9
Cd	228.8,326.1	Mo	313.3,317.0	Ti	364.3,337.2
Ce	520.0,369.7	Na	589.0,330.3	U	351.5,358.5
Co	240.7,242.5	Nb	334.4,358.0	V	318.4,385.6
Cr	357.9,359.4	Ni	232.0,341.5	W	255.1,294
Cu	324.8,327.4	Os	290.9,305.9	Y	410.2,412.8
Fe	248.3,352.3	Pb	216.7,283.3	Zn	213.9,307.6
Ga	287.4,294.4	Pt	266.0,306.5	Zr	360.1,301.2

2) 光谱通带

光谱通带是指单色器出射光束波长区间的宽度。光谱通带 W 主要取决于色散元件的倒线色散率 D 和狭缝宽度 S,其计算式为

$$W = D \cdot S \tag{2.4}$$

式中　D——倒线色散率;

　　　S——狭缝宽度,mm。

因为不同仪器的单色器的倒线色散率并不相同,因此仅用狭缝宽度不能说明出射狭缝的波长范围,调节狭缝的目的是为了获得一定的光谱通带,所以用通带代替狭缝宽度具有通用意义。光谱通带的确定一般都以能将共振线与邻近的其他谱线分开为原则。一般来说,若待

测元素共振线没有邻近谱线干扰(如碱金属、碱土金属)及连续背景很小时,可选用较大的光谱通带,这样能使检测器接受较强的信号,有利于提高信噪比,从而改善检出限;反之,若待测元素具有复杂光谱(如铁、钴、镍以及稀土元素等)或有连续背景,光谱通带应小一些,否则共振线附近的干扰谱线进入检测器,会导致吸光度值偏低,校准曲线发生弯曲。

一般元素的光谱通带为 0.5 ~ 4.0 nm,对谱线复杂的元素(如 Fe、Co、Ni 等),采用小于 0.2 nm 的通带可将共振线与非共振线分开,见表 2.3。通带过小使光强减弱,信噪比降低。

表 2.3　不同元素所选择的光谱通带

单位:nm

元素	共振线	通带	元素	共振线	通带
Al	309.3	0.2	Mn	279.5	0.5
Ag	328.1	0.5	Mo	313.3	0.5
As	193.7	<0.1	Na	589.0*	10
Au	242.8	2	Pb	217.0	0.7
Be	234.9	0.2	Pd	244.8	0.5
Bi	223.1	1	Pt	265.9	0.5
Ca	422.7	3	Rb	780.0	1
Cd	228.8	1	Rh	343.5	1
Co	240.7	0.1	Sb	217.6	0.2
Cr	357.9	0.1	Se	196.0	2
Cu	324.7	1	Si	251.6	0.2
Fe	248.3	0.2	Sr	460.7	2
Hg	253.7	0.2	Te	214.3	0.6
In	302.9	1	Ti	364.3	0.2
K	766.5	5	Tl	377.6	1
Li	670.9	5	Sn	286.3	1
Mg	285.2	2	Zn	213.9	5

注:* 用 10 nm 通带时,单色器通过的是 589.0 nm 和 589.6 nm 双线。

若用 4 nm 通带,测定 589.0 nm 线,灵敏度提高。

3)空心阴极灯的工电流

空心阴极灯一般需要预热 15 min 以上才能有稳定的光强输出。灯电流过小,放电不稳定,光强输出小;灯电流过大造成被气体离子激发的金属原子数增多,由于热变宽和碰撞变宽的影响,使发射线明显变宽,灯内自吸现象增大,导致灵敏度下降,灯寿命缩短。选用灯电流的一般原则是:在保证稳定和适合光强输出的情况下,尽量使用较低的工作电流。通常以空心阴极灯上标注的最大电流(一般为 5 ~ 10 mA)的 40% ~ 60% 为宜。

4)原子化条件的选择

在火焰原子化法中,火焰类型和特征是影响原子化效率的主要因素。对低、中温元素,使用乙炔-空气火焰;对于高温元素,采用乙炔-氧化亚氮高温火焰;对于分析线位于短波区(200 nm以下)的元素,使用氢-空气火焰为宜。对于确定类型的火焰,一般来说,稍富燃的火焰是有利的。对于氧化物不十分稳定的元素,如 Cu、Mg、Fe、Co、Ni 等,也可用化学计量火焰或贫燃火焰。为了获得所需特性的火焰,需要调节燃气与助燃气的比例。在火焰区内,自由原子的空间分布是不均匀的且随火焰条件而变,因此,应调节燃烧器的高度,以使来自空心阴极灯的光束从自由原子浓度最大的火焰区通过,以期获得高的灵敏度。

在石墨炉原子化法中,合理选择干燥、灰化、原子化及除残温度与时间是十分重要的。干燥应在稍低于溶剂沸点的温度下进行,以防止试液飞溅。灰化的目的是除去基体和局外组分,在保证被测元素没有损失的前提下应尽可能使用较高的灰化温度。原子化温度的选择原则是:选用达到最大吸收信号的最低温度作为原子化温度。原子化时间的选择,应以保证完全原子化为准。在原子化阶段停止通保护气,以延长自由原子在石墨炉内的平均停留时间。除残的目的是为了消除残留产生的记忆效应,除残温度应高于原子化温度。

2.1.6 定量分析方法

1) 校准曲线法

配制一系列标准溶液,在同样测量条件下,测定标准溶液和试样溶液的吸光度,绘制吸光度与标准溶液浓度间的校准曲线,然后从校准曲线上根据试样的吸光度求出待测元素的浓度或含量。该方法简单、快速,适用于大批量、组成简单或组合相似试样的分析。为确保分析准确,应注意以下4点:

①待测元素浓度高时,会出现校准曲线弯曲的现象,因此,所配制标准溶液的浓度范围应服从朗伯-比尔定律。最佳分析范围的吸光度应为 0.1 ~ 0.5。绘制校准曲线的点应不少于4个。

②标准溶液与试样溶液应用相同的试剂处理,且应具有相似的组成。因此,在配制标准溶液时,应加入与试样组成相同的基体。

③使用与试样具有相同基体而不含待测元素的空白溶液调零,或从试样的吸光度中扣除空白值。

④在整个分析过程中操作条件应保持不变。

2) 标准加入法

当配制与待测试样组成相似的标准溶液遇到困难时,可采用标准加入法。分取几份($n \geqslant 4$)等量的待测试样溶液,分别加入含有不同量待测元素的标准溶液,其中一份不加入待测元素的标准溶液,最后稀释至相同体积,使加入的标准溶液浓度为 $0、c_s、2c_s、3c_s、\cdots$,然后在选定的实验条件下,分别测定它们的吸光度。以吸光度 A 对待测元素标准溶液的加入量(浓度或体积)作图,得到标准加入法的校准曲线。外延曲线与横坐标相交,交点至原点的距离所相应的浓度 c_x 或体积 V_x,即可求出试样中待测元素的含量。

【例2.1】 分别取10.0 mL水样于5个100 mL容量瓶中,每只容量瓶中加入质量浓度为10.0 mg/L的钴标准溶液,其体积如下所示。用水稀释至刻度后,摇匀。在选定实验条件下,测定的结果见下表。根据这些数据求出水样中钴的质量浓度(以 mg/L 表示)。

编号	水样体积/mL	加入钴标准溶液的体积/mL	吸光度 A
0	0.0	0.0	0.042
1	10.0	0.0	0.201
2	10.0	10.0	0.292
3	10.0	20.0	0.378
4	10.0	30.0	0.467
5	10.0	40.0	0.554

解 首先将1~5号的吸光度扣除空白溶液的吸光度分别得:0.159,0.250,0.336,0.425和0.512。以此为纵坐标,以钴标准溶液的体积为横坐标作图,如下图所示。曲线不通过原点,外推曲线与横坐标相交,代入 $y = 0.008\,8x + 0.160\,2$,$y = 0$,其 x 的绝对值等于18.2 mL。

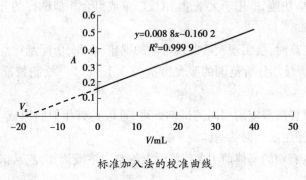

标准加入法的校准曲线

使用标准加入法时应注意以下3点:

①标准加入法是建立在待测元素浓度与其吸光度成正比的基础上,因此待测元素的浓度应在此线性范围内。

②为了能得到较为精确的外推结果,最少应采用4个点来制作外推曲线。加入标准溶液的量应适当,以保证曲线的斜度适宜,太大或太小的斜率,会引起较大的误差。

③本方法能消除基体效应带来的影响,但不能消除背景吸收的干扰。如存在背景吸收,必须予以扣除,否则将得到偏高的结果。

任务 2.2 原子荧光光谱分析技术

2.2.1 基本原理

原子荧光光谱法(AFS)是通过测量待测元素的原子蒸气在辐射能激发下所产生荧光的发射强度,来测定待测元素含量的一种发射光谱分析方法。

气态自由原子吸收特征波长辐射后,原子的外层电子从基态或低能级跃迁到高能级,经过约 10^{-8} s,又跃迁至基态或低能级,同时发射出与原激发波长相同或不同的辐射,称为原子荧光。原子荧光分为共振荧光、阶跃荧光、直跃荧光等,如图 2.5 所示。

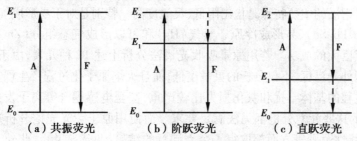

(a) 共振荧光　　(b) 阶跃荧光　　(c) 直跃荧光

图 2.5 原子荧光的主要类型

发射的荧光强度与原子化器中单位体积该元素基态原子数成正比,即

$$I_f = \varphi I_0 A \varepsilon L N \tag{2.5}$$

式中 I_f——荧光强度;

　　φ——荧光量子效率,表示单位时间内发射荧光光子数与吸收激发光光子数的比值,一般小于 1;

　　I_0——激发光强度;

　　A——荧光照射在检测器上的有效面积;

　　L——吸收光程长度;

　　ε——峰值摩尔吸光系数;

　　N——单位体积内的基态原子数。

原子荧光发射中,由于部分能量转变成热能或其他形式能量,荧光强度减小甚至消失,该现象称为荧光猝灭。

2.2.2 原子荧光光度计

原子荧光光度计分为色散型和非色散型,它们结构相似,区别在于单色器。主要组成包括光源、原子化器(火焰和非火焰)、单色器、检测器、放大器和读出装置。原子荧光光度计与原子吸收分光光度计基本相同,但为了检测器、放大器和读出装置。原子荧光光度计与原子吸收分光光度计基本相同,但为了检测荧光信号,避免发射光谱的干扰,将光源和原子化器与检测器处于直角位置。其示意图如图 2.6 所示。

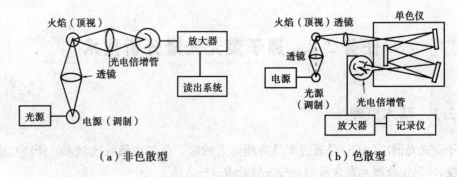

图2.6 原子荧光光度计示意图

2.2.3 荧光光谱定量分析

原子荧光光谱法的主要特点是检出限低,灵敏度高。特别是对于易形成气态氢化物(As、Sb、Bi、Se、Te、Ge、Pb、Sn)、易形成冷原子蒸气(Hg)和可以形成气态组分(Zn、Cd)的11种元素的分析取得了巨大的成功。若用原子吸收光谱法分析上述11种元素,由于其吸收线与发射谱线都位于紫外光谱区,不仅分析的灵敏度低,而且火焰原子化过程产生严重的背景吸收,石墨炉原子化过程的基体干扰和灰化损失比较严重,甚至电感耦合等离子发射光谱法(ICP-AES)对低含量的这些元素分析都无法满足要求。而使用原子荧光光谱分析这些元素,在检出限、精密度和线性范围等方面都取得了令人满意的结果(见表2.4)。此外,原子荧光光谱法还具有谱线简单,干扰小,校准曲线的线性范围宽(3~5个数量级)和可以进行多元素同测定等优点。原子荧光光谱法的定量分析主要采用校准曲线法,也可采用标准加入法。

表2.4 11种元素原子荧光光谱法定量分析方法指标

方法指标	元素					对象	
	As、Sb、Bi、Se、Te、Pb	Ge、Sn	Hg	Zn	Cd	气态汞(空气/天然气/实验室)	水样中汞(饮用水/矿泉水/海水/地面水)
检出限/(ng·mL^{-1})	≤0.06	≤0.5	≤0.005	≤5.0	≤0.008	<1.0 ng/m^3	<0.4 ng/m^3
相对标准(RSD)	1.0%					5.0%	2.0%
线性范围	3个数量级					2个数量级	

任务2.3 原子发射光谱分析技术

2.3.1 概述

原子发射光谱分析(Atomic Emission Spectrosmetry,AES),是根据处于激发态的待测元素原子回到基态时发射的特征谱线对待测元素进行分析的方法。

科学家们通过观察和分析物质的发射光谱,逐渐认识了组成物质的原子结构。在元素周期表中,有不少元素是利用发射光谱发现或通过光谱法鉴定而被确认的。例如,碱金属中的铷、铯;稀散元素中的镓、铟、铊;惰性气体中的氦、氖、氩、氪、氙及一部分稀土元素等。原子发射光谱法目前已成为无机元素分析的最强有力手段之一。

原子发射光谱分析的特点如下:

①多元素同时检测能力。可同时测定一个样品中的多种元素。每一样品经激发后,不同元素都发射特征光谱,这样就可同时测定多种元素。

②分析速度快。若利用光电直读光谱仪,可在几分钟内同时对几十种元素进行定量分析。分析试样不经化学处理,气体、固体、液体样品都可直接测定。

③选择性好。每种元素因原子结构不同,发射各自不同的特征光谱。对于一些化学性质极相似的元素具有特别重要的意义。例如,铌和钽、锆和铪、十几个稀土元素用其他方法分析都很困难,而发射光谱分析可以毫无困难地将它们区分开来,并分别加以测定。

④检出限低。一般光源可达 $10 \sim 0.1 \ \mu g/g$(或 $\mu g/cm^3$),绝对值可达 $1 \sim 0.01 \ \mu g$。电感耦合高频等离子体(ICP)检出限可达 ng/g 级。

⑤准确度较高。一般光源相对误差为 5% ~ 10%,ICP 相对误差可达 1% 以下。

⑥试样消耗少。

⑦ICP 光源校准曲线线性范围宽,可达 4 ~ 6 个数量级,可测定元素各种不同含量(高、中、微含量)。一个试样同时进行多元素分析,又可测定各种不同含量。目前 ICP-AES 已广泛应用于各个领域之中。

⑧常见的非金属元素如氧、硫、氮、卤素等谱线在远紫外区,目前一般的光谱仪尚无法检测;还有一些非金属元素,如 P、Se、Te 等,由于其激发电位高,灵敏度较低。

但是,原子发射光谱是由原子外层电子在能级间跃迁产生的线状光谱,反映的是原子及离子的性质,与原子或离子来源的分子状态无关,因此,原子发射光谱只能用来确定物质的元素组成与含量,而不能给出物质分子结构、价态和状态等信息。此外,原子发射光谱法不能用于分析有机物和一些非金属元素。

2.3.2 发射光谱基本原理

原子光谱是原子的外层电子(或称价电子)在不同能级间跃迁产生的。通常情况下,原子处于稳定状态,它的能量是最低的,这种状态称为基态 E_0,但当原子受到外界能量(如热能、电能等)的作用时,价电子便从基态跃迁到较高的能级 E_i 上,处在这种状态的原子称为激发态原子。处于激发态的原子是不稳定的,其寿命小于 10^{-8} S,因此,外层电子将从较高的能级向较低能级或基态跃迁。跃迁过程中所释放出的能量是以电磁辐射形式发射出来的,由此产生了原子发射光谱。谱线波长与能级能量之间的关系为

$$\lambda = \frac{hc}{E_1 - E_2} \tag{2.6}$$

式中 E_2,E_1——分别为高能级与低能级的能量;
λ——波长;

h——普朗克常量；
c——光速。

原子发射光谱包括3个主要的过程，即首先由光源提供能量使试样蒸发，形成气态原子，并进一步使气态原子激发而产生光辐射；然后，将光源发出的复合光经单色器分解成按波长顺序排列的谱线，形成光谱；最后用检测器检测光谱中谱线的波长和强度。由于待测元素原子的能级结构不同，因此发射谱线的波长不同，据此可对试样进行定性分析；由于待测元素原子的浓度不同，所以发射谱线强度不同，据此可实现元素的定量测定。

2.3.3 原子发射光谱仪

原子发射光谱法所用仪器主要由激发光源、光谱仪和观测设备等组成。

1) 激发光源

激发源的作用是为试样蒸发、原子化和激发发光提供所需的能量，它的性能影响着谱线的数目和强度。因此，通常要求激发源的灵敏度高、稳定性和重现性强、谱线背景低、适应范围广。在分析具体试样时，应根据分析的元素和对灵敏度及精确度的要求选择适当的激发源。常用的激发源是直流电弧、交流电弧、高压火花以及电感耦合等离子体等。

(1) 直流电弧(DCA)

固定电极(作阴极)和待测试样(作阳极)之间构成放电间隙 D，称为分析间隙。直流电弧一般采用接触法电弧，先将上下两个电极通上直流电，然后将电极轻轻接触，接触点因电阻很大而使电极灼热，将电极拉开，电弧即点燃。分析间隙的试样受热蒸发进入电弧中，分解为原子或离子并激发而发射光谱。

直流电弧的温度高，蒸发到弧隙蒸汽云中去的原子浓度较高，因此，分析的绝对灵敏度很高，背景较小，适合于分析痕量元素。主要缺点是电弧稳定性差，因此分析重现性差。

(2) 低压交流电弧(ACA)

采用低压交流电源依靠引燃装置为激活器，击穿分析间隙点燃电弧并维持电弧不灭的激发光源。与直流相比，交流电弧的电极头温度稍低一些，蒸发温度稍低一些，所以灵敏度稍差一些。但由于有控制放电装置，故电弧较稳定。可用于所有元素的光谱定性分析；用于金属、合金中低含量元素的定量分析。

(3) 高压火花(spark)

高压火花与电弧的工作原理基本相同，区别主要在于电弧是电源通过变压器直接向电极间隙注入能量产生的，而火花则是变压器(升压到15 000 V)先向电容器充电，当电容器两端电压达到电极间隙的击穿电压后，由电容器向电极分析间隙注入能量，形成火花。放电结束后，又重新充电，放电，反复进行。因此，火花实际上是一种高频电弧。

(4) 电感耦合等离子体(ICP)

等离子体，一般指有相当电离程度的气体，它由离子、电子及未电离的中性粒子所组成，其正负电荷密度几乎相等，从整体看呈中性(如电弧中的高温部分就是这类等离子体)。与一般的气体不同，等离子体能导电。

以 ICP 作为激发源的发射分析(ICP-AES)具有显著特点，其灵敏度高，稳定性好，分析的精密度高，一般相对标准偏差为 0.5%～2%；工作线性的线性范围宽，可达 4～6 个数量级，因此,同一份试液可用于从宏量至痕量元素的分析;试样消耗少,特别适合于液态样品分析;由于不用电极,因此不会产生样品污染;同时 Ar 气背景干扰少,信噪比高,在 Ar 气的保护下,不会产生其他化学反应,因而对于难激发的或易氧化的元素更为适宜,因此应用范围更广。但是 ICP 作为激发源也存在一定的缺点,主要是仪器价格昂贵,等离子工作气体的费用较高;测定非金属元素时,灵敏度较低。尽管如此,ICP 激发源突出的优点使其应用已越来越广泛。表2.5 为常见光源性能的比较。

表2.5 常见光源性能的比较

光 源	蒸发能力	激发温度/K	稳定性	应用范围
直流电弧	高(阳极)	4 000~7 000	较差	定性分析,矿物、纯物质、难挥发元素的定量分析
交流电弧	中	4 000~7 000	较好	金属合金中低含量元素的定量分析
高压火花	低	瞬 10 000	好	金属与合金,难挥发、低熔点金属合金定量分析
ICP	很高	6 000~8 000	很好	各种元素,含量低、中、高的溶液

2)分光系统

分光系统的作用是将试样中待测元素的激发态原子或离子,所发射的特征光经分光后,得到按波长顺序排列的光谱,以便进行定性分析和定量分析。

常用的分光系统有棱镜分光系统和光栅分光系统两种类型。棱镜分光系统是利用棱镜对不同波长的光有不同的折射率,复合光便被分解成各种单色光,从而达到分光的目的。多用石英棱镜为色散元件,可适用于紫外和可见光区。光栅分光系统的色散元件采用了光栅(通常由一个镀铝的光学平面或凹面上刻印等距离的平行沟槽做成的),利用光在光栅上产生的衍射和干涉实现分光的。

光栅色散与棱镜色散比较,具有较高的色散与分辨能力,适用的波长范围宽,而且色散率近乎常数,谱线按波长均匀排列。其缺点是有时出现"鬼线"(由于光栅刻线间隔的误差引起在不该有谱线的地方出现的"伪线")和多级衍射的干扰。

3)检测系统

检测系统的作用是将原子的发射光谱记录或检测出来以进行定性分析或定量分析。常用的检测系统有摄谱检测系统和光电检测系统两种类型。

(1)摄谱检测系统

摄谱检测系统是把感光板置于分光系统的焦平面处,通过摄谱、显影、定影等一系列操作,把分光后得到的光谱记录和显示在感光板上,然后通过映谱仪(又称投影仪,用于放大、观察和辨认谱线的仪器)放大,同标准图谱比较或通过比长计测定待测谱线的波长,进行定性分析;通过测微光度计(又称黑度计,是一种测量照相底板上谱线黑度的仪器)测量谱线强度(黑度),进行定量分析。

摄谱法的优点是可同时记录整个波长范围的谱线;具有较好的分辨能力;可用增加曝光时间的方法来增加谱线的黑度(强度),而且可使激发条件不稳定时产生的波动平均化。缺点是操作烦琐、检测速度慢。

(2)光电检测系统

光电检测系统是利用光电倍增管一类的光电转换器,连接在分光系统的出口狭缝处(代

替感光板),将谱线光信号变为电信号,再送入电子放大装置,直接由指示仪表显示,或者经过模数转换,由电子计算机进行数据处理,打印出分析结果。

光电检测系统的优点是检测速度快,准确度较高;适用于较宽的波长范围;光电倍增管对信号放大能力强,对强弱不同的谱线可用不同的放大倍率,线性范围宽,特别适用于样品中多种含量范围差别很大的元素同时进行分析。缺点是检测受固定的出口狭缝限制,全定性分析比较困难。

2.3.4 原子发射光谱法的定性方法、定量方法

1) 光谱定性分析

各种元素的原子受激发时发射出特征光谱。这种特征光谱仅由该元素的原子结构而定,与该元素的化合形式和物理状态无关。定性分析就是根据试样光谱中某元素的特征光谱是否出现,来判断试样中该元素存在与否及其大致含量的。确定试样中有何种元素存在,不需要将该元素的所有谱线都找出来,一般只要找出3条灵敏线。灵敏线也称为最后线,即随着试样中该元素的含量不断降低而最后消失的谱线。它具有较低的激发电位,因而通常是共振线。

用发射光谱进行定性分析,是在同一块感光板上并列摄取试样光谱和铁光谱。然后在光谱投影仪上将谱片上的光谱放大20倍,使感光板上的铁光谱与"元素光谱图"上的铁光谱重合,此时,若感光板上的谱线与"元素光谱图"上的某元素的灵敏线重合,则表示该元素存在。还可以根据该元素所出现的谱线,找出其谱线强度级最小的级次,按表2.6估计该元素的大概含量。

表2.6 定性分析结果表示方法

谱线强度级	含量估计范围/%	含量等级
1	100~10	主
2~3	10~1	大
4~5	1~0.1	中
6~7	0.1~0.01	小
8~9	0.01~0.001	微
10	<0.001	痕

2) 光谱半定量分析

光谱半定量分析可以给出试样中某元素的大致含量。若分析任务对准确度要求不高,多采用光谱半定量分析。常用的光谱半定量分析方法是谱线黑度比较法。它需要配制与试样基本相似的被测元素的标准系列。在相同的实验条件下,在同一块感光板上标准系列与试样并列摄谱,然后在映谱仪上用目视法直接比较被测试样与标准试样光谱中分析线的黑度,若黑度相等,则表明被测试样中欲测元素的含量近似等于该标准试样中欲测元素的含量。

3) 光谱定量分析

(1) 定量分析的基本关系式

光谱定量分析主要是根据谱线强度与被测元素浓度的关系来进行的。实验证明,当温度

一定时,谱线强度 I 与元素浓度 c 之间的关系符合下列经验公式

$$I = ac^b \tag{2.7}$$

此式称为赛伯-罗马金公式,是光谱定量分析的基本关系式。b 为自吸系数,与谱线的自吸收现象有关。b 随浓度 c 增加而减小,当浓度较高时,$b<1$;当浓度很小无自吸时,$b=1$。因此,在定量分析中,选择合适的分析线是十分重要的。a 是与试样蒸发、激发过程以及试样组成有关的一个参数。在实验中,试样蒸发、激发条件以及试样组成发生任何变化,均可使参数 a 发生变化,直接影响 I。因此,要根据谱线的绝对强度进行定量分析,往往得不到准确的结果。所以,实际光谱分析中,常采用一种相对的方法,即内标法,来消除工作条件的变化对测定的影响。

(2)内标法定量分析的基本关系式

内标法的原理是在被测元素的谱线中选一条线作为分析线,在基体元素(或定量加入的其他元素)的谱线中选一条与分析线相近的谱线作为内标线(或称比较线),这两条谱线组成分析线对。分析线与内标线的绝对强度的比值称为相对强度。内标法就是借测量分析线对的相对强度来进行定量分析的。

设分析线强度为 I_1,内标线强度为 I_2,被测元素浓度与内标元素浓度分别为 c_1 和 c_2,b_1 和 b_2 分别为分析线和内标线的自吸系数。分析线与内标线强度之比 R 称为相对强度。

$$R = \frac{I_1}{I_2} = \frac{a_1 c_1^{b_1}}{a_2 c_2^{b_2}} \tag{2.8}$$

式中,内标元素 c_2 为常数,实验条件一定时,$A = \frac{a_1}{a_2 c_2^{b_2}}$ 为常数,则

$$R = \frac{I_1}{I_2} = A c_1^{b_1} \tag{2.9}$$

将 c_1 改写为 c,并取对数:

$$\lg R = \lg \frac{I}{I_i} = b_1 \lg c + \lg A \tag{2.10}$$

以 $\lg R$ 对 $\lg c$ 所作的曲线即为相应的工作曲线。只要测出谱线的相对强度 R,便可从相应的工作曲线上求得试样中欲测元素的含量。

内标法可在很大程度上消除光源放电不稳定等因素带来的影响,因为尽管光源变化对分析线的绝对强度有较大的影响,但对分析线和内标线的影响基本是一致的,所以对其相对影响不大。这就是内标法的优点。

对内标元素和分析线对的选择应考虑以下几点:原来试样内应不含或仅含有极少量所加内标元素,也可选用基体元素作为内标元素;要选择激发位相同或接近的分线对;两条谱线的波长应尽可能接近;所选线对的强度不应相差过大;所选用的谱线应不受其他元素谱线的干扰,也不应是自吸收严重的谱线;内标元素与分析元素的挥发率应相近。

4)光谱定量分析方法——三标准试样法

实际工作中常将 3 个以上已知不同含量的标准试样和被分析试样于同一实验条件下摄谱于同一感光板上。根据各标准试样分析线对的黑度差与校准试样中欲测成分的 c 含量的对数绘制工作曲线,再根据未知试样分析线对的黑度差在工作曲线上查出试样被测元素含量。

2.3.5 原子发射光谱法的应用

以直流电弧为激发光源、光谱干板为检测器的发射光谱分析,在工业上至今仍用于定性分析。

高压火花源发射光谱仪分析广泛用于金属和合金的直接测定,例如,钢、不锈钢、镍和镍合金、铝和铝合金、铜和铜合金等。由于分析速度和精密度高的优点,火花源发射光谱法是钢铁工业中一个相当出色的分析技术。火花源发射光谱法最大不足是,由于基体效应,需要对组成不同的试样分别建立一套校准曲线。

常规的ICP发射光谱法是一种理想的溶液分析技术,它可以分析任何能制成溶液的试样,其应用领域非常广泛,包括石油化工、冶金、地质、环境、生物和临床医学、农业和食品安全及难熔和高纯材料等。它的主要限制是试样需要制成溶液。

• 项目小结 •

原子吸收分光光度仪由光源、原子化器、单色器和检测系统4部分组成。光源的作用是提供待测元素的特征光谱。原子化系统的作用是将试样中离子转变成原子蒸气。单色器的作用是将所需要的共振吸收线分离出来。检测系统将光信号转换成电信号后进行显示和记录结果。在原子吸收光谱分析中从分析线、光谱通带、空心阴极灯的工作电流、原子化条件、进样量等几个方面来选择最佳的测定条件。原子荧光光度仪一般包括激发光源、原子化器、分光系统和检测器系统,结构组成与AAS仪相近,但为了检测荧光信号,避免发射光谱的干扰,将光源和原子化器与检测器处于直角位置。原子发射光谱仪主要由激发光源、分光系统(光谱仪)和检测系统3部分组成。

实训项目2.1　原子吸收光谱法测定最佳实验条件的选择

【实训目的】

1. 了解原子吸收分光光度计的构造、性能及操作方法。
2. 了解实验条件对灵敏度、准确度的影响及最佳实验条件的选择。

【基本原理】

在原子吸收分析中,测定条件的选择对测定的灵敏度、准确度有很大的影响。通常选择共振线作分析线测定具有较高的灵敏度。

使用空心阴极灯时,工作电流不能超过最大允许的工作电流。灯的工作电流过大,易产生自吸(自蚀)作用,使谱线变宽、测定灵敏度降低、工作曲线弯曲、灯的寿命短。灯的工作电流小,谱线变宽小,灵敏度高。但灯电流过低,发光强度减弱,发光不稳定,信噪比下降。在保证稳定和适当光强输出情况下尽可能选较低的灯电流。

燃气和助燃气流量的改变,直接影响测定的灵敏度,燃助比为1∶4的化学计量火焰,温度较高,火焰稳定,背景低,噪声小,大多数元素都用这种火焰。

燃助比小于1∶6的火焰为贫燃火焰,该火焰燃烧充分,温度较高,用于不易氧化的元素的测定。燃助比大于1∶3的火焰为富燃火焰,该火焰温度较低,噪声较大,但其还原气氛较强,适合测定已形成难溶氧化物的元素。

被测元素基态原子的浓度,在不同的火焰高度,分布是不均匀的,故火焰高度不同,基态原子浓度也不同。

原子吸收测定中,光谱干扰较小,测定时可以使用较宽的通带,增加光强,提高信噪比。对谱线复杂的元素(如铁族、稀土等),要采用较小的通带,否则工作曲线弯曲。过小的通带使光强减弱,信噪比变差。

【仪器与试剂】

1. 仪器:原子吸收分光光度计,铜空心阴极灯,空气压缩机,乙炔钢瓶,250 mL容量瓶,10 mL移液管。

2. 试剂:铜标准溶液(100 μg/mL)。

【实训内容】

1) 配制250 mL 4 μg/mL的铜标准溶液

用移液管吸取10.00 mL浓度为100 μg/mL的铜标准液至250 mL容量瓶中,用蒸馏水定容并混匀。

2) 分析线的选择

在324.8 nm、282.4 nm、296.1 nm和301.0 nm波长下分别测定所配制的4 μg/mL的铜标准溶液的吸光度。根据对分析试样灵敏度的要求、干扰的情况,选择合适的分析线;试液浓度低时,选择灵敏线;试液浓度高时,选择次灵敏线,并要选择没有干扰的谱线。

3) 空心阴极灯的工作电流选择

在上述选择的波长下,喷雾所配制的4 μg/mL的铜标准溶液,每改变一次灯电流,记录对应的吸光度信号,每测定一个数值前,必须喷入蒸馏水调零(以下实验均相同)。

4) 燃助比选择

固定其他条件和燃助气流量,喷入所配制的4 μg/mL的铜标准溶液,改变燃气流量,记录吸光度。

5) 燃烧头高度的选择

喷入所配制的4 μg/mL的铜标准溶液,改变燃烧头的高度,逐一记录对应的吸光度。

6) 光谱通带选择

一般元素的光谱通带为0.5~4 nm,对谱线复杂的元素(如Fe、Co、Ni等),采用小于0.2的通带,可将开共振线与非共振线分开。通带过小使光强减弱,信噪比降低。

【结果处理】

1. 绘制吸光度-灯电流曲线,找出最佳灯电流。
2. 绘制吸光度-燃气流量曲线,找出最佳燃助比。
3. 绘制吸光度-燃烧头高度曲线,找出燃烧:最佳高度。

【注意事项】

乙炔钢瓶阀门旋开不超过 1.5 转,否则丙酮逸出。

【思考题】

1. 如何选择最佳实验条件?实验时,若条件发生变化,对结果有什么影响?

2. 在原子吸收分光光度计中,为什么单色器位于火焰之后,而紫外-可见分光光度计单色器位于样品室之前?

实训项目 2.2　原子吸收光谱法测定自来水中钙和镁

【实训目的】

1. 通过自来水中钙和镁的测定,掌握标准曲线法在实际样品分析中的应用。
2. 进一步熟悉原子吸收分光光度计的使用。

【基本原理】

在使用锐线光源条件下,基态原子蒸气对共振线的吸收符合朗伯-比尔定律:

$$A = \lg \frac{I_0}{I} = kN_0L$$

在试样原子化时,火焰温度低于 3 000 K 时,对大多数元素来说,原子蒸气中基态原子的数目实际上接近原子总数。在固定的实验条件下,待测元素的原子总数与该元素在试样中的浓度 c 成正比。因此,上式可以表示为 $A = k'c$。这就是原子吸收定量分析的依据。对组成简单的试样,用标准曲线法进行定量分析较方便。

【仪器与试剂】

1. 仪器:原子吸收分光光度计,乙炔钢瓶,空气压缩机,镁和钙空心阴极灯,50 mL 烧杯 3 个;100 mL 容量瓶 17 个,2 mL、5 mL、10 mL 吸管各 1 支,10 mL 吸量管 1 支。仪器实验条件的选择如下表所示。

内　容	钙	镁
吸收线波长/nm	422.7	285.2
空心阴极灯电流/mA	2	1.5
燃烧器高度/mm	6	6
气体流速/(mL·min^{-1})	1 700	1 500

2. 试剂:镁储备液,0.100 0 mg/mL Mg 标准溶液,0.005 0 mg/mL Mg 标准溶液,钙储备液,0.100 0 mg/mL 钙标准溶液。

①镁储备液:准确称取于 800 ℃ 灼烧至恒量的氧化镁(分析纯)1.658 3 g,加入 1 mol/L 盐酸至完全溶解,移入 1 000 mL 容量瓶中,稀释至刻度,摇匀。溶液中含镁 1.000 mg/mL。

②0.100 0 mg/mL Mg 标准溶液:用吸管吸取 1.000 mg/mL Mg 储备液 10~100 mL 容量瓶

中,用蒸馏水稀释至刻度。

③0.005 0 mg/mL Mg 标准溶液:准确吸取 0.100 0 mg/mL Mg 标准溶液 5~100 mL 容量瓶中,稀释至刻度。

④钙储备液:准确称取于 110 ℃ 干燥的碳酸钙(分析纯)2.498 g,加入 100 mL 蒸馏水,滴加少量盐酸,使其全部溶解,移入 1 000 mL 容量瓶,用蒸馏水稀释至刻度,此溶液含钙 1.000 mg/mL。

⑤0.100 0 mg/mL 钙标准溶液:用吸管吸取 10 mL 1.000 mg/mL 钙储备液于 100 mL 容量瓶中,用蒸馏水稀释至刻度。

【实训内容】

1) 钙、镁系列标准溶液的配制

用 10 mL 吸量管分别吸取 2 mL、4 mL、6 mL、8 mL、10 mL 浓度为 0.100 0 mg/mL 的 Ca 标准溶液于 5 个 100 mL 容量瓶中。再用 10 mL 吸量管分别吸取 2 mL、4 mL、6 mL、8 mL、10 mL 浓度为 0.005 0 mg/mL 的 Mg 标准溶液于上述 5 个 100 mL 量瓶中,蒸馏水稀释至刻度,摇匀。此系列标准溶液含 Ca 分别为 2.00 μg/mL、4.00 μg/mL、6.00 μg/mL、8.00 μg/mL、10.00 μg/mL;含 Mg 分别为 0.10 μg/mL、0.20 μg/mL、0.30 μg/mL、0.40 μg/mL、0.50 μg/mL。

2) 钙的测定

自来水样的制备用 10 mL 吸管吸取自来水样于 100 mL 容量瓶中,用蒸馏水稀释至刻度,摇匀。按照测量条件,测定系列标准溶液和自来水样的吸光度。

3) 镁的测定

自来水样的制备。用 2 mL 吸管吸取自来水样于 100 mL 容量瓶中,用蒸馏水稀释至刻度,摇匀。按照测量条件,测定系列标准溶液和自来水样的吸光度。

【结果处理】

在坐标纸上绘制 Ca 和 Mg 的标准曲线,由未知试样的吸光度求自来水中 Ca、Mg 的含量。

【注意事项】

试样的吸光度应在标准曲线的中部,否则可改变取样的体积。

【思考题】

1. 试述标准曲线法的特点及适用范围。
2. 如果试样成分比较复杂,应怎样进行测定?

实训项目 2.3　原子吸收光谱法测定黄酒中铜含量
（标准加法）

【目的要求】

1. 学习使用标准加入法进行定量分析。
2. 掌握黄酒中有机物质的消化方法。
3. 熟练原子吸收分光光度计的基本操作。

【基本原理】

如果试样中基体成分不能被准确知道，或是十分复杂，可采用标准加入法，其测定过程和原理为：一般吸取若干份等体积试液置于相应只等容积的容量瓶中，从第 2 只容量瓶开始，分别按比例递增加入待测元素的标准溶液，然后用溶剂稀释至刻度，摇匀，分别测定溶液 c_x、$c_x + c_0$、$c_x + 2c_0$、$c_x + 3c_0$、…的吸光度为 A_x、A_1、A_2、…，然后以吸光度 A 对待测元素标准溶液的加入量作图，得工作曲线，其纵轴上截距 A_0 为只含试样 c_x 的吸光度，延长直线与横坐标轴相交于 c_x，即为所要测定的试样中该元素的浓度。

采用原子吸收光谱分析法测定有机金属化合物、生物材料或含有大量有机溶剂的试样中的金属元素时，由于有机化合物在火焰中燃烧，将改变火焰性质、温度、组成等，并且还经常在火焰中生成未燃尽的碳的微细颗粒，影响光的吸收，因此一般预先以湿法消化或干法灰化的方法除去有机物。

【仪器与试剂】

1. 仪器：原子吸收分光光度计，铜空心阴极灯，无油空气压缩机，乙炔钢瓶，通风设备，容量瓶，移液管等。

仪器操作条件：波长 324.8 nm，灯电流 2 mA，通带 0.2 nm，燃烧器高度 6 mm，乙炔流量 1.5～2 L/min，空气流量 5～7 L/min。

2. 试剂：金属铜（优级纯），浓盐酸、浓硝酸、浓硫酸（均为优级纯），铜标准储备液。

铜标准储备液（1 000 μg/mL）：准确称取 0.500 0 g 金属铜于 100 mL 烧杯中，盖上表面皿，加入 10 mL 浓硝酸溶液溶解，然后把溶液转移到 500 mL 容量瓶中，用 1∶100 硝酸溶液稀释到刻度，摇匀备用。

【实训内容】

1）试样制备

量取 200 mL 黄酒试样于 1 000 mL 高筒烧杯中，加热蒸发至浆液状，慢慢加入 20 mL 浓硫酸，并搅拌，加热消化。若一次消化不完全，可再加入 20 mL 硫酸继续消化然后加入 10 mL 浓硝酸，加热，若溶液呈黑色，再加入 5 mL 浓硝酸，继续，如此反复直至溶液呈淡黄色，此时黄酒中的有机物质全部被消化。将消化液转移到 100 mL 容量瓶中，并用去离子水稀释至刻度，摇匀备用。

2）工作曲线的绘制

取 5 只 100 L 容量瓶，各加入 10 mL 上述黄酒消化液，然后分别加入 0.00 mL、2.00 mL、4.00 mL、6.00 mL、8.00 mL 铜标准使用液（100 μg/mL），用去离子水稀释至刻度，摇匀备用。该标准溶液系列铜的质量浓度分别为 0.00 μg/mL、2.00 μg/mL、4.00 μg/mL、6.00 μg/mL、8.00 μg/mL。

根据实验条件，将原子吸收分光光度计按操作步骤进行调节，待仪器读数稳定后即可进样，在测定之前，先用去离子水喷雾，调节读数至零点，然后按照浓度由低到高的原则，依次间隔测量铜标准系列溶液并记录吸光度。以吸光度为纵坐标，以加入的标准溶液的质量浓度为横坐标绘制工作曲线。

【结果处理】

将上述工作曲线延长，外推至与横坐标相交，根据交点值计算黄酒中铜的含量，以 μg/mL 表示。

【注意事项】

点火时,先开空气,后开乙炔气。熄火时,先关乙炔气,后关空气。室内若有炔气应立即关闭乙炔气源,通风,排除问题后再继续进行实验。

【思考题】

1. 采用标准加入法进行定量分析有何优点?
2. 为什么标准加入法中工作曲线外推与浓度轴的相交点,就是试液中待测元素的浓度?

实训项目 2.4 石墨炉原子吸收光谱法测定食品中铅的含量(标准曲线法)

【目的要求】

1. 了解石墨炉原子吸收光谱法的原理及特点。
2. 掌握石墨炉原子吸收光谱法的操作技术。
3. 熟悉石墨炉原子吸收光谱法的应用。

【基本原理】

石墨炉原子吸收法试样可以停留在石墨管中较长时间,原子化效率高(大于90%)克服了火焰原子吸收法雾化及原子化效率低的缺陷,方法的绝对灵敏度比火焰法高几个数量级,最低可测至 10^{-14} g,试样用量少,还可直接进行固体和黏度大的试样的测定。但该法仪器较复杂,背景吸收干扰较大,数据重现性不如火焰法。

石墨炉原子吸收法原子化过程可分以下几步:

① 干燥。先通小电流,在稍高于溶剂沸点的温度下蒸发溶剂,把试样转化成干燥的固体。

② 灰化。把试样中复杂的物质分解为简单的化合物或把试样中易挥发的无机基体蒸发及把有机物分解,减小因分子吸收而引起的背景干扰。

③ 原子化。即把试样分解为基态原子。

④ 净化。在下一个试样测定前提高石墨炉的温度,高温除去遗留下来的试样,以消除记忆效应。

【仪器与试剂】

1. 仪器:原子吸收分光光度计(带石墨炉),铅空心阴极灯,氩气钢瓶,冷却水(可用接自来水代替),微量注射器 10 μL 或 50 μL,容量瓶,分刻度吸量管等。

仪器操作条件:波长 283.3 nm,通带 0.2~1.0 nm,灯电流 5~7 mA,干燥温度 120 ℃、20 s,灰化温度 450 ℃、15~20 s,原子化温度 1 700~2 300 ℃、4~5 s,背景灯校正为氘灯。

2. 试剂:0.5 mol/L 硝酸,HNO_3(1∶1),混合酸(HNO_3∶$HClO_4$ 体积比 4∶1),铅粒 99.99%,二次去离子水。

铅的储备液(1.00 mg/mL):准确称取 1.000 g 金属铅,分次加少量硝酸(1+1),加热溶解,总量不超过 37 mL,移入 1 000 mL 容量瓶,加水至标线,混匀备用。

铅的标准使用液:每次吸取铅标准储备液 1.00 mL 于 100 mL 容量瓶中,加 0.5 mol/L 硝酸至刻度,如此经多次稀释成每毫升含 10.0 ng、20.0 ng、40.0 ng、60.0 ng、80.0 ng 的铅标准使用液。

【实训内容】

1) 样品预处理

粮食、豆类去除杂物后,磨碎,过 20 目筛,储于塑料瓶中,保存备用。蔬菜、水果、鱼类、肉类及蛋类等水分含量高的鲜样,用食品加工机打成匀浆,储于塑料瓶中,保存备用。

2) 湿法消解

样品用清水、去离子水或二次蒸馏水洗净,并用干净纱布轻轻擦干,然后切碎混匀。称取试样 1.000 0 ~ 5.000 0 g 于锥形瓶中,加 10 mL 混合酸,加盖浸泡过夜,加一表面皿盖在烧杯口放在电炉上消解,若变棕黑色,再加混合酸,直到冒白烟,消化液成无色透明或略带黄色,放冷,用滴管将试样消化液洗入或过滤入(视消化后试样的盐分而定)10 mL 或 25 mL 容量瓶中,用水少量多次洗涤锥形瓶,洗液合并于容量瓶中,定容至标线,混匀备用;同时做试剂空白。

3) 标准曲线的绘制

吸取所配制不同浓度的铅标准使用液 10.0 ng/mL、20.0 ng/mL、40.0 ng/mL、60.0 ng/mL、80.0 ng/mL 各 10 μL,注入石墨炉,经干燥、灰化、原子化、除残后测得其吸光度,画出标准曲线并求得吸光度与浓度的一元线性回归方程。

4) 试样测定

分别吸取试样液和试剂空白液各 10 μL,注入石墨炉,测得其吸光度。

【结果处理】

1. 将试样液和试剂空白液的吸光度值从标准曲线上查出对应浓度或代入一元线性回归方程中求得铅含量。

2. 试样中铅含量计算:

$$X = \frac{(c_1 - c_2)V}{m}$$

式中　X——试样中铅的含量,mg/kg;
　　　c_1——测定试样液中铅的含量,ng/mL;
　　　c_2——空白液中的铅含量,ng/mL;
　　　V——试样消化液定容时的总体积,mL;
　　　m——试样质量,g。

【注意事项】

每个数据可平行测定 2 ~ 3 次,取其平均值。

【思考题】

1. 石墨炉原子吸收分光光度法为何灵敏度较高?
2. 如何选择石墨炉原子化的实验条件?

实训项目2.5 冷原子荧光法测定废水中痕量汞

【实训目的】
1. 掌握冷原子荧光法测定汞的基本原理及方法。
2. 掌握冷原子荧光测汞仪的构造和操作。

【基本原理】
用 $SnCl_2$ 将试样中汞盐还原为汞原子,由于汞的挥发性,用氮气或氩气将汞蒸气带入吸收管进行测定。由于它实际上也是一种分离技术,因此没有基体干扰。

低压汞灯发出的光束照射在汞蒸气上,使汞原子激发而产生荧光,荧光强度与试样中汞含量呈线性关系。

【仪器与试剂】
1. 仪器:冷原子荧光测汞仪,50 μL 微量注射器。
2. 试剂:5%(体积分数) HNO_3,浓 H_2SO_4,2%(质量分数) $KMnO_4$ 溶液。
①汞储备液:准确称取 0.013 52 g $HgCl_2$ 溶于去离子水中,定容于 100 mL 容量瓶,该溶液汞浓度为 0.100 0 mg/mL。
②汞标准溶液:用吸管准确吸取汞储备液 5 mL 置于 100 mL 容量瓶中,加入 1∶1(体积比)H_2SO_4 8 mL 和 2% 无汞 $KMnO_4$ 溶液 0.5 mL,用去离子水稀释至刻度,摇匀。该溶液汞浓度为 5.00 μg/mL。再将此溶液照上述方法稀释 10 倍,得 0.500 μg/mL 汞标准溶液。
③10% $SnCl_2$ 溶液:称取 $SnCl_2$ 10 g,加 10 mL 浓 HCl,加热溶解,用去离子水稀释至 100 mL。

【实训内容】
1)准备工作
按仪器操作方法开启仪器,预热 30 min,用空白溶液清洗还原瓶。
2)标准曲线的测定
在还原瓶中加入 10% $SnCl_2$ 溶液 1 mL 和 5% HNO_3 4 mL,用微量注射器注入 0.500 μg/mL 汞标准溶液(分别为 10.0 μL、20.0 μL、30.0 μL、40.0 μL、50.0 μL),按操作方法进行测量。
3)样品溶液的制备和测定
将水样滤去悬浮物,取 50 mL 于锥形瓶中,加 1∶1 H_2SO_4 10 mL 和 2% $KMnO_4$ 溶液 1 mL,加热至微沸进行消解,加热过程中若 $KMnO_4$ 颜色褪去,应补加 $KMnO_4$ 溶液 1 mL,直至不褪色。冷却,转移至 100 mL 容量瓶中,用去离子水稀释至刻度,摇匀。取 50 μL 溶液在相同条件下测定样品溶液的荧光强度。

【结果处理】
1. 绘制汞的标准曲线。
2. 根据样品溶液的荧光强度,从标准曲线上查出试液中汞的浓度,并计算废水中汞含量。

【注意事项】

仪器工作的温度为 10～30 ℃,室温过高或过低均影响仪器正常工作。

【思考题】

1. 比较原子吸收分光光度计和原子荧光光度计在结构上的异同点,并解释其原因。
2. 每次实验,还原瓶中各种溶液总体积是否要严格相同?为什么?

1. 空心阴极灯的主要操作参数是( )。
   A. 灯电流　　　　B. 灯电压　　　　C. 阴极温度　　　　D. 内充气体的压力
2. 已知原子吸收光谱计狭缝宽度为 0.5 mm 时,狭缝的光谱通带为 1.3 nm,所以该仪器的单色器的倒线色散率为( )。
   A. 每毫米 2.6 nm　　B. 每毫米 0.38 nm　　C. 每毫米 26 nm　　D. 每毫米 3.8 nm
3. 在原子吸收光谱分析中,若组分较复杂且被测组分含量较低时,为了简便准确地进行分析,最好选择( )进行分析?
   A. 工作曲线法　　B. 内标法　　C. 标准加入法　　D. 间接测定法
4. 石墨炉原子化器的原程序分为( )。
   A. 灰化、干燥、原子化和净化　　　　B. 干燥、灰化、净化和原子化
   C. 干燥、灰化、原子化和净化　　　　D. 灰化、干燥、净化和原子化
5. 在原子吸收法中,火焰原子化器与无火焰原子化器相比较,测定的灵敏度_____,这主要是因为后者比前者的原子化效率_____。
6. 原子吸收分析中主要的干扰类型有_____、_____、_____、_____。
7. 可见分光光度计的分光系统放在吸收池的前面,而原子吸收分光光度计的分光系统放在原子化系统(吸收系统)的后面,为什么?
8. 从原理和仪器上比较原子吸收分光光度法与紫外吸收分光光度法的异同点。
9. 原子吸收分光光度计主要由哪几部分组成?各部分的功能是什么?
10. 保证或提高原子吸收分析的灵敏度和准确度,应注意哪些问题?怎样选择原子吸收光谱分析的最佳条件?
11. 某原子吸收分光光度计,对浓度为 0.20 μg/mL 的 Ca^{2+} 溶液和 Mg^{2+} 标准溶液进行测定,吸光度分别为 0.054 和 0.072。比较两个元素哪个灵敏度高?
12. 用标准加入法测定一无机试样溶液中镉的浓度,各试液在加入镉对照品溶液后,用水稀释至 50 mL,测得吸光度如下表所示,求试样中镉的浓度。

编号	试液/mL	加入镉对照品溶液(10 μg/mL)的毫升数	吸光度 A
1	20	0	0.042
2	20	1	0.080
3	20	2	0.116
4	20	4	0.190

13. 用原子吸收分光光度法测定自来水中镁的含量。取一系列镁对照品溶液(1 μL/mL)及自来水样于 50 mL 量瓶中,分别加入 5% 锶盐溶液 2 mL 后,用蒸馏水稀释至刻度,然后与蒸馏水交替喷雾测定其吸光度。其数据见表所列,计算自来水中镁的含量。

编 号	1	2	3	4	5	6
镁对照品溶液/mL	0.00	1.00	2.00	3.00	4.00	自来水样 20 mL
吸光度 A	0.043	0.092	0.140	0.187	0.234	0.135

项目3 红外吸收光谱技术

📖【项目描述】

当样品收到频率连续变化的红外光照射时,某些特定波长的红外射线被吸收,形成这一分子的红外吸收光谱。每种分子都有其组成和结构决定的独有的红外吸收光谱,据此可以对分子进行结构分析和鉴定。红外吸收光谱是由分子不停地作振动和转动运动而产生的。

物质对红外吸收光谱特征性强,气体、液体、固体样品都可被测定,并具有分析用量少、分析速度快、不破坏样品的特定,红外吸收光谱法已成为现代结构化学、分析化学常用的工具之一。

📖【知识目标】

1. 了解红外光谱产生的条件;
2. 熟悉FTIR光谱仪的构成及特点;
3. 掌握红外光谱法在物质结构鉴定和定量分析中的应用;
4. 学会绘制红外光谱图,并进行检索确定化合物结构。

📖【能力目标】

1. 能熟练操作FTIR光谱仪;
2. 能根据光谱图确定化合物的结构;
3. 能用红外光谱法对物质进行定量分析;
4. 能熟练进行样品前处理及制片。

任务 3.1 红外吸收光谱法的基本原理

3.1.1 红外吸收光谱产生的条件

1) 红外光区的划分及主要应用

红外光谱在可见光区和微波光区之间,其波数范围为 12 800 ~ 10 cm^{-1}(0.75 ~ 1 000 μm)。根据仪器及应用的不同,习惯上又将红外光区分为 3 个区:近红外光区,中红外光区,远红外光区。

(1)近红外光区

它处于可见光区到中红外光区之间。因为该光区的吸收带主要是由低能电子跃迁、含氢原子团(如 O—H、N—H、C—H)伸缩振动的倍频及组合频吸收产生,摩尔吸收系数较低,检测限大约为 0.1%。近红外辐射最重要的用途是对某些物质进行例行的定量分析。基于 O—H 伸缩振动的第一泛音吸收带出现在 7 100 cm^{-1}(1.4 μm),可以测定各种试样中的水,如甘油、肼、有机膜及发烟硝酸等,可以定量测定酚、醇、有机酸等。基于羰基伸缩振动的第一泛音吸收带出现在 3 300 ~ 3 600 cm^{-1}(2.8 ~ 3.0 μm),可以测定酯、酮和羧酸。它的测量准确度及精密度与紫外、可见吸收光谱相当。

(2)中红外光区

绝大多数有机化合物和无机离子的基频吸收带出现在中红外光区。由于基频振动是红外光谱中吸收最强的振动,因此该区最适于进行定性分析。在 20 世纪 80 年代以后,随着红外光谱仪由光栅色散转变成干涉分光以来,明显地改善了红外光谱仪的信噪比和检测限,使中红外光谱的测定由基于吸收对有机物及生物质的定性分析及结构分析,逐渐开始通过吸收和发射中红外光谱对复杂试样进行定量分析。随着傅里叶变换技术的出现,该光谱区的应用也开始用于表面的显微分析,通过衰减全发射、漫反射以及光声测定法等对固体试样进行分析。由于中红外吸收光谱(Mid-Infrared Absorption Spectrum,IR),特别是在 4 000 ~ 670 cm^{-1}(2.5 ~ 15 μm)范围内,最为成熟、简单,而且目前已积累了该区大量的数据资料,因此它是红外光区应用最为广泛的光谱方法,通常简称为红外吸收光谱法。它是本章介绍的主要内容。

远红外光区,金属-有机键的吸收频率主要取决于金属原子和有机基团的类型。由于参与金属-配位体振动的原子质量比较大或由于振动力常数比较低,使金属原子与无机及有机配体之间的伸缩振动和弯曲振动的吸收出现在小于 200 cm^{-1} 的波长范围,故该区特别适合研究无机化合物。对无机固体物质可提供晶格能及半导体材料的跃迁能量。对仅由轻原子组成的分子,如果它们的骨架弯曲模式除氢原子外还包含有两个以上的其他原子,其振动吸收也出现在该区,如苯的衍生物,通常在该光区出现几个特征吸收峰。由于气体的纯转动吸收也出现在该光区,故能提供如 H_2O、O_2、HCl 和 AsH_3 等气体分子的永久偶极矩。过去,由于该光区能量弱,而在使用上受到限制。因此,除非在其他波长区间内没有合适的分析谱带,一般不在此范围内进行分析。然而随着傅里叶变换仪器的出现,具有高的输出,在很大程度上缓解了这个问题,使得化学家们又较多的注意这个区域的研究。

2) 红外吸收光谱法的特点

紫外、可见吸收光谱常用于研究不饱和有机化物,特别是具有共轭体系的有机化合物,而红外吸收光谱法主要研究在振动中伴随有偶极矩变化的化合物(没有偶极矩变化的振动在拉曼光谱中出现)。因此,除了单原子和同核分子(如 Ne、He、O_2 和 H_2 等)之外,几乎所有的有机化合物在红外光区均有吸收。除光学异构体,某些高分子量的高聚物以及在分子量上只有微小差异的化合物外,凡是具有结构不同的两个化合物,一定不会有相同的红外光谱。

红外谱图中的纵坐标为吸收强度,通常用透过率或吸光度表示,横坐标以波数 σ 或波长 λ 表示,两者互为倒数。

波长 λ 与波数 σ 之间的关系为

$$\sigma = 10^4/\lambda \tag{3.1}$$

式中 σ——波数,cm^{-1};

        λ——波长,μm。

图 3.1 中的各个吸收谱带表示相应基团的振动频率。各种化合物分子结构不同,分子中各个基团的振动频率不同。其红外吸收光谱也不同,利用这一特性,可进行有机化合物的结构分析、定性鉴定和定量分析。

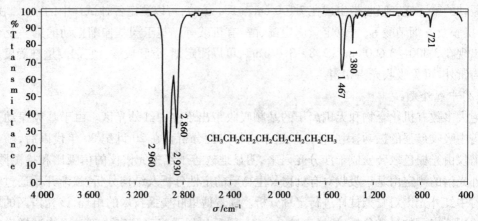

图 3.1   正辛烷的红外吸收光谱

由于红外光谱分析特征性强。对气体、液体、固体试样都可测定,并具有用量少,分析速度快,不破坏试样的特点,因此,红外光谱法不仅与其他许多分析方法一样,能进行定性和定量分析,而且该法是鉴定化合物和测定分子结构的最有用的方法之一。

3) 红外吸收光谱产生的条件

(1)辐射光子具有的能量与发生振动跃迁所需的跃迁能量相等

红外吸收光谱是分子振动能级跃迁产生的。因为分子振动能级差为 0.05~1.0 eV,比转动能级差(0.000 1~0.05 eV)大,因此分子发生振动能级跃迁时,不可避免地伴随转动能级的跃迁,因而无法测得纯振动光谱,但为了讨论方便,以双原子分子振动光谱为例说明红外光谱产生的条件。若把双原子分子(A-B)的两个原子看成两个小球,把连结它们的化学键看成质量可以忽略不计的弹簧,则两个原子间的伸缩振动,可近似地看成沿键轴方向的简谐振动。

由量子力学可以证明,该分子的振动总能量 E_v 为

$$E_v = \left(V+\frac{1}{2}\right)h\nu \quad (V=0,1,2,\cdots) \tag{3.2}$$

式中　V——振动量子数($V=0,1,2,\cdots$);

　　　E_v——与振动量子数 V 相应的体系能量;

　　　ν——分子振动的频率。

在室温时,分子处于基态($V=0$),$E_\nu = \frac{1}{2} \cdot h\nu$,此时,伸缩振动的频率很小。当有红外辐射照射到分子时,若红外辐射的光子 ν_L 所具有的能量 E_L 恰好等于分子振动能级的能量差 $\Delta E_{振}$ 时,则分子将吸收红外辐射而跃迁至激发态,导致振幅增大。分子振动能级的能量差为

$$\Delta E_{振} = \Delta V \cdot h\nu \tag{3.3}$$

光子能量为

$$E_L = h\nu_L \tag{3.4}$$

于是,可得产生红外吸收光谱的第一条件为

$$E_L = \Delta E_{振} \tag{3.5}$$

即

$$\nu_L = \Delta V \cdot \nu \tag{3.6}$$

只有当红外辐射频率等于振动量子数的差值与分子振动频率的乘积时,分子才能吸收红外辐射,产生红外吸收光谱。分子吸收红外辐射后,由基态振动能级($V=0$)跃迁至第一振动激发态($V=1$)时,所产生的吸收峰称为基频峰。因为 $\Delta V = 1$ 时,$\nu_L = \nu$,所以基频峰的位置(ν_L)等于分子的振动频率。

在红外吸收光谱上除基频峰外,还有振动能级由基态($V=0$)跃迁至第二激发态($V=2$)、第三激发态($V=3$)……,所产生的吸收峰称为倍频峰。

由 $V=0$ 跃迁至 $V=2$ 时,$\Delta V = 2$,则 $\nu_L = 2\nu$,即吸收的红外线谱线 ν_L 是分子振动频率的 2 倍,产生的吸收峰称为二倍频峰。

由 $V=0$ 跃迁至 $V=3$ 时,$\Delta V = 3$,则 $\nu_L = 3\nu$,即吸收的红外线谱线 ν_L 是分子振动频率的 3 倍,产生的吸收峰称为三倍频峰。其他类推。在倍频峰中,二倍频峰还比较强。三倍频峰以上,因跃迁概率很小,一般都很弱,常常不能测到。由于分子非谐振性质,各倍频峰并非正好是基频峰的整数倍,而是略小一些。除此之外,还有合频峰($\nu_1 + \nu_2, 2\nu_1 + \nu_2, \cdots$),差频峰($\nu_1 - \nu_2, 2\nu_1 - \nu_2, \cdots$)等,这些峰多数很弱,一般不容易辨认。倍频峰、合频峰和差频峰统称为泛频峰。

(2)辐射与物质之间有耦合作用

为满足这个条件,分子振动必须伴随偶极矩的变化。红外跃迁是偶极矩诱导的,即能量转移的机制是通过振动过程所导致的偶极矩的变化和交变的电磁场(红外线)相互作用发生的。这可用图 3.2 的示意简图来说明。分子由于构成它的各原子的电负性的不同,也显示不同的极性,称为偶极子。通常用分子的偶极矩 μ 来描述分子极性的大小。当偶极子处在电磁辐射的电场中时,该电场作周期性反转,偶极子将经受交替的作用力而使偶极矩增加或减少。由于偶极子具有一定的原有振动频率,显然,只有当辐射频率与偶极子频率相匹配时,分子才与辐射相互作用(振动耦合)而增加它的振动能,使振幅增大,即分子由原来的基态振动跃迁到较高振动能级。因此,并非所有的振动都会产生红外吸收,只有发生偶极矩变化($\Delta\mu \neq 0$)的振动才能引起可观测的红外吸收光谱,该分子称为红外活性的;$\Delta\mu = 0$ 的分子振动不能产生红外振动吸收,称为非红外活性的。

当一定频率的红外光照射分子时,如果分子中某个基团的振动频率和它一致,二者就会

产生共振,此时光的能量通过分子偶极矩的变化而传递给分子,这个基团就吸收一定频率的红外光,产生振动跃迁。如果用连续改变频率的红外光照射某样品,由于试样对不同频率的红外光吸收程度不同,使通过试样后的红外光在一些波数范围减弱,在另一些波数范围内仍然较强,用仪器记录该试样的红外吸收光谱,进行样品的定性和定量分析。

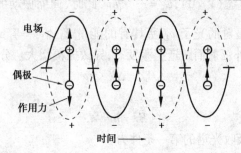

图3.2　偶极子在交变电场中的作用示意图

4)分子的振动形式

(1)双原子分子的振动

如图3.3所示为分子中的原子以平衡点为中心,以非常小的振幅(与原子核之间的距离相比)作周期性的振动,可近似的看作简谐振动。这种分子振动的模型,以经典力学的方法可把两个质量为 m_1 和 m_2 的原子看成钢体小球,连接两原子的化学键设想成无质量的弹簧,弹簧的长度 r 就是分子化学键的长度。

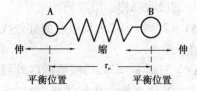

图3.3　简谐振动示意图

由经典力学可导出该体系的基本振动频率计算公式

$$\text{波数 } \sigma = (1/2\pi c) \cdot (k/\mu)^{1/2} \tag{3.7}$$

式中　k——化学键的力常数,其定义为将两原子由平衡位置伸长单位长度时的恢复力,N/cm。单键、双键和三键的力常数分别近似为5、10和15 N/cm;

　　　c——光速(2.998×10^{10} cm/s);

　　　μ——折合质量,g,且 $\mu = \dfrac{m_1 \cdot m_2}{m_1 + m_2}$。

根据小球的质量和相对原子质量之间的关系,式(3.7)可写成

$$\text{波数 } \sigma = N_A^{1/2}/2\pi c \cdot (k/A_r')^{1/2} = 1\,307(k/A_r')^{1/2} \tag{3.8}$$

式中　N_A——阿伏伽德罗常数(6.022×10^{23});

　　　A_r'——折合相对原子质量 $A_r' = \dfrac{m_1 \cdot m_2}{m_1 + m_2}$。

①影响基本振动频率的直接原因是相对原子质量和化学键的力常数。化学键的力常数 k 越大,折合相对原子质量 A_r' 越小,则化学键的振动频率越高,吸收峰将出现在高波数区;反之,则出现在低数区,例如 ≡C—C≡、=C=C=、—C≡C—3种碳碳键的质量相同,键力常数的

顺序是三键＞双键＞单键。因此在红外光谱中，—C≡C—的吸收峰出现在 2 222 cm，而 =C=C= 约在 1 667 cm，=C—C= 在 1 429 cm。

②对于相同化学键的基团，波数与相对原子质量平方根成反比。例如，C—C、C—O、C—N键的力常数相近，但相对折合质量不同，其大小顺序为 C—C＜C—N＜C—O，因而这3种键的基频振动峰分别出现在 1 430 cm、1 330 cm、1 280 cm附近。

需要指出的是，上述用经典力学的方法来处理分子的振动是宏观处理方法，或是近似处理的方法。例如，上述弹簧和小球的体系中，其能量的变化是连续的，但一个真实分子的振动能量变化是量子化的；另外，在一个分子中基团与基团之间，基团中的化学键之间都相互有影响，除了化学键两端的原子质量、化学键的力常数影响基本振动频率外，还与内部因素（结构因素）和外部因素（化学环境）有关。

(2) 多原子分子的振动

对多原子分子来说，由于组成原子数目增多，加之分子中原子排布情况的不同，即组成分子的键或基团和空间结构的不同，其振动光谱远比双原子复杂得多。但是可以把它们的振动分解成许多简单的基本振动，即简正振动。简正振动的振动状态是分子质心保持不变，整体不转动，每个原子都在其平衡位置附近作简谐振动，其振动频率和相位都相同，即每个原子都在同一瞬间通过其平衡位置，而且同时达到其最大位移值。分子中任何一个复杂振动都可看成是这些简正振动的线性组合。

①振动的基本类型。多原子分子的振动，不仅包括双原子分子沿其核-核的伸缩振动，还有键角参与的各种可能的变形振动。因此，一般将振动形式分为两类，即伸缩振动和变形振动。

伸缩振动是指原子沿着价键方向来回运动，即振动时键长发生变化，键角不变。当两个相同原子和一个中心原子相连时（如亚甲基—CH_2—），其伸缩振动有两种方式。如果两个相同 H 原子同时沿键轴离开中心 C 原子，则称为对称伸缩振动，用符号 σ_s 表示。如果一个 H_I 原子移向中心 C 原子，而另一个 H_{II} 原子离开中心 C 原子，则称为反对称伸缩振动，用符号 σ_{as} 表示。对同一基团来说，反对称伸缩振动频率要稍高于伸缩振动频率。

变形振动又称变角振动。它是指基团键角发生周期变化而键长不变的振动。变形振动又分为面内变形振动和面外变形振动两种。面内变形振动又分为剪式振动（以 δ 表示）和平面摇摆振动（以 ρ 表示）。面外变形振动又分为非平面摇摆（以 ω 表示）和扭曲振动（以 τ 表示）。

亚甲基（—CH_2）的各种振动形式如图3.4所示。

②基本振动的理论数。多原子分子在红外光谱图上，可以出现一个以上的基频吸收带。基频吸收带的数目等于分子的振动自由度，而分子的总自由度又等于确定分子中各原子在空间的位置所需坐标的总数。很明显，在空间确定一个原子的位置，需要3个坐标（x, y 和 z）。当分子由 N 个原子组成时，则自由度（或坐标）的总数，应等于平动、转动和振动自由度的总和，即

$$3N = 平动自由度 + 转动自由度 + 振动自由度$$

分子的质心可以沿 x, y 和 z 这3个坐标方向平移，所以分子的平动自由度等于3。转动自由度是由原子围绕着一个通过其质心的轴转动引起的。只有原子在空间的位置发生改变的转动，才能形成一个自由度。不能用平动和转动计算的其他所有的自由度，就是振动自由度。这样可得：

$$振动自由度 = 3N - (平动自由度 + 转动自由度)$$

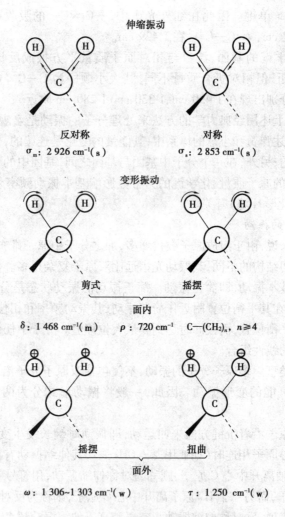

图 3.4 亚甲基的基本振动形式及红外吸收
s—强吸收；m—中等强度吸收；w—弱吸收

线性分子围绕 x,y 和 z 轴的转动如图 3.5 所示。从图中可以看出,绕 y 和 z 轴转动,引起原子的位置改变,因此各形成一个转动自由度,分子绕 x 轴转动,原子的位置没有改变,不能形成转动自由度。这样,线性分子的振动自由度为 $3N-(3+2)=3N-5$。非线性分子绕 x,y 和 z 轴转动,均改变了原子的位置,都能形成转动自由度。因此,非线性分子的振动自由度为 $3N-6$。

理论上计算的一个振动自由度,在红外光谱上相应产生一个基频吸收带。例如,3 个原子的非线性分子 H_2O,有 3 个振动自由度 $3\times3-6=3$,故水分子有 3 种振动形式如图 3.6 所示。红外光谱图中对应出现 3 个吸收峰,分别为 $3\,650\ cm^{-1}$、$1\,595\ cm^{-1}$、$3\,750\ cm^{-1}$。一般来说,键长的改变比键角的改变需要更大的能量,因此伸缩振动出现在高频区,而变角振动则出现在低频区。

同样,苯在红外光谱上应出现 $3\times12-6=30$ 个峰。实际上,绝大多数化合物在红外光谱图上出现的峰数,远小于理论上计算的振动数,这是由以下原因引起的：

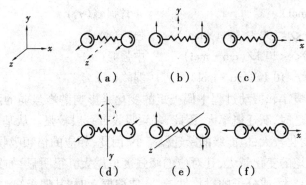

图3.5 直线型分子的运动状态

(a),(b),(c)平移运动;(d),(e)转动运动;
(f)在 x 轴上反方向运动,使分子变形,产生振动运动

图3.6 水分子的振动及红外吸收

①没有偶极矩变化的振动,不产生红外吸收,即非红外活性;
②相同频率的振动吸收重叠,即简并;
③仪器不能区别那些频率十分相近的振动,或因吸收带很弱,仪器检测不出;
④有些吸收带落在仪器检测范围之外。

例如,线性分子 CO_2,理论上计算其基本振动数为:$3N-5=4$。其具体振动形式见表3.1。

表3.1 线性分子 CO_2 振动形式

← →	→ ← →
O=C=O	O=C=O
对称伸缩(无吸收峰)	反对称伸缩(2 349 cm^{-1})
↑O=C=O↓	O=C=O
面内变形(667 cm^{-1})	面内变形(667 cm^{-1})

但在红外图谱上,只出现 667 cm^{-1} 和 2 349 cm^{-1} 两个基频吸收峰。这是因为对称伸缩振动偶极矩变化为零,不产生吸收。而面内变形和面外变形振动的吸收频率完全一样,发生简并。

5)影响吸收峰强度的因素

在红外光谱中,一般按摩尔吸收系数 ε 的大小来划分吸收峰的强弱等级,其具体划分如下:

$\varepsilon > 100$ L/(cm·mol)　　　　　　非常强峰(vs)
20 L/(cm·mol)$<\varepsilon<$100 L/(cm·mol)　　强峰(s)
10 L/(cm·mol)$<\varepsilon<$20 L/(cm·mol)　　中强峰(m)
1 L/(cm·mol)$<\varepsilon<$10 L/(cm·mol)　　弱峰(w)

振动能级的跃迁概率和振动过程中偶极矩的变化是影响谱峰强弱的两个主要因素。从基态向第一激发态跃迁时，跃迁概率大，因此，基频吸收带一般较强。从基态向第二激发态的跃迁，虽然偶极矩的变化较大，但能级的跃迁概率小，因此，相应的倍频吸收带较弱。应指出，基频振动过程中偶极矩的变化越大，其对应的峰强度也越大。很明显，如果化学键两端连接的原子的电负性相差越大，或分子的对称性越差，伸缩振动时，其偶极矩变化越大，产生的吸收峰也越强。例如，C=O 基的吸收强度大于 C=C 基的吸收强度。

另外，对于同一试样，在不同的溶剂中，或在同一溶剂中不同浓度的试样中，由于氢键的影响以及氢键强弱的不同，使原子间的距离增大，偶极矩变化增大，吸收增强。例如，醇类的 OH 基在四氯化碳溶剂中伸缩振动的强度就比在乙醚溶剂中弱得多。而在不同浓度的四氯化碳溶液中，由于缔合状态的不同，强度也有很大差别。

应该指出的是，即使是强极性基团的红外振动吸收带，其强度也要比紫外及可见光区最强的电子跃迁小 2~3 个数量级；另一方面，由于红外分光光度计中能量较低，测定时必须用较宽的狭缝，使单色器的光谱通带同吸收峰的宽度相近。这样就使测得的红外吸收带的峰值及宽度，受所用狭缝宽度的强烈影响。同一物质的摩尔吸收系数 ε 随不同仪器而改变。

3.1.2 基团频率和特征吸收峰

物质的红外光谱，是其分子结构的反映，谱图中的吸收峰，与分子中各基团的振动形式相对应。多原子分子的红外光谱与其结构的关系，一般是通过实验手段得到的。这就是通过比较大量已知化合物的红外光谱，从中总结出各种基团的吸收规律。实验表明，组成分子的各种基团，如 O—H、N—H、C—H、C=C、C≡C、C=O 等，都有自己特定的红外吸收区域，分子其他部分对其吸收位置影响较小。通常把这种能代表基团存在、并有较高强度的吸收谱带称为基团频率，其所在的位置一般又称为特征吸收峰。

1) 基团频率区和指纹区

常见的化学基团在 4 000~600 cm^{-1} 范围内有特征基团频率，可分成 4 000~1 300 cm^{-1} 和 1 300~600 cm^{-1} 两个区域。最有分析价值的基团频率为 4 000~1 300 cm^{-1}，这一区域称为基团频率区、官能团区或特征区。区内的峰是由伸缩振动产生的吸收带，比较稀疏，容易辨认，常用于鉴定官能团。在 1 300~600 cm^{-1} 区域内，除单键的伸缩振动外，还有因变形振动产生的谱带。这种振动与整个分子的结构有关。当分子结构稍有不同时，该区的吸收就有细微的差异，并显示出分子特征，称为指纹区。

(1) 基团频率区

基团频率区可分为 3 个区域：

① X—H 伸缩振动区(4 000~2 500 cm^{-1})，X 可以是 O、H、C 或 S 等原子。

O—H 基的伸缩振动出现在 3 650~3 200 cm^{-1} 范围内，它可以作为判断有无醇类、酚类和有机酸类的重要依据。当醇和酚溶于非极性溶剂(如 CCl$_4$)，浓度于 0.01 mol/L 时，在 3 650~

3 580 cm^{-1}处出现游离 O—H 基的伸缩振动吸收,峰形尖锐,且没有其他吸收峰干扰,易于识别。表3.2 列出了中红外光区 4 个区域的划分。

表3.2 中红外光区 4 个区域的划分

区域	基团	吸收频率/cm^{-1}	振动形式	吸收强度	说明
第一区域	—OH(游离)	3 650 ~ 3 580	伸缩	m,sh	判断有无醇类、酚类和有机酸的重要依据
	—OH(缔合)	3 400 ~ 3 200	伸缩	s,b	
	—NH$_2$,—NH(游离)	3 500 ~ 3 300	伸缩	m	
	—NH$_2$,—NH(缔合)	3 400 ~ 3 100	伸缩	s,b	
	—SH	2 600 ~ 2 500	伸缩		
	C—H 伸缩振动				
	不饱和 C—H				不饱和 C—H 伸缩振动出现在 3 000 cm^{-1} 以上
	≡C—H(叁键)	3 300 附近	伸缩	s	
	=C—H(双键)	3 010 ~ 3 040	伸缩	s	末端=CH$_2$ 出现在 3 085 cm^{-1} 附近强度上比饱和 C—H 稍弱,但谱带较尖锐
	苯环中 C—H	3 030 附近	伸缩	s	
	饱和 C—H				饱和 C—H 伸缩振动出现在 3 000 cm^{-1} 以下(3 000 ~ 2 800 cm^{-1}),取代基影响较小
	—CH$_3$	2 960±5	反对称伸缩	s	
	—CH$_3$	2 870±10	对称伸缩	s	
	—CH$_2$	2 930±5	反对称伸缩	s	三元环中 CH$_2$ 的出现在 3 050 cm^{-1}
	—CH$_2$	2 850±10	对称伸缩	s	—C—H 出现在 2 890 cm^{-1},很弱
第二区域	—C≡N	2 260 ~ 2 220	伸缩	s 针状	干扰少
	—N≡N	2 310 ~ 2 135	伸缩	m	
	—C≡C—	2 260 ~ 2 100	伸缩	v	R—C≡C—H,2 100 ~ 2 140;R—C≡C—R,2 190 ~ 2 260;若 R=R,对称分子无红外谱带
	—C=C=C—	1 950 附近	伸缩	v	
第三区域	C=C	1 680 ~ 1 620	伸缩	m,w	
	芳环中 C=C	1 600,1 580	伸缩	v	苯环的骨架振动
		1 500,1 450			
	—C=O	1 850 ~ 1 600	伸缩	s	其他吸收带干扰少,是判断羰基(酮类、酸类、酯类、酸酐等)的特征频率,位置变动大
	—NO$_2$	1 600 ~ 1 500	反对称伸缩	s	
	—NO$_2$	1 300 ~ 1 250	对称伸缩	s	
	S=O	1 220 ~ 1 040	伸缩	s	

续表

区域	基团	吸收频率/cm	振动形式	吸收强度	说明
第四区域	C—O	1 300~1 000	伸缩	s	C—O 键(酯、醚、醇类)的极性很强,故强度强,常成为谱图中最强的吸收
	C—O—C	900~1 150	伸缩	s	醚类中 C—O—C 的 σ_{as} = 1 100±50 是最强的吸收。C—O—C 对称伸缩在 900~1 000,较弱
	—CH$_3$,—CH$_2$	1 460±10	—CH$_3$ 反对称变形,CH$_2$ 变形	m	大部分有机化合物都含有 CH$_3$、CH$_2$ 基,因此此峰经常出现
	—CH$_3$	1 370~1 380	对称变形	s	
	—NH$_2$	1 650~1 560	变形	m-s	
	C—F	1 400~1 000	伸缩	s	
	C—Cl	800~600	伸缩	s	
	C—Br	600~500	伸缩	s	
	C—I	500~200	伸缩	s	
	=CH$_2$	910~890	面外摇摆	s	
	—(CH$_2$)$_n$—,n>4	720	面内摇摆	v	

注:s—强吸收,b—宽吸收带,m—中等强度吸收,w—弱吸收,sh—尖锐吸收峰,v—吸收强度可变。

当试样浓度增加时,羟基化合物产生缔合现象,O—H 基的伸缩振动吸收峰向低波数方向位移,在 3 400~3 200 cm^{-1} 出现一个宽而强的吸收峰。胺和酰胺的 N—H 伸缩振动也出现在 3 500~3 100 cm^{-1},因此,可能会对 O—H 伸缩振动有干扰。

C—H 键的伸缩振动可分为饱和和不饱和的两种。饱和的 C—H 键伸缩振动出现在 3 000 cm^{-1} 以下,一般为 3 000~2 800 cm^{-1},取代基对它们影响很小。如—CH$_3$ 基的伸缩吸收出现在 2 960 cm^{-1} (反对称伸缩)和 2 876 cm^{-1} (对称伸缩)附近;—CH$_2$ 基的吸收在 2 930 cm^{-1} (反对称伸缩)和 2 850 cm^{-1} (对称伸缩)附近;—CH(不是炔烃)基的吸收出现在 2 890 cm^{-1} 附近,但强度很弱,甚至观察不到。

不饱和的 C—H 伸缩振动出现在 3 000 cm^{-1} 以上,以此来判别化合物中是否含有不饱和的 C—H 键。苯环的 C—H 键伸缩振动出现在 3 030 cm^{-1} 附近,它的特征是强度比饱和的 C—H 键稍弱,但谱带比较尖锐。不饱和的双键=CH—的吸收出现在 3 010~3 040 cm^{-1} 范围内,末端=CH$_2$ 的吸收出现在 3 085 cm^{-1} 附近。叁键 ≡CH 上的 C—H 伸缩振动出现在更高的区域(3 300 cm^{-1})附近。

②叁键和累积双键区(2 500~1 900 cm^{-1}),主要包括—C≡C、—C≡N 等叁键的伸缩振动,以及—C=C=C、—C=C=O 等累积双键的不对称性伸缩振动。

对于炔烃类化合物,可分成 R—C≡CH 和 R—C≡C—R 两种类型,R—C≡CH 的伸缩振动出现在 2 100～2 140 cm^{-1}附近，R—C≡C—R 出现在 2 190～2 260 cm^{-1}附近。如果是 R—C≡C—R，因为分子对称，则为非红外活性。—C≡N 基的缩振动在非共轭的情况下出现在 2 240～2 260 cm^{-1}附近。当与不饱和键或芳香核共轭时，该峰位移到 2 220～2 230 cm^{-1}附近。若分子中含有 C、H、N 原子，—C≡N 基吸收比较强而尖锐。若分子中含有氧原子，且氧原子离—C≡N 基越近，—C≡N 基的吸收越弱，甚至观察不到。由于只有少数的基团在此处有吸收，因而此谱带在检定分析中，仍然是很有用的。

③双键伸缩振动区(1 900～1 200 cm^{-1})，该区域包括 3 种重要伸缩振动。

a. C═O 伸缩振动出现在 1 900～1 650 cm^{-1}，是红外光谱中很具特征的且往往是最强的吸收，以此很容易判断酮类、醛类、酸类、酯类以及酸酐等有机化合物。酸酐的羰基吸收带由于振动耦合而呈现双峰(1 820 cm^{-1}及 1 750 cm^{-1})，可以根据这两个峰的相对强度来判断酸酐是环状的还是线型的。线型酸酐的两峰强度接近相等，高波数峰仅较低波数峰稍强；但环状酸酐的低波数峰却较高波数峰强。酯类中的 C═O 基的吸收出现在 1 750～1 725 cm^{-1}，且吸收很强。酯类中羰基吸收的位置不受氢键的影响。在各种不同极性的溶剂中测定，谱带位置无明显移动。当羰基和不饱和键共轭时吸收向低波数移动，而吸收强度几乎不受影响。

b. C═C 伸缩振动。烯烃的 C═C 伸缩振动出现在 1 680～1 620 cm^{-1}，一般很弱。单核芳烃的 C═C 伸缩振动出现在 1 600 cm^{-1}和 1 500 cm^{-1}附近，有两个峰，这是芳环的骨架结构，用于确认有无芳核的存在。

c. 苯的衍生物的泛频谱带，出现在 2 000～1 650 cm^{-1}范围，是 C—H 面外和 C═C 面内变形振动的泛频吸收，虽然强度很弱，但它们的吸收面貌在表征芳核取代类型上是有用的。

(2)指纹区

1 300～900 cm^{-1}区域是 C—O、C—N、C—F、C—P、C—S、P—O、Si—O 等单键的伸缩振动和 C═S、S═O、P═O 等双键的伸缩振动吸收。其中，1 375 cm^{-1}的谱带为甲基的 C—H 对称弯曲振动，对识别甲基十分有用，C—O 的伸缩振动为 1 300～1 000 cm^{-1}，是该区域最强的峰，也较易识别。

900～650 cm^{-1}区域的某些吸收峰可用来确认化合物的顺反构型。例如，烯烃的═C—H 面外变形振动出现的位置，很大程度上取决于双键的取代情况。对于 RCH═CH$_2$ 结构来说，在 990 cm^{-1}和 910 cm^{-1}会出现两个强峰；对于 RHC═CRH 结构，其顺、反构型分别在 690 cm^{-1}和970 cm^{-1}出现吸收峰。此外，利用本区域中苯环的 C—H 面外变形振动吸收峰和 2 000～1 667 cm^{-1}区域苯的倍频或组合频吸收峰，可以共同配合确定苯环的取代类型。

2)影响基团频率的因素

尽管基团频率主要由其原子的质量及原子的力常数所决定，但分子内部结构和外部环境的改变都会使其频率发生改变，因而使得许多具有同样基团的化合物在红外光谱图中出现在一个较大的频率范围内。为此，了解影响基团振动频率的因素，对于解析红外光谱和推断分子的结构是非常有用的。影响基团频率的因素可分为内部因素及外部因素两类。

(1)内部因素

①电子效应：

a. 诱导效应(I 效应)。由于取代基具有不同的电负性，通过静电诱导效应，引起分子中电子分布的变化，改变了键的力常数，使键或基团的特征频率发生位移。例如，当有电负性较强的元素与羰基上的碳原子相连时,由于诱导效应,就会发生氧上的电子转移:导致 C=O 键的力常数变大,因而使得吸收向高波数方向移动。元素的电负性越强,诱导效应越强,吸收峰向高波数移动的程度越显著,见表 3.3。

表 3.3　元素的电负性对 $\nu_{C=O}$ 的影响

R—CO—X	X=R′	X=H	X=Cl	X=F	R=F,X=F
$\nu_{C=O}/cm^{-1}$	1 715	1 730	1 800	1 920	1 928

b. 中介效应(M 效应)。在化合物中,C=O 伸缩振动产生的吸收峰在 1 680 cm^{-1} 附近。若以电负性来衡量诱导效应,则比碳原子电负性大的氮原子应使 C=O 键的力常数增加,吸收峰应大于酮羰基的频率(1 715 cm^{-1})。但实际情况正好相反,因此,仅用诱导效应不能解释造成上述频率降低的原因。事实上,在酰胺分子,除了氮原子的诱导效应外,还同时存在中介效应 M,即氮原子的孤对电子与 C=O 上 π 电子发生重叠,使它们的电子云密度平均化,造成 C=O 键的力常数下降,使吸收频率向低波数侧位移。显然,当分子中有氧原子与多重键频率最后位移的方向和程度,取决于这两种效应的净结果。当 I>M 时,振动频率向高波数移动;反之,振动频率向低波数移动。

c. 共轭效应(C 效应)。共轭效应使共轭体系具有共面性,且使其电子云密度平均化,造成双键略有伸长,单键略有缩短,因此,双键的吸收频率向低波数方向位移。例如,酮的 C=O,因与苯环共轭而使 C=O 的力常数减小,频率降低。如图 3.7 所示。

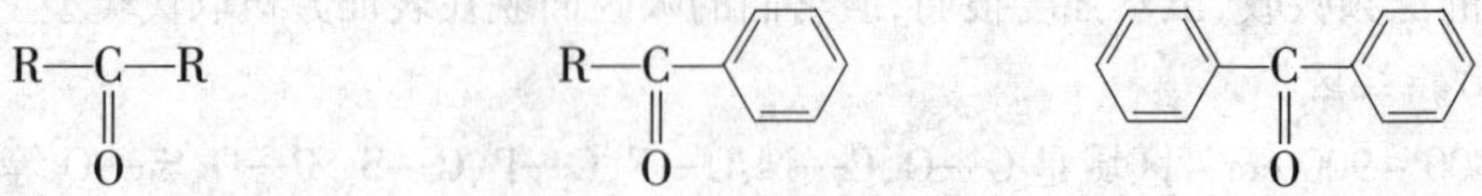

$\nu_{C=O}$　　1 710~1 725 cm^{-1}　　1 680~1 695 cm^{-1}　　1 667 cm^{-1}

图 3.7　共轭效应

②氢键的影响。分子中的一个质子给予体 X—H 和一个质子接受体 Y 形成氢键 X—H⋯Y,使氢原子周围力场发生变化,从而使 X—H 振动的力常数和其相连的 H⋯Y 的力常数均发生变化,这样造成 X—H 的伸缩振动频率往低波数侧移动,吸收强度增大,谱带变宽。此外,对质子接受体也有一定的影响。若羰基是质子接受体。则 $\nu_{C=O}$ 也向低波数移动。以羧酸为例,当用其气体或非极性溶剂的极稀溶液测定时,可以在 1 760 cm^{-1} 处看到游离 C=O 伸缩振动的吸收峰;若测定液态或固态的羧酸,则只在 1 710 cm^{-1} 出现一个缔合的 C=O 伸缩振动吸收峰,这说明分子以二聚体的形式存在,如图 3.8 所示。

RCOOH(游离的)　　　　　　　　(二聚体)

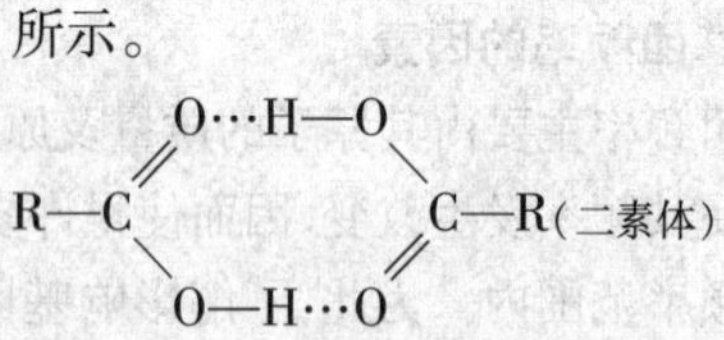

$\nu_{C=O}$　　1 760 cm^{-1}　　　　1710 cm^{-1}

图 3.8　氢键的影响

氢键可分为分子间氢键和分子内氢键。分子间氢键与溶液的浓度和溶剂的性质有关。例如,以 CCl$_4$ 为溶剂测定乙醇的红外光谱,当乙醇浓度小于 0.01 mol/L 时,分子间不形成氢键,而只显示游离 OH 的吸收(3 640 cm^{-1});但随着溶液中乙醇浓度的增加,游离羟基的吸收减弱,而二聚体(3 515 cm^{-1})和多聚体(3 350 cm^{-1})的吸收相继出现,并显著增加。当乙醇浓度为1.0 mol/L时,主要是以多缔合形式存在。

由于分子内氢键 X—H…Y 不在同一直线上,因此,它的 X—H 伸缩振动谱带位置、强度和形状的改变,均较分子间氢键为小。应该指出的是,分子内氢键不受溶液浓度的影响,因此,采用改变溶液浓度的办法进行测定,可以与分子间氢键区别。

③振动耦合。振动耦合是指当两个化学键振动的频率相等或相近并具有一公共原子时,由于一个键的振动通过公共原子使另一个键的长度发生改变,产生一个"微扰",从而形成了强烈的相互作用,这种相互作用的结果,使振动频率发生变化,一个向高频移动,一个向低频移动。

振动耦合常常出现在一些二羰基化合物中。例如,在酸酐中,由于两个羰基的振动耦合,使 $\nu_{C=O}$ 的吸收峰分裂成两个峰,分别出现在 1 820 cm^{-1} 和 1 760 cm^{-1}。

④费米振动。当弱的倍频(或组合频)峰位于某强的基频吸收峰附近时,它们的吸收峰强度常常随之增加,或发生谱峰分裂。这种倍频(或组合频)与基频之间的振动耦合,称为费米振动。

例如,在正丁基乙烯基醚(C_4H_9—O—C=CH_2)中,烯基 $\omega_{=CH}$ 810 cm^{-1} 的倍频(约在 1 600 cm^{-1})与烯基的 $\nu_{C=C}$ 发生费米共振,结果在 1 640 cm^{-1} 和 1 613 cm^{-1} 出现两个强的谱带。

⑤立体障碍。由于立体障碍,羰基与双键之间的共轭受到限制时,$\nu_{C=O}$ 较高。例如,在图 3.9(b)中,由于接在 C=O 上的 CH_3 的立体障碍,C=O 与苯环的双键不能处在同一平面,结果共轭受到限制,因此 $\nu_{C=O}$ 振动频率比 3.9(a)稍高。

$\nu_{C=O}$ (a) 1 680 cm^{-1} (b) 1 700 cm^{-1}

图 3.9 立体障碍

⑥环的张力。环的张力越大,$\nu_{C=O}$ 振动频率就越高。在下面几个酮中,4 圆环的张力最大,因此它的 $\nu_{C=O}$ 振动频率就最高,如图 3.10 所示。

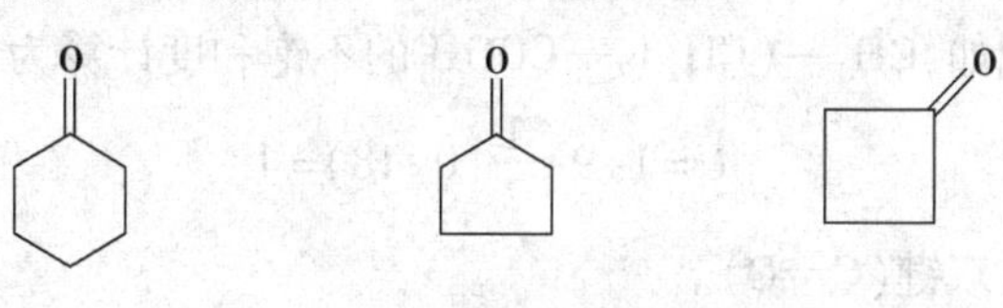

$\nu_{C=O}$ 1 715 cm^{-1} 1 745 cm^{-1} 1 775 cm^{-1}

图 3.10 环的张力

(2)外部因素

外部因素主要指测定物质的状态以及溶剂效应等因素。同一物质在不同状态时,由于分子间相互作用力不同,所得光谱也往往不同。分子在气态时,其相互作用很弱,此时可以观察到伴随振动光谱的转动精细结构。液态和固态分子间的作用力较强,在有极性基团存在时,可能发生分子间的缔合或形成氢键,导致特征吸收带频率、强度和形状有较大改变。例如,丙酮在气态的 $\nu_{C=O}$ 为 1 742 cm^{-1},而在液态时为 1 718 cm^{-1}。

在溶液中测定光谱时,由于溶剂的种类、溶液的浓度和测定时的温度不同,同一物质所测得的光谱也不相同。通常在极性溶剂中,溶质分子的极性基团的伸缩振动频率随溶剂极性的增加而向低波数方向移动,且强度增大。因此,在红外光谱测定中,应尽量采用非极性溶剂。

3.1.3 红外吸收光谱法分析依据

红外吸收光谱在化学领域中的应用是多方面的。它不仅用于结构的基础研究,如确定分子的空间构型,求出化学键的力常数、键长和键角等;而且广泛地用于化合物的定性、定量分析和化学反应的机理研究等。但是红外光谱应用最广的还是未知化合物的结构鉴定。

1) 定性分析

(1) 已知物及其纯度的定性鉴定

此项工作比较简单。通常在得到试样的红外谱图后,与纯物质的谱图进行对照,如果两张谱图各吸收峰的位置和形状完全相同,峰的相对强度一样,就可认为试样是该种已知物。相反,如果两谱图面貌不一样,或者峰位不对,则说明二者不为同一物,或试样中含有杂质。

(2) 未知物结构的确定

确定未知物的结构,是红外光谱法定性分析的一个重要用途。它涉及图谱的解析,下面简单予以介绍。

①收集试样的有关资料和数据。在解析图谱前,必须对试样有透彻的了解,例如,试样的纯度、外观、来源、试样的元素分析结果及其他物性(相对分子质量、沸点、熔点等)。这样可以大大节省解析图谱的时间。

②确定未知物的不饱和度。所谓不饱和度是表示有机分子中碳原子的饱和程度。

计算不饱和度的经验式为

$$U = n_4 + 1 + \frac{n_3 - n_1}{2} \tag{3.9}$$

式中　n_4——化合价为 4 价的原子个数(主要是 C 原子);

n_3——化合价为 3 价的原子个数(主要是 N 原子);

n_1——化合价为 1 价的原子个数(主要是 H,X 原子)。

通常规定双键(如 C=C、C=O 等)和饱和环状结构的不饱和度为 1,叁键(如 C≡C、C≡N等)的不饱和度为 2,苯环的不饱和度为 4(可理解为 1 个环加 3 个双键)。链状饱和烃的不饱和度则为零。例如,$CH_3-(CH_2)_7-COOH$ 的不饱和度计算为

$$U = 1 + 9 + \frac{1}{2}(0 - 18) = 1$$

说明分子式中存在双键(C=O)。

③图谱解析。由于化合物分子中的各种基团具有多种形式的振动方式,因此,一个试样物质的红外吸收峰有时多达几十个,但没有必要使谱图中各个吸收峰都得到解释,因为有时只要辨认几个至十几个特征吸收峰即可确定试样物质的结构,而且目前还有很多红外吸收峰无法解释。如果在样品光谱图的 4 000 ~ 650 cm^{-1} 区域只出现少数几个宽峰,则试样可能为无机物或多组分混合物,因为较纯的有机化合物或高分子化合物都具有较多和较尖锐的吸收峰。

谱图解析的程序无统一的规则,一般可归纳为两种方式:一种是按光谱图中吸收峰强度顺序解析,即首先识别特征区的最强峰,然后是次强峰或较弱峰,它们分别属于何种基团,同时查对指纹区的相关峰加以验证,以初步推断试样物质的类别,最后详细地查对有关光谱资料来确定其结构;另一种是按基团顺序解析,即首先按 C=O、O—H、C—O、C=C(包括芳环)、C≡N 和—NO_2 等几个主要基团的顺序,采用肯定与否定的方法,判断试样光谱中这些主要基

团的特征吸收峰存在与否,以获得分子结构的概貌,然后查对其细节,确定其结构。在解析过程中,要把注意力集中到主要基团的相关峰上,避免孤立解析。对于~3 000 cm^{-1}的ν_{C-H}吸收不要急于分析,因为几乎所有有机化合物都有这一吸收带。此外也不必为基团的某些吸收峰位置有所差别而困惑。由于这些基团的吸收峰都是强峰或较强峰,因此易于识别,并且含有这些基团的化合物属于一大类,所以无论是肯定或否定其存在,都可大大缩小进一步查找的范围,从而能较快地确定试样物质的结构。

【例3.1】 未知化合物$C_6H_{15}N$,下图中给出其红外吸收光谱图,推测其结构。

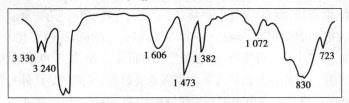

未知化合物的红外吸收光谱图

由式3.9计算得不饱和度$U=0$,为饱和化合物,3 330 cm^{-1}及3 240 cm^{-1}结合分子式考虑不难看出有—NH_2,723 cm^{-1}表明有(—CH_2—)$_n$基团,其中$n>4$,所以该化合物即为直链伯胺:$CH_3(CH_2)_5NH_2$。其中1 473和1 382为δ_{CH_3};1 072为ν_{C-N};1 606为δ_{NH_2}。

【例3.2】 有一分子式为$C_7H_6O_2$的化合物,其红外光谱如下图所示,试推断其结构。

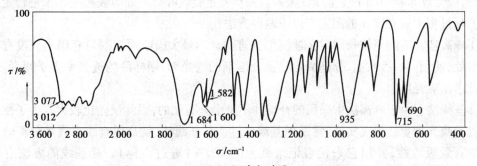

$C_7H_6O_2$红外光谱图

计算不饱和度$U=5$,1 684 cm^{-1}强峰是$\nu_{C=O}$的吸收,在3 300~2 500 cm^{-1}区域有宽而散的ν_{O-H}峰,并在约935 cm^{-1}的ν_{C-O}位置有羧酸二聚体的ν_{O-H}吸收,在约1 400 cm^{-1}、1 300 cm^{-1}处有羧酸的ν_{C-O}和δ_{O-H}的吸收,因此,该化合物结构中含—COOH基团;1 600 cm^{-1}、1 582 cm^{-1}是苯环$\nu_{C=C}$的特征吸收,3 070 cm^{-1}、3 012 cm^{-1}是苯环的ν_{C-H}的特征吸收,715 cm^{-1}、690 cm^{-1}是单取代苯的特征吸收,所以该未知化合物中肯定存在单取代的苯环。因此,综上所述可知其结构为

(3)几种标准图谱集

进行定性分析时,对于能获得相应纯品的化合物,一般通过图谱对照即可。对于没有已知纯品的化合物,则需要与标准图谱进行对照。应该注意的是,测定未知物所使用的仪器类型及制样方法等应与标准图谱一致。最常见的标准图谱有以下3种:

①萨特勒(Sadtler)标准红外光谱集。它是由美国Sadtler research laboratonies 编辑出版的。"萨特勒"收集的图谱最多,截至1974年,已收集47 000张(棱镜)图谱。另外,它有各种索引,使用甚为方便。从1980年已开始可以获得萨特勒图谱集的软件资料。现在已超过130 000张图谱。它们包括9 200张气态光谱图,59 000张纯化合物凝聚相光谱和53 000张产品的光谱,如单体、聚合物、表面活性剂、黏接剂、无机化合物、塑料、药物等。

②分子光谱文献"DMS"(Documentation of Molecular Spectroscopy)穿孔卡片。它由英国和联邦德国联合编制。卡片有3种类型:桃红卡片为有机化合物,淡蓝色卡片为无机化合物,淡黄色卡片为文献卡片。卡片正面是化合物的许多重要数据,反面则是红外光谱图。

③"API"红外光谱资料。它由美国石油研究所(API)编制。该图谱集主要是烃类化合物的光谱。由于它收集的图谱较单一,数目不多(至1971年共收集图谱3 604张),又配有专门的索引,故查阅也很方便。

事实上,现在许多红外光谱仪都配有计算机检索系统,可从储存的红外光谱数据中鉴定未知化合物。

2)定量分析

(1)红外光谱定量分析基本原理

与紫外吸收光谱一样,红外吸收光谱的定量分析也基于朗伯-比尔定律,即在某一波长的单色光,吸光度与物质的浓度呈线性关系。根据测定吸收峰峰尖处的吸光度 A 来进行定量分析。实际过程中吸光度 A 的测定有以下两种方法:

①峰高法。将测量波长固定在被测组分有明显的最大吸收而溶剂只有很小或没有吸收的波数处,使用同一吸收池,分别测定样品及溶剂的透光率,则样品的透光率等于两者之差,并由此求出吸光度。

②基线法。由于峰高法中采用的补偿并不是十分满意的,因此误差比较大。为了使分析波数处的吸光度更接近真实值,常采用基线法。所谓基线法,就是用直线来表示分析峰不存在时的背景吸收线,并用它来代替记录纸上的100%(透过坐标)。画基线的方法有以下几种:

当分析峰不受其他峰的干扰,且分析峰对称时,可按图3.11(a)的方法画基线。图中AB为基线,即过峰的两肩作切线,过峰顶C作基线的垂线,与基线相交于E,则峰顶C处的吸光度 $A = \lg \dfrac{T_0}{T}$。

如果分析峰受邻近峰的干扰,则可以单点水平切线为基线,如图3.11(b)中的切线。

如果干扰峰和分析峰紧靠在一起,但当浓度变化时,干扰峰的峰肩位置变化不是太厉害,则可以图3.11(c)中的3线作为基线。

对图3.11(b)与(c)的情况也可以5线和6线为基线,但切点不应随浓度的变化而有较大的变化。一般采用水平基线可保证分析的准确度。

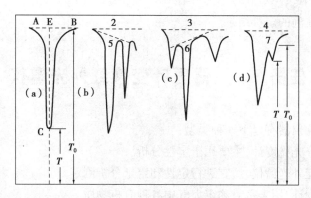

图 3.11　基线画法示意图

(2)定量分析测量和操作条件的选择

①定量谱带的选择。理想的定量谱带应该是孤立的,吸收强度大,遵守吸收定律,不受溶剂和样品中其他组分的干扰,尽量避免在水蒸气和 CO_2 的吸收峰位置测量。当对应不同定量组分而选择两条以上定量谱带时,谱带强度应尽量保持在相同数量级。对于固体样品,由于散射强度和波长有关,所以选择的谱带最好在较窄的波数范围内。

②溶剂的选择。所选溶剂应能很好地溶解样品,与样品不发生化学反应,在测量范围内不产生吸收。为消除溶剂吸收带影响,可采用差谱技术计算。

③选择合适的透射区域。透射比应控制在 20% ~ 65% 范围内。

④测量条件的选择。定量分析要求 FTIR 仪器的室温恒定,每次开机后均应检查仪器的光通量,保持相对恒定。定量分析前要对仪器的 100% 线、分辨率、波数精度等各项性能指标进行检查,先测参比(背景)光谱可减少 CO_2 和水的干扰。用 FTIR 进行定量分析,其光谱是把多次扫描的干涉图进行累加平均得到的,信噪比与累加次数的平方根成正比。

(3)红外光谱定量分析方法

①工作曲线法。在固定液层厚度及入射光的波长和强度的情况下,测定一系列不同浓度标准溶液的吸光度,以对应分析谱带的吸光度为纵坐标,标准溶液浓度为横坐标作图,得到一条通过原点的直线,该直线为标准曲线或工作曲线。在相同条件下测得试液的吸光度,从工作曲线上可查出试液的浓度。

②比例法。工作曲线法的样品和标准溶液都使用相同厚度的液体吸收池,且其厚度可准确测定。当其厚度不定或不易准确测定时,可采用比例法。它的优点在于不必考虑样品厚度对测量的影响,这在高分子物质的定量分析上应用较普遍。

③内标法。当用 KBr 压片、糊状法或液膜法时,光通路厚度不易确定,在有些情况下可以采用内标法。内标法是比例法的特例。常用的内标物有:$Pb(SCN)_2$,2 045 cm^{-1};$Fe(SCN)_2$,1 635 cm^{-1}、2 130 cm^{-1};KSCN,2 100 cm^{-1};NaN_3,640 cm^{-1}、2 120 cm^{-1};C_6Br_6,1 300 cm^{-1}、1 255 cm^{-1}。

④差示法。该法可用于测量样品中的微量杂质,例如,有两组分 A 和 B 的混合物,微量组分 A 的谱带被主要组分 B 的谱带严重干扰或完全掩蔽,可用差示法来测量微量组分 A。很多红外光谱仪中都配有能进行差谱的计算机软件功能,对差谱前的光谱采用累加平均处理技术,对计算机差谱后所得的差谱图采用平滑处理和纵坐标扩展,可以得到十分优良的差谱图,

以此可以得到比较准确的定量结果。

任务 3.2　傅里叶变换红外光谱仪

测定红外吸收的仪器有以下 3 种类型：
①光栅色散型分光光度计，主要用于定性分析。
②傅里叶变换红外光谱仪，适宜进行定性和定量分析测定。
③非色散型光度计，用来定量测定大气中各种有机物质。

在 20 世纪 80 年代以前，广泛应用光栅色散型红外分光光度计。随着傅里叶变换技术引入红外光谱仪，使其具有分析速度快、分辨率高、灵敏度高以及很好的波长精度等优点。但因它的价格、仪器的体积及常常需要进行机械调节等问题而在应用上受到一定程度的限制。近年来，因傅里叶变换光谱仪器体积的减小，操作稳定、易行，一台简易傅里叶红外光谱仪的价格与一般色散型的红外光谱仪相当。目前傅里叶红外光谱仪已在很大程度上取代了色散型。

3.2.1　仪器组成

傅里叶变换红外光谱仪(Fourier Transform Infrared Spectrometer,FT-IR)是由红外光源、干涉计(迈克尔逊干涉仪)、试样插入装置、检测器、计算机和记录仪等部分构成。

1) 光源

光源能发射出稳定、高强度连续波长的红外光，通常使用能斯特(Nernst)灯、碳化硅或涂有稀土化合物的镍铬旋状灯丝。

2) 干涉仪

迈克尔逊(Michelson)干涉仪的作用是将复色光变为干涉光。中红外干涉仪中的分束器主要是由溴化钾材料制成的；近红外分束器一般以石英和 CaF_2 为材料；远红外分束器一般由 Mylar 膜和网格固体材料制成。

3) 检测器

检测器一般分为热检测器和光检测器两大类。热检测器是把某些热电材料的晶体放在两块金属板中，当光照射到晶体上时，晶体表面电荷分布变化，由此可以测量红外辐射的功率。热检测器有氘代硫酸三甘肽(DTGS)、钽酸锂($LiTaO_3$)等类型。光检测器是利用材料受光照射后，由于导电性能的变化而产生信号，最常用的光检测器有锑化铟、汞镉碲等类型。

4) 计算机和记录系统

计算机通过接口与光学测量系统电路相连，把检测器得到的信号经放大器、滤波器等处理，然后送到计算机接口，再经处理后送到计算机数据处理系统，计算结果输出给显示器或打印机。另外，由键盘输入仪器控制指令，对干涉仪动镜等光学系统进行自动控制。

3.2.2　基本原理

FTIR 主要由迈克尔逊干涉仪和计算机两部分组成。FTIR 仪器整机原理如图 3.12 所示。

光学系统的主体是迈克尔逊干涉仪,干涉仪的光学示意和工作原理如图 3.13 所示。

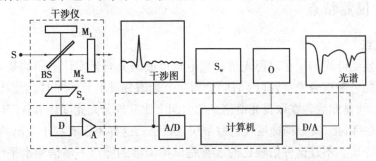

图 3.12　FTIR 光谱仪工作原理示意图
S—光源;M_1—定镜;M_2—动静;BS—分束器;D—探测器;S_a—样品;
A—样品;A/D—模数转换器;D/A—数模转换器;S_w—键盘;O—外部设备

由红外光源 S 发出的红外光经准直为平行红外光束进入干涉仪系统,经干涉仪调制后得到一束干涉光。干涉光通过样品 S_a,获得含有光谱信息的干涉信号到达探测器 D 上,由 D 将干涉信号变为电信号。此处的干涉信号是一时间函数,即由干涉信号绘出的干涉图,其横坐标是动镜移动时间或动镜移动距离。这种干涉图经过 A/D 转换器送入计算机,由计算机进行傅立叶变换的快速计算,即可获得以波数为横坐标的红外光谱图。然后通过 D/A 转换器送入绘图仪而绘出人们十分熟悉的标准红外光谱图。

目前,FTIR 仪器基本上为双光道单光束仪器。即干涉光反射镜可分为前光束光道和后光束光道。使用时仅用一光道。由于干涉信号是时域函数,加之计算机快速采样后,将样品光束信号同参比光束信号(可以空白参比,也可加入人为参比)进行快速比例计算,可获得类似于双光束光学零位法的效果。

迈克尔逊干涉仪主要由两个互成 90°角的平面镜(动镜 M_2 和定镜 M_1)和一个分束器 G 所组成。固定定镜、可调动镜和分束器组成了傅立叶变换红外光谱仪的核心部件——迈克尔逊干涉仪。动镜在平稳移动中要时时与定镜保持 90°角。分束器具有半透明性质,位于动镜与定镜之间并和它们呈 45°角放置。由光源射来的一束光到达分束器时即被它分为两束,反射光和透射光,其中 50% 的光透射到动镜,另外 50% 的光反射到定镜。射向探测器的两束光会合在一起已成为具有干涉光特性的相干光。动镜移动至两束光光程差为半波长的偶数倍时,这两束光发生相长干涉,干涉图由红外检测器获得,单色光的干涉如图 3.13 所示,结果经傅里叶变换处理得到红外光谱图。

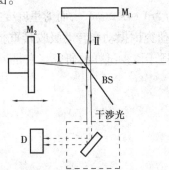

图 3.13　迈克尔逊干涉仪工作原理图

3.2.3 仪器特点

1) 多路优点

傅里叶变换红外光谱仪在取得光谱信息上与色散型分光光度计不同的是采用干涉仪分光。在带狭缝的色散型分光光度计以 t 时间检测一个光谱分辨单元的同时,干涉仪可以检测 M 个光谱分辨单元,显然后者在取得光谱信息的时间上比常规分光光度计节省 $(M-1)t$,即记录速度加快了 $(M-1)$ 倍,其扫描速度较色散型快数百倍。这样不仅有利于光谱的快速记录,而且还会改善信噪比。不过这种信噪比的改善是以检测器的噪声不随信号水平增高而同样增高为条件。红外检测器是符合这个要求的,而光电管和光电倍增管等紫外、可见光检测器则不符合这个要求,这使傅里叶变换技术难用于紫外、可见光区。光谱的快速记录使傅里叶变换红外光谱仪特别适于与气相色谱、高效液相色谱仪联机使用,也可用来观测瞬时反应。

2) 辐射通量大

为了保证一定的分辨能力,色散型红外分光光度计需用合适宽度的狭缝截取一定的辐射能。经分光后,单位光谱元的能量相当低。而傅里叶变换红外光谱仪没有狭缝的限制,辐射通量只与干涉仪的表面大小有关,因此,在同样分辨率的情况下,其辐射通量比色散型仪器大得多,从而使检测器接收的信号和信噪比增大,因此有很高的灵敏度,检测限可达 $10^{-9} \sim 10^{-2}$ g。由于这一优点,使傅里叶变换红外光谱仪特别适于测量弱信号光谱。例如,测量弱的红外发射光谱,这对遥测大气污染物(车辆、火箭尾气及烟道气等)和水污染物(如水面油污染)是很重要的。此外,在研究催化剂表面的化学吸附物具有很大潜力。

3) 波数准确度高

由于将激光参比干涉仪引入迈克逊干涉仪,用激光干涉条纹准确测定光程差,从而使傅里叶红外光谱仪在测定光谱上比色散型测定的波数更为准确。波数精度可达 $0.01\ \text{cm}^{-1}$。

4) 杂散光低

在整个光谱范围内杂散光低于 0.3%。

5) 可研究很宽的光谱范围

一般的色散型红外分光光度计测定的波长范围为 $4\,000 \sim 400\ \text{cm}^{-1}$,而傅里叶变换红外光谱仪可以研究的范围包括了中红外和远红外光区,即 $1\,000 \sim 10\ \text{cm}^{-1}$。这对测定无机化合物和金属有机化合物是十分有利的。

6) 具有高的分辨能力

一般色散型仪器的分辨能力为 $1 \sim 0.2\ \text{cm}^{-1}$,而傅里叶变换仪一般就能达到 $0.1\ \text{cm}^{-1}$,甚至可达 $0.005\ \text{cm}^{-1}$。因此,可以研究因振动和转动吸收带重叠而导致的气体混合物的复杂光谱。此外,傅里叶红外光谱仪还适于微少试样的研究。它是近代化学研究不可缺少的基本设备之一。

任务 3.3 红外吸收光谱分析实验技术

3.3.1 试样的要求

在红外光谱法中,试样的制备及处理占有重要的地位。如果试样处理不当,那么即使仪器的性能很好,也不能得到满意的红外光谱图。一般来说,在制备试样时应注意下述各点:

①试样应该是单一组分的纯物质,纯度应>98%或符合商业规格才便于与纯物质的标准光谱进行对照。多组分试样应在测定前尽量预先用分馏、萃取、重结晶或色谱法进行分离提纯,否则各组分光谱相互重叠,难于判断。

②试样中不应含有游离水。水本身有红外吸收,会严重干扰样品谱,而且会侵蚀吸收池的盐窗。

③试样的浓度和测试厚度应选择适当,以使光谱图中的大多数吸收峰的透射比处于10%~80%范围内。浓度太小,厚度太薄,会使一些弱的吸收峰和光谱的细微部分不能显示出来;浓度过大、过厚,又会使强的吸收峰超越标尺刻度而无法确定它的真实位置。有时为了得到完整的光谱图,需要用几种不同浓度或厚度的试样进行测绘。

3.3.2 制样技术

下面分别介绍气态、液态和固态试样制备。

1)气体试样

气态试样可在气体吸收池内进行测定。进样时,一般先把气槽抽成真空,然后再灌注样。

①短光程气体池是指长度为10~20 cm的气体池,10 cm气体池为长10 cm、直径5 cm的玻璃管,管壁上连一个玻璃活塞,用于通气,它的两端磨平后粘有两块直径相同的红外透光溴化钾、氯化钾等窗片。

②长光程气体池是指红外光路在气体池中经过的路程达到米级以上的气体池,如10 m、100 m、200 m或更长,一般用不锈钢材料制成圆柱形,红外光进入气体池后,在气体池内多次反射,达到预定光程后,从另一个窗口射出,到达检测器。10 m的气体池可以安在一起的样品仓中,再长的则需要将光路从仪器中引出来。长光程气体池主要用于大气污染气体的测试或局部有害气体的测试。

2)液体试样

(1)液体池的种类

常用的液体池有3种,即厚度一定的密封固定池,其垫片可自由改变厚度的可拆池以及用微调螺丝连续改变厚度的密封可变池。可拆缺液体池和固定液体池的示意图如图3.14所示。

一般,后框架和前框架由金属材料制成;前窗片和后窗片为氯化钠、溴化钾、KRS-5和ZnSe等晶体薄片;间隔片常由铝箔和聚四氟乙烯等材料制成,起着固定液体样品的作用,厚度为 0.01~2 mm。通常根据不同的情况,选用不同的试样池。

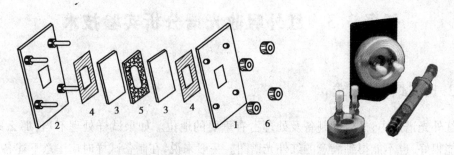

图 3.14 可拆卸液体池和固定液体池的示意图
1—前框;2—后框;3—溴化钾;4—垫圈;5—间隔片;6—螺帽

(2)液体池厚度的测定

根据均匀的干涉条纹的数目可测定液体池的厚度。测定的方法是将空的液体池作为样品进行扫描,由于两盐片间的空气对光的折射率不同而产生干涉。

(3)液体试样的制备

①液膜法。在可拆池两窗之间,滴上 1~2 滴液体试样,使之形成一薄的液膜。液膜厚度可借助于池架上的固紧螺丝作微小调节。该法操作简便,适用对高沸点及不易清洗的试样进行定性分析。

②溶液法。将液体(或固体)试样溶在适当的红外红溶剂中,如 CS_2、CCl_4、$CHCl_3$ 等,然后注入固定池中进行测定。该法特别适于定量分析。此外,它还能用于红外吸收很强、用液膜法不能得到满意谱图的液体试样的定性分析。在采用溶液法时,必须特别注意红外溶剂的选择。要求溶剂在较大的范围内无吸收,试样的吸收带尽量不被溶剂吸收带所干扰。此外,还需考虑溶剂对试样吸收带的影响(如形成氢键等溶剂效应)。

3)固体试样

固体试样的制备,除前面介绍的溶液法外,还有粉末法、糊状法、压片法、薄膜法、发射法等,其中尤以糊状法、压片法和薄膜法最为常用。

(1)糊状法

该法是把试样研细,滴入几滴悬浮剂,继续研磨成糊状,然后用可拆池测定。常用的悬浮剂是液体石蜡油,它可减小散射损失,并且自身吸收带简单,但不适于用来研究与石蜡油结构相似的饱和烷烃。

(2)压片法

这是分析固体试样应用最广的方法。通常用 300 mg 的 KBr 与 1~3 mg 固体试样共同研磨;在模具中用 $(5~10)\times10^7$ Pa 压力的油压机压成透明的片后,再置于光路进行测定。由于 KBr 在 400~4 000 cm^{-1} 光区不产生吸收,因此,可绘制全波端光谱图。除用 KBr 压片外,也可用 KI、KCl 等压片,如图 3.15 所示。

(3)薄膜法

该法主要用于高分子化合物的测定。通常将试样热压成膜或将试样溶解在沸点低易挥发的溶剂中,然后倒在玻璃板上,待溶剂挥发后成膜。制成的膜直接插入光路即可进行测定。

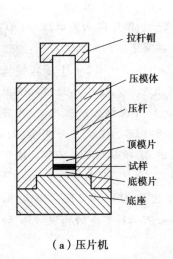 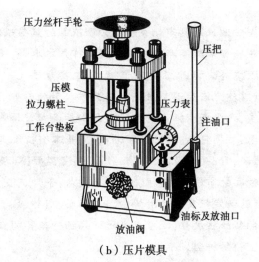

(a) 压片机　　　　　　　　　　　(b) 压片模具

图 3.15　压片机和压片模具

3.3.3　载体材料的选择

目前,以中红外区(波长范围为 4 000~400 cm^{-1})应用最广泛,一般的光学材料为氯化钠(4 000~600 cm^{-1})、溴化钾(4 000~400 cm^{-1});这些晶体很容易吸水使表面"发乌",影响红外光的透过。为此,所用的窗片(NaCl 或 KBr 晶体)应放在干燥器内,要在湿度较小的环境里操作。此外,晶体片质地脆,而且价格较贵,使用时要特别小心。对含水样品的测试应采用 KRS-5 窗片(4 000~250 cm^{-1})、ZnSe(4 000~500 cm^{-1})和 CaF$_2$(4 000~1 000 cm^{-1})等材料。近红外光区用石英和玻璃材料,远红外光区用聚乙烯材料。

> **知识链接**
>
> **现代近红外光谱分析技术**
>
> 现代近红外光谱(NIR)分析技术是近年来一门发展迅猛的高新分析技术,越来越引人注目,在分析化学领域被誉为分析巨人(Grant)。这个巨人出现带来了又一次分析技术革命:使用传统分析方法测定一个样品的多种性质或浓度数据,需要多种分析设备,耗费大量人力、物力和大量时间,因此成本高和工作效率低,远不能适应现代化工业的要求。与传统分析技术相比,近红外光谱分析技术能在几秒至几分钟内,仅通过对样品的一次近红外光谱的简单测量,就可同时测定一个样品的几种至十几种性质数据或浓度数据。而且,被测样品用量很小、无破坏和无污染,因此,具有高效、快速、成本低和绿色的特点。NIR 分析技术的应用,显著提高化验室工作效率,节约大量费用和人力,将改变化验室面貌。在线 NIR 分析技术能及时提供被测物料的直接质量参数,与先进控制技术配合,进行质量卡边操作,产生巨大经济效益和社会效益。如法国 Lavera 炼油厂加工 100 万吨汽油/年,在线 NIR 节约辛烷值 30%,净增效益 200 万美元/年。中国石化集团公司沧州炼油厂使用 NIR-2000 近红外光谱仪,一年为厂节省上百万元人民币。因此,它已成为国际石化

等大型企业提高其市场竞争能力所依靠的重要技术之一。NIR配合先进控制(APC)推广应用将显著提高工业生产装置操作技术水平,推进工业整体技术进步。

近红外光谱产生于分子振动,主要反映C—H、O—H、N—H、S—H等化学键的信息。近红外光谱能够测量绝大多数种类的化合物及其混合物。近红外光谱的测量方式有很多,几乎所有物态的有机样品都能测量。因此,近红外光谱分析技术,应用领域非常广泛,主要包括:石油及石油化工、基本有机化工、精细化工、冶金、生命科学、制药、农业、医药、食品、烟草、纺织、化妆品、质量监督、环境保护、高校及科研院所等。它可以测定如油品的辛烷值、馏程、密度、凝固点、十六烷值、闪点、冰点、PIONA组成、MTBE含量等,可以测定粮食谷物的蛋白、糖、脂肪、纤维、水分含量等,可以测定药品中有效成分、血液的新鲜程度等,还可以进行样品的种类鉴别,比如,酒类和香水的真假辨认、环保中废旧塑料的种类分检等。

• 项目小结 •

本项目介绍了红外吸收光谱产生的条件;分子的振动类型;红外光谱中吸收峰增减的原因;影响吸收峰的位置、峰数、峰强的主要因素;基团频率和特征吸收峰;主要有机化合物的红外吸收光谱特征;影响基团频率位移的因素;红外吸收光谱法的定性、定量分析方法;傅里叶变换光谱仪的构成及原理;红外制样技术。

实训项目3.1 未知样品的定性分析

【实训目的】

1. 掌握常规样品的制样方法。
2. 了解红外光谱仪的工作原理。
3. 了解鉴定未知物的一般过程,掌握用标准谱库进行化合物鉴定的方法。

【基本原理】

用一定频率的红外线聚焦照射被分析的试样,如果分子中某个基团的振动频率与照射红外线相同就会产生共振,这个基团就吸收一定频率的红外线,把分子吸收的红外线的情况用仪器记录下来,便能得到全面反映试样成分特征的光谱,从而推测化合物的类型和结构。

【仪器与试剂】

1. 仪器:傅立叶变换红外光谱仪及辅助设备。
2. 试剂:待测固体、液体样品各1个(分子式已知)。

【实训内容】
1) 液膜

取2~3滴未知液体样品移到两个KBr晶体窗片之间形成一个薄的液膜,用夹具轻轻夹住后测定光谱图。进行谱图处理,谱图检索,确认其化学结构。

2) 压片

取 2~3 mg 未知固体样品与 200~300 mg 干燥的 KBr 粉末在玛瑙研钵中混匀,充分研磨后用不锈钢铲取 70~90 mg 压片(本底最好采用纯 KBr 片)。测试红外谱图,进行谱图处理,谱图检索,确认其化学结构。

【结果处理】

1. 实验数据处理。对基线倾斜的谱图进行校正,噪声大时采用平滑功能,然后绘制出标有吸收峰的红外光谱图;对确定的化合物,列出主要吸收峰并指认归属。

2. 谱图解析:

①基团定性:根据被测化合物的红外特性吸收谱带的出现来确定该基团的存在。

②化合物定性:

a. 从待测化合物的红外光谱特征吸收频率(波数),初步判断属何类化合物,然后查找该类化合物的标准红外谱图,待测化合物的红外光谱与标准化合物的红外光谱一致,即两者光谱吸收峰位置和相对强度基本一致时,则可判定待测化合物是该化合物或近似的同系物。

b. 同时测定在相同制样条件下的已知组成的纯化合物,待测化合物的红外光谱与该纯化合物的红外光谱相对照,两者光谱完全一致,则待测化合物是该已知化合物。

③未知化合物的结构鉴定:

a. 未知化合物是单一纯化合物时,测定其红外光谱后,按 A 和 B 进行定性分析,然后与质谱,核磁共振及紫外吸收光谱等共同分析确定该化合物的结构。

b. 未知化合物是混合物时,通常需要先分离混合物,然后对各组分进行准确的定性鉴定。

【注意事项】

1. 样品测试完毕后应及时取出,长时间放置在样品室中会污染光学系统,引起性能下降。样品室应保持干燥,应及时更换干燥剂。

2. 在红外灯下操作时,用溶剂(CCl_4 或 $CHCl_3$)清洗盐片,不要离灯太近,否则移开灯时温差太大,盐片会碎裂。

【思考题】

1. 液体与固体测定时,有什么不同?

2. 试样不出峰,为什么?如何解决?

实训项目 3.2 正丁醇-环己烷溶液中正丁醇含量的测定

【实训目的】

1. 掌握标准曲线法定量分析的技术。
2. 了解红外光谱法进行纯组分定量分析的全过程。
3. 熟悉不同浓度样品的配制方法。
4. 掌握样品含量的计算方法。

【基本原理】

红外定量分析的依据是比尔定律。但由于存在杂散光和散射光,因此糊状法制备的试样

不适于作定量分析。即便是液体池和压片法,由于盐片的不平整、颗粒不均匀,也会造成吸光度同浓度之间的非线性关系而偏离比尔定律。因此,在红外定量分析中,吸光度值要用工作曲线的方法来获得。另外,还必须采用基线法求得试样的吸光度值,这样才能保证相对误差小于3%。

【仪器与试剂】

1. 仪器:红外光谱仪,一对液体池,样品架,2支1 mL注射器,红外灯,擦镜纸,1支5 mL移液管,6个10 mL容量瓶。

2. 试剂:分析纯的正丁醇与环己烷标样各1瓶,分析纯的无水乙醇1瓶,未知样品。

【实训内容】

1) 准备工作

开机;清洗液体池用注射器装上分析纯的无水乙醇清洗液体池3~4次;配制标准溶液分别移取标准溶液(浓度为20%)1.00 mL、2.00 mL、3.00 mL、4.00 mL、5.00 mL放到10 mL容量瓶中,用溶剂稀释到刻度,摇匀。

2) 液体池厚度的测定

在未放入试样前,扫描背景1次;将空的液体池作为样品进行扫描,测出空液体池的干涉条纹图;计算两个液体池的厚度。

3) 标准溶液的测定

用厚度较小的一个液体池作为参比池。扫描背景;测定5个标准溶液的红外光谱图,保存,记录下样品名对应的文件名;用Spectrum v3.01工作软件绘制工作曲线。

4) 未知样品的测定

用厚度较大的一个液体池作为样品池。放入试样压片的样品架置于样品室中,扫描试样。

5) 结束工作

关机;用无水乙醇清洗液体池;整理台面,填写仪器使用记录。

【结果处理】

软件自动读取样品谱图上相应的峰高,手动计算出样品谱图上相应峰高的吸光度,并计算未知样品的含量,最后输出结果报告(或写出完整的结果报告)。

【注意事项】

每做一个标样或试样前都需用无水乙醇清洗液体池,然后再用该标样或试样润洗3~4次。

【思考题】

标准曲线的相关系数与哪些因素有关?

实训项目 3.3　聚苯乙烯的红外光谱测定与谱图解析

【实训目的】
1. 掌握薄膜试样红外吸收光谱的测绘方法。
2. 了解傅里叶交换红外光谱仪的构造,熟悉其操作。
3. 能对简单的谱图进行解析得到分子式。

【基本原理】
1. 理论基础:当一束红外光照射分子时,分子中某个振动频率与红外光某一频率光相同时,分子就吸收此频率光发生振动能级跃迁,产生红外吸收光谱。根据红外吸收光谱中吸收峰的位置和形状来推测未知物结构,进行定性分析和结构分析;根据吸收峰的强弱与物质含量的关系进行定量分析。
2. 识图解析:分子的振动形式主要是简正振动,简正振动分为伸缩振动和弯曲振动,主要表现为官能团区和指纹区。$4\,000 \sim 1\,300\,cm^{-1}$ 区域:是由伸缩振动产生的吸收带,为化学键和基团的特征吸收峰,吸收峰较稀疏,鉴定基团存在的主要区域——官能团区;$1\,300 \sim 650\,cm^{-1}$ 区域:吸收光谱较复杂,除单键的伸缩振动外,还有变形振动,能反映分子结构的细微变化——指纹区。实验通过红外光谱仪扫描得到的光谱图,根据理论知识,对图谱的不同吸收峰进行解析,从而对该化合物进行定性和定量分析。

【仪器与试剂】
1. 仪器:傅里叶交换红外光谱仪及配套设备。
2. 试剂:聚苯乙烯,二氯甲烷。

【实训内容】
1) 薄膜
将聚苯乙烯溶于二氯甲烷中(12% 左右),滴加在铝箔片上,然后让其在室温下自然干燥,成膜后用镊子小心地撕下薄膜,并在红外灯下烘去溶剂,放在样片架上测定光谱图。

2) 测试步骤
①把制备好的样品放入样品架,然后插入仪器样品室的固定位置上。
②打开 Omnic 软件,选择"采集"菜单下的"实验设置"选项。
③设置需要的采集次数、分辨率和背景采集模式后,单击"ok"按钮即可。
④背景采集模式为第一项、第二项和第四项时,直接选择"采集样品"开始采集数据;背景采集模式为第三项时,先选择"采集背景",按软件提示操作后选择"采集样品"采集数据。
⑤选择"文件"菜单下"另存为",把谱图存到相应的文件夹。

【结果处理】
1. 实验数据处理。比较标准聚苯乙烯膜与测定的聚苯乙烯膜的谱图,列表讨论他们的主要吸收峰,并确认其归属。
2. 谱图解析:
①该图谱在 $3\,100 \sim 3\,000\,cm^{-1}$ 波数段有明显的吸收峰,可以大致判断为烯烃的 C—H 伸

缩振动,但该图在1 680~1 620 cm^{-1}波数段却没有该烯烃的C=C伸缩振动,可以推测出该结构中没有C=C,即可能是聚合物。

②该图谱在3 000~2 800 cm^{-1}有明显的吸收峰,可以推测出该结构中有C—H的对称和不对称伸缩振动频率,而在1 470 cm^{-1}和1 380 cm^{-1}附近也有明显的吸收峰,可以推测为C—H的弯曲振动频率。

③在1250~800 cm^{-1}也有明显的吸收峰,可以推测为C—C骨架的振动,不过其特征性不强。

④该图谱在1 600 cm^{-1}左右有明显吸收峰,可推测为苯环骨架的特征吸收峰;苯环的一元取代在弯曲振动频率为770~650 cm^{-1},与图谱吻合。

综合上述信息,可大致判定为该物质是实验材料聚苯乙烯。

【注意事项】

1. 红外光谱仪要求实验室温度要适中,湿度不得超过60%,实验室应装有除湿机。仪器应放在防震的台子上。

2. 仪器在使用过程中,对光学镜面必须严格防尘、防腐蚀,并且要特别防止机械摩擦。

3. 在解释红外吸收光谱图时,一般从高波数到低波数依次进行,但不必对光谱图中的每一个吸收峰都进行解释,只需指出各基团的特征吸收即可。

【思考题】

1. 红外光谱法制样有哪些方法?
2. 哪些样品不适宜采用溴化钾压片制样?

实训项目3.4 苯甲酸的红外光谱测定与谱图解析

【实训目的】

1. 掌握红外光谱分析时固体样品的压片法样品制备技术。
2. 了解傅里叶红外光谱仪的工作原理、构造和使用方法,并熟悉基本操作。
3. 了解如何根据红外光谱图识别官能团,了解苯甲酸的红外光谱图。

【方法原理】

不同的样品状态(固体、液体、气体以及黏稠样品)需要相应的制样方法。制样方法的选择和制样技术的好坏直接影响谱带的频率、数目和强度。

对于苯甲酸这样的粉末样品常采用压片法。实际方法是:将研细的粉末分散在固体介质中,并用压片机压成透明的薄片后测定。固体分散介质一般是金属卤化物(如KBr),使用时要将其充分研细,颗粒直径最好小于2 μm(因为中红外区的波长是从2.5 μm开始的)。

【仪器与试剂】

1. 仪器:傅里叶红外光谱仪,压片机,模具和干燥器,玛瑙研钵,药匙,镜纸及红外灯。
2. 试剂:分析纯苯甲酸粉末,光谱纯KBr粉末,分析纯的无水乙醇,擦镜纸。

【实训内容】

1. 用分析纯的无水乙醇清洗玛瑙研钵,用擦镜纸擦干后,再用红外灯烘干。

2. 取 2~3 mg 苯甲酸与 200~300 mg 干燥的 KBr 粉末,置于玛瑙研钵中,在红外灯下混匀,充分研磨(颗粒粒度 2 μm 左右)后,用不锈钢药匙取 70~80 mg 于压片机模具的两片压舌下。将压力调至 28 kgf(1 kgf=9.8 N)左右,压片,约 5 min 后,用不锈钢镊子小心取出压制好的试样薄片,置于样品架中待用。

3. 将样品的薄片固定好,装入红外光谱仪,设置样品测试的各项参数后进行测试,得到苯甲酸的红外谱图。

【结果处理】

1. 对基线倾斜的谱图进行校正(在仪器键盘上揿"flat",在工作软件上单击"process 下拉菜单里的"baseline correction"),噪声太大时对谱图进行平滑处理(在仪器键盘上揿"smooth",在工作软件上单击"process 下拉菜单里的"smooth");有时也需要对谱图进行"abex"处理,使谱图纵坐标处于百分透射比为 0%~100% 的范围内。

2. 标出试样谱图上各主要吸收峰的波数值,然后打印出试样的红外光谱图。

3. 选择试样苯甲酸的主要吸收峰,指出其归属。

苯甲酸红外光谱图主要吸收峰的归属见下表。

苯甲酸的红外光谱图主要吸收峰的归属

谱带位置/cm^{-1}	吸收基团的振动形式
1 686.418	$\nu_{C=O}$
1 453.899	$\nu_{C=C}$
1 292.206	δ_{C-H}(面内)
1 179.663	ν_{C-O}
934.479	δ_{O-H}(面外)
707.480	δ_{C-H}(面外)

【注意事项】

1. 在相同的实验条件下,分别测绘苯甲酸标样和苯甲酸试样的傅立叶红外吸收光谱图(每测一个样品前,必须用纯 KBr 晶片扫背景)。

2. 确保样品与药品的纯度与干燥度。

3. 制得的晶片必须无裂痕,局部无发白现象,如同玻璃般完全透明,否则应重新制作。晶片局部发白,表示压制的晶片薄厚不匀;晶片模糊,表示晶体吸潮,水在光谱图 3 450 cm^{-1} 和 1 640 cm^{-1} 处出现吸收峰。

【思考题】

用压片法制样时,为什么要求研磨到颗粒粒度在 2 μm 左右?研磨时不在红外灯下操作,谱图上会出现什么情况?

实训项目 3.5　顺、反丁烯二酸的区分

【实训目的】

1. 用红外光谱法区分丁烯二酸的两种几何异构体。
2. 练习用 KBr 压片法制样。
3. 进一步熟悉傅里叶变换红外光谱仪的操作。

【方法原理】

区分烯烃顺、反异构体,常常借助于 1 000~650 cm^{-1} 范围的 γ_{C-H} 谱带。烷基型烯烃的顺式结构出现在 730~675 cm^{-1},反式结构出现在 990~960 cm^{-1}。当取代基变化时,顺式结构峰变化较大,反式结构峰基本不变,因此,在确定异构体时非常有用。除上述谱带外,对于丁烯二酸,位于 1 710~1 580 cm^{-1} 范围的光谱也很具特征。

顺丁烯二酸和反丁烯二酸的区别,是分子中两个羧基相对于双键的几何排列不同,顺丁烯二酸分子结构对称性差,加之双键与羧基共轭,在 1 600 cm^{-1} 出现很强的 $\nu_{C=C}$ 谱带;反丁烯二酸分子结构对称性强,双键位于对称中心,其伸缩振动无红外活性,在光谱中观察不到吸收谱带。另外,顺丁烯二酸只能生成分子间氢键,羧基谱带位于 1 705 cm^{-1},接近羧基 $\nu_{C=O}$ 频率的正常值;而反丁烯二酸能生成分子内氢键,其羧基谱带移至 1 680 cm^{-1}。因此,利用这一区间的谱带可以很容易地将两种几何异构体区分开来。

【仪器与试剂】

1. 仪器:Nexus-870 型傅里叶变换红外光谱仪,压片机(包括压模),玛瑙研钵,红外灯,镊子。
2. 试剂:溴化钾粉末,顺丁烯二酸,反丁烯二酸(均为分析纯)。

【实训内容】

1. 打开主机、工作站和打印机的开关,预热 10 min。打开红外软件,设置仪器参数。
2. 将 2~4 mg 顺丁烯二酸放在玛瑙研钵内,然后加入 200~400 mg 干燥的 KBr 粉末,在红外灯下混合研磨。研磨至颗粒直径小于 2 μm。将适量研磨好的样品装于干净的模具内,加压,维持 5 min。放气卸压后,取出模具脱模,得一圆形样品片。将样品片放于样品支架上。
3. 扫描背景后,将制好的样品放到红外光谱仪的样品池中,进行扫描。得顺丁烯二酸的红外吸收光谱图。
4. 用上述同样的方法制得反丁烯二酸的样品片,测得反丁烯二酸的红外吸收光谱图。
5. 测试完毕后,用吸附溶剂(三氯甲烷)的脱脂棉擦洗压模,干燥后放入干燥器内。

【结果处理】

1. 根据实验所得的两张谱图,鉴别顺、反异构体。
2. 查阅 Sadtler 谱图或从标准谱库中查出顺、反丁烯二酸的标准谱图,将实测谱与标准谱进行对照比较,标出每个特征吸收峰的波数,并确定其归属。

【注意事项】

1. 研磨固体时应注意防潮,操作者不要对着研钵直接呼气。

2. 制片时压缩时间为 5~10 min,时间越长锭片越透明,但连续 10 min 以上就得不到这种效果了。

3. 为使锭片受力均匀,在锭片模具内需将粉末弄平后再加压,否则锭片会产生白斑。

【思考题】
红外光谱法对试样有哪些要求?

1. 二氧化碳分子的平动、转动和振动自由度的数目分别是( )。
   A. 3,2,4   B. 2,3,4   C. 3,4,2   D. 4,2,3

2. 某一化合物在紫外吸收光谱上未见吸收峰,在红外光谱的官能团区出现如下吸收峰:3 000 cm^{-1} 左右,1 650 cm^{-1} 左右,则该化合物可能是( )。
   A. 芳香族化合物   B. 烯烃   C. 醇   D. 酮

3. 红外光谱法,试样状态可以是( )。
   A. 气体状态   B. 固体状态
   C. 固体、液体状态   D. 气体、液体、固体状态都可以

4. 下列数据中,( )数据所涉及的红外光谱区能够包括 CH_3CH_2COH 的吸收带?
   A. 3 000~2 700 cm^{-1},1 675~1 500 cm^{-1},1 475~1 300 cm^{-1}
   B. 3 300~3 010 cm^{-1},1 675~1 500 cm^{-1},1 475~1 300 cm^{-1}
   C. 3 300~3 010 cm^{-1},1 900~1 650 cm^{-1},1 000~650 cm^{-1}
   D. 3 000~2 700 cm^{-1},1 900~1 650 cm^{-1},1 475~1 300 cm^{-1}

5. 下图是只含碳、氢、氧的有机化合物的红外光谱,根据此图指出该化合物为( )。

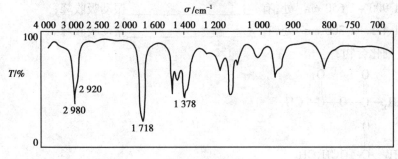

化合物的红外光谱图

   A. 酚   B. 含羰基   C. 醇   D. 烷烃

6. 在醇类化合物中,O—H 伸缩振动频率随溶液浓度的增加,向低波数方向位移的原因是( )。
   A. 溶液极性变大   B. 形成分子间氢键随之加强
   C. 诱导效应随之变大   D. 易产生振动耦合

7. 傅里叶变换红外分光光度计的色散元件是式( )。
   A. 玻璃棱镜   B. 石英棱镜

C. 卤化盐棱镜　　　　　　　　　　　　D. 迈克尔逊干涉仪

8. 某物质能吸收红外光波,产生红外吸收谱图,其分子结构必然是(　　)。
   A. 具有不饱和键　　　　　　　　　　B. 具有共轭体系
   C. 发生偶极矩的净变化　　　　　　　D. 具有对称性

9. 并不是所有的分子振动形式其相应的红外谱带都能被观察到,这是因为(　　)。
   A. 分子既有振动运动,又有转动运动,太复杂
   B. 分子中有些振动能量是简并的
   C. 因为分子中有 C、H、O 以外的原子存在
   D. 分子某些振动能量相互抵消了

10. 苯分子的振动自由度为(　　)。
    A. 18　　　　　B. 12　　　　　C. 30　　　　　D. 31

11. 下列不同溶剂中,测定羧酸的红外光谱时,C=O 伸缩振动频率出现最高者为(　　)。
    A. 气体　　　　B. 正构烷烃　　　C. 乙醚　　　　D. 乙醇

12. 红外吸收光谱的产生是由于(　　)。
    A. 分子外层电子、振动、转动能级的跃迁
    B. 原子外层电子、振动、转动能级的跃迁
    C. 分子振动-转动能级的跃迁
    D. 分子外层电子的能级跃迁

13. 化合物 的红外光谱图的主要振动吸收带应为:
    (1)3 500～3 100 cm^{-1}处,有＿＿＿＿＿振动吸收峰;
    (2)3 000～2 700 cm^{-1}处,有＿＿＿＿＿振动吸收峰;
    (3)1 900～1 650 cm^{-1}处,有＿＿＿＿＿振动吸收峰;
    (4)1 475～1 300 cm^{-1}处,有＿＿＿＿＿振动吸收峰。

14. 有下列化合物:
    A. CH$_3$—C(=O)—O—C(=O)—CH$_3$
    B. CH$_3$—C(=O)—OCH$_2$CH$_3$

    其红外光谱图上 C=O 伸缩振动引起的吸收峰不同是因为 A＿＿＿＿＿;
    B＿＿＿＿＿。

15. 红外光谱法的固体试样的制备常采用＿＿＿＿＿、＿＿＿＿＿和＿＿＿＿＿等法;红外光谱法的液体试样的制备常采用＿＿＿＿＿、＿＿＿＿＿等法。

16. 红外光谱区的波长范围是＿＿＿＿＿;中红外光谱法应用的波长范围是＿＿＿＿＿。

17. 如果 C—H 键的力常数是 5.0 N/cm^{-1},碳和氢原子的质量分别为 20×10^{-24} g 和 1.6×10^{-24} g,那么,C—H 的振动频率是_____Hz,C—H 基频吸收带的波长是_____μm,波数是_____cm^{-1}。

18. 计算分子式为 C_7H_7NO 的不饱和度。

19. 羧基(—COOH)中 C═O、C—O、O—H 等键力常数分别为 12.1 N/cm^{-1}、7.12 N/cm^{-1} 和 30.80 N/cm^{-1},若不考虑相互影响,计算:
(1)各基团的伸缩振动频率;
(2)基频峰的波长与波数;
(3)比较 ν_{O-H} 与 ν_{C-O},$\nu_{C=O}$ 与 ν_{C-O},说明键力常数与折合原子质量对伸缩振动频率的影响。

20. 试说明 $(CH_3)_2C═C(CH_3)_2$ 在红外光谱的官能团区有哪些吸收峰?

21. 请画出亚甲基的基本振动形式。

22. 红外吸收光谱是怎样产生的?

23. 欲测定某一微细粉末的红外光谱,试说明选用什么样的试样制备方法?为什么?

24. 指出下面化合物光谱中可能的吸收,该光谱是由纯试样(也就是无溶剂存在)得到的: $CH_3—CH_2—OH_5$。

25. 乙醇在 CCl_4 中,随着乙醇浓度的增加,OH 伸缩振动在红外吸收光谱图上有何变化?为什么?

26. 某化合物的红外谱图如下所示,试推测该化合物是否含有羰基(C═O)、苯环及双键(═C═C═)?为什么?

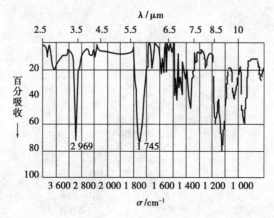

第 2 篇
电化学分析技术

项目4 核磁共振波谱技术

📖【项目描述】

核磁共振波谱法(Nuclear Magnetic Resonance, NMR)是研究具有磁性质的某些原子核对射频辐射的吸收,对测定有机化合物的结构有独到之处,是有机化合物结构分析常用的4谱(紫外光谱、红外光谱、质谱和核磁共振波谱)之一。

📖【知识目标】

1. 理解核磁共振波谱的基本原理;
2. 了解核磁共振波谱仪的结构和工作原理;
3. 熟悉核磁共振谱图结构和解读方法;
4. 了解核磁共振波谱的新进展及应用。

📖【能力目标】

1. 能独立操作核磁共振仪;
2. 能对谱图进行解析。

任务4.1 核磁共振现象的产生

核磁共振波谱法与紫外、红外吸收光谱一样,都是由分子吸收电磁辐射后在不同能级上的跃迁而产生的。紫外和红外吸收光谱是由电子能级跃迁和振动能级跃迁而产生的。核磁共振波谱是分子吸收$10^6 \sim 10^9$ nm的长波长(视频区)、低能量的电磁辐射后产生的。核磁共振波谱法与紫外或红外吸收光谱法的不同之处在于待测物质必须置于强磁场中,研究其具有磁性的原子核吸收射频辐射(4~600 MHz)产生核磁共振的现象,从而获取有关分子结构的信息。

核磁共振现象是1946年发现的,1953年第一台商品化仪器问世,20世纪70年代末,高强超导磁场核磁共振技术及脉冲-傅里叶核磁共振谱仪的问世,极大地推动了NMR技术的发展,使得对低丰度、强磁旋比的磁性核(如C^{13}、N^{15}等)的测量成为可能。20世纪80年代又出现了核磁共振的成像诊断技术(MRI),MRI已成为医学诊断的重要工具。近年来,Ernst发展了多维核磁共振的理论与技术,多维NMR技术广泛应用于大分子的结构、构象分析,如蛋白质、核酸等生物大分子高级结构。在生物化学、有机分析、天然有机物化学、药物化学等研究领域中,核磁共振技术尤其是^{1}HNMR和^{13}CNMR成为有机化合物结构鉴定中很重要的手段,它广泛应用于化学,医学,生物学和农、林科学领域。

4.1.1 原子核的自旋

1) 原子核的自旋

原子核由中子和质子组成,质子带正电荷,中子不带电,因此原子核带正电荷,其电荷数等于质子数,与元素周期表中的原子序数相同。原子核的质量数为质子数和中子数之和。通常将原子核表示为$^A X_Z$,X为元素的化学符号,A是质量数,Z是质子数,原子核也简化表示为$^A X$。Z相同,A不同的核称为同位素,如$^1 H_1$、$^2 H_1$、$^3 H_1$、$^{13} C_6$、$^{12} C_6$等。

实践证明,很多原子核和电子一样有自旋现象,称为核的自旋运动。作为一个带电荷的粒子,原子核的自旋运动会产生一个磁矩μ。就好比一个通电的线圈,会产生磁场,其磁性用磁矩表示。很多种同位素的原子核都具有磁矩,这样的原子核称为磁性核,是核磁共振的研究对象。原子核的磁矩μ取决于原子核的自旋角动量,磁矩和角动量成正比,即$\mu = \gamma P$,由量子力学可知,自旋核应具有自旋角动量P。原子核的自旋示意图如图4.1所示。

图4.1 原子核自旋示意图

γ：磁旋比(gyromagnetic ratio)，即核磁矩与核的自旋角动量的比值，不同的核具有不同的磁旋比，它是一个只与原子核种类有关的常数。

P：自旋角动量，其值是量子化的，可用自旋量子数表示其大小，其大小为

$$P = \frac{h}{2\pi}\sqrt{I(I+1)} \tag{4.1}$$

式中 h——普朗克常量；

I——原子核的自旋量子数，取值与原子核中的质量数和中子数有关，$I \neq 0$ 的原子核才有自旋运动，当 $I = 0$ 的原子没有自旋运动，见表4.1。

表4.1 各种核的自旋量子数

质量数	质子数	中子数	自旋量子数I	自旋核电荷分布	NMR现象	原子核
偶数	偶数	偶数	0		无	$^{12}C_6$、$^{16}O_8$、$^{32}S_{16}$
偶数	奇数	奇数	1,2,3	伸长椭圆形	有	$^{2}H_1$、$^{14}N_7$
奇数	奇数	偶数	1/2 3/2,5/2	球形 扁平椭圆形	有	H_1、$^{15}N_7$、$^{19}F_9$、$^{31}P_{15}$、$^{10}B_5$
奇数	偶数	奇数	1/2 3/2,5/2	球形 扁平椭圆形	有	$^{13}C_6$ $^{33}S_{16}$、$^{17}O_8$

(1)中子数和质子数均为偶数的原子核，如 ^{12}C、^{16}O、^{32}S 等，其自旋量子数 $I = 0$，是没有自旋运动的。中子数和质子数中一为奇数，另一为偶数或二者均为奇数的原子核，其自旋量子数 $I \neq 0$ 具有自旋运动。

(2) $I = 1/2$ 的原子核，如 ^1H、^{13}C、^{15}N、^{19}F、^{31}P 等，其电荷是均匀分布于原子核表面，检测到的核磁共振谱峰较窄，是核磁共振研究的最多的原子核。

(3) I 等于其他整数或半整数的原子核，由于其电荷在原子核表面的分布是不均匀的，具有电四极矩，形成了特殊的弛豫机制，使谱峰加宽，给核磁共振的检测增加了难度。

目前核磁共振波谱主要研究的对象是 $I = 1/2$ 的核，如 $^1H_1$、$^{13}C_6$、$^{15}N_7$、$^{19}F_9$、$^{31}P_{15}$ 等，这些核的电荷分布是球形对称的，核磁共振谱线窄，最适合核磁共振检测，其中以 $^1H_1$ 核的研究最多，其次是 $^{13}C_6$。

2)自旋核在外磁场中的自旋取向于能级分裂

当有自旋运动的原子核放入磁场强度为 B_0 的外加磁场中时，由于核磁矩与外磁场的相互作用，就不能任意取向，而是沿着核磁矩在外加磁场方向采取一定量子化取向，其取向可用磁量子数 m 表示，m 与自旋量子数的关系式为

$$m = I, I-1, I-2, \cdots, -I \tag{4.2}$$

m 共有 $(2I+1)$ 个取向，每个取向代表原子核的某个特定能量状态，它是不连续的量子化能级。$^1H_1$ 核为例，其 $I = 1/2$，则 $m = \pm 1/2$，故存在两种取向，可以认为，原子核在外磁场中裂分成能量不同的两个能级。一种与外加磁场方向相反，磁量子数 $m = -1/2$，氢核处于能量较高的能级；一种与外加磁场方向平行，磁量子数 $m = 1/2$，氢核处于能量较低的能级，如图4.2所示。

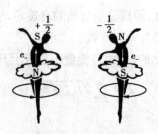

图4.2 原子核自旋与自旋量子数 I 的关系

而 $I=1$ 的原子核,磁量子数 $m=1,0,-1$,可以认为原子核在静磁场中裂分成能量不同的3个能级。

在低能态的氢核中,外磁场使所有氢核取向于外磁场的方向,如图4.3所示。在外磁场的作用下,原子核的运动状态除了自旋外,还附加了一个以外磁场方向为轴线的回旋,自旋核一面自旋,一面围绕着磁场方向发生回旋,这种回旋运动称为进动(precession),也称为拉莫尔进动(larmor precession),类似于陀螺一边自旋,一边沿重力方向进行回旋,产生摇头运动。进动时有一定的频率,称为拉莫尔频率 ν,与旋核的角速度 ω 外加磁场强度 B_0 有关,如图4.4所示。

$$\omega = \gamma B_0 = 2\pi\nu \tag{4.3}$$

图4.3 在外磁场中核自旋能级

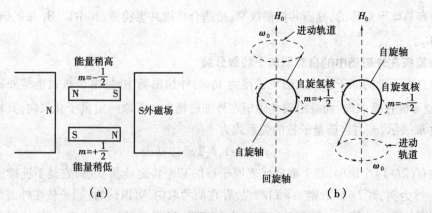

图4.4 外加磁场中氢核的拉莫尔进动

在无磁场条件下,磁性核的自旋取向对能量无影响。外磁场存在时,磁性核的自旋取向不同,将产生不同的能级。对氢核来说,两种不同能级的能量差为

$$\Delta E = 2\mu B_0 \tag{4.4}$$

式中 μ——氢核的磁矩;

B_0——外加磁场强度。

由式(4.4)可知,对于同一种核,μ 值一定,当外加磁场一定时,共振频率也一定,当外加磁场强度改变时,共振频率也随着改变。

3)核磁共振现象

由式(4.4)可知,在外磁场条件下,氢核磁性要从低能态向高能态跃迁,就必须吸收 $2\mu B_0$ 的能量,其所对应的辐射为一定能量的射频电磁波辐射。与吸收光谱相似,当能量向相当的射频电磁波照射氢核时,氢核吸收该能量,产生共振现象,此时氢核由 $m = +1/2$ 的取向跃迁至 $m = -1/2$ 的取向。如图4.5所示。

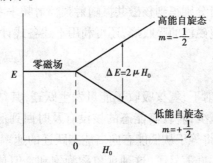

图 4.5　在外磁场的作用下核自旋能级的裂分示意图

能发生共振的射频电磁波能量表达式为

$$h\nu = \Delta E = 2\mu B_0 \tag{4.5}$$

由拉莫尔进动方程式可得射频电磁波与磁性核的磁旋比及外加磁场强度,其表达式为

$$\nu = \frac{\gamma B_0}{2\pi} \tag{4.6}$$

式(4.6)即为核磁共振发生的条件。对于同一种核,当外加磁场发生变化时,共振频率也随着改变,外加磁场越大,核磁共振能级间的能量差越大,则发生共振所需的射频电磁波频率也越大。例如,氢核在1.409 T 的磁场中,共振频率为60 Hz,在2.350 T 时,共振频率为100 Hz。常用磁性核的磁旋比及共振时 ν_0 和 H_0 的相对值见表4.2。

表4.2　常用磁性核的磁旋比及共振时 ν_0 和 H_0 的相对值

同位素	$\gamma(\omega_0/H_0)$ /[$r(T \cdot S)^{-1}$]	ν_0/MHz	
		$H_0 = 1.409$ T	$H_0 = 2.350$ T
^{1}H	2.68	60.0	100.0
^{2}H	0.411	9.21	15.4
^{13}C	0.675	15.1	25.2
^{19}F	2.52	56.4	94.2
^{31}P	1.088	24.3	40.5
^{203}Tl	1.528	34.2	57.1

一些具有核磁性质的原子核,在高强磁场的作用下,可裂分为2个或2个以上的能级。核不同能级之间的能量差公式为

$$\Delta E = 2\mu B_0 = -\gamma \Delta m \eta B_0 \tag{4.7}$$

根据量子力学的规律,能级间的跃迁只有当 $\Delta m = \pm 1$ 时,才是允许的,因此产生跃迁的能级间的能量差为

$$\Delta E = \gamma \eta B_0 \tag{4.8}$$

由式(4.8)可知,如用一满足该条件的特定频率电磁波照射原子核时,原子核就会吸收能量从低能级跃迁至高能级,产生共振,这就是核磁共振信号产生的基本条件。

核磁共振谱有扫频和扫场两种方法。固定 B_0,进行频率扫描,得到在此 B_0 下的吸收频率 ν,称为扫频;固定 ν,进行磁场强度扫描,得到在此频率下产生共振吸收所需要的强度 B_0,称为扫场。采用这两种方法,可分别得到核磁共振随射频辐射频率变化的图谱和随外加磁场强度变化的图谱,根据图谱中电磁波的吸收峰,还可利用上述各式计算磁性核的旋磁比,从而对磁性核的特性进行研究。

4)饱和弛豫现象

由于在射频电磁波的照射下,氢核吸收了能量发生跃迁,其结果是处于低能态的氢核趋于消失,能量的净吸收逐渐减少,若较高能态的核没有及时回到低能态,经过一段时间后,从高能态向低能态跃迁的速率将等于从低能态向高能态跃迁的速率,这时两能级的粒子数就趋于相等,就不能观察到核磁共振信号了,这种现象称为饱和。但是较高能态的核能够及时回到低能态,就可以保持稳定的核磁共振信号。事实上,因为处于高能级的核通过非辐射途径释放能量后,及时地返回了低能态,从而使低能级的核始终处于多数。这种原子核由高能态回到低能态而不发射原来所吸收能量的过程称为弛豫过程。弛豫过程是核磁共振现象发生后得以保持的必要条件。

弛豫过程有两种,即自旋晶格弛豫和自旋-自旋弛豫。

(1)自旋晶格弛豫

处于高能态的氢核,把能量转移给周围的分子(固体为晶格,液体则为周围的溶剂分子或同类分子)变成热运动,氢核就回到低能态。于是对于全体的氢核而言,总的能量是下降了,故又称纵向弛豫。

由于原子核外有电子云包围着,因而氢核能量的转移不可能和分子一样由热运动的碰撞来实现。自旋晶格弛豫的能量交换可以描述如下:当一群氢核处于磁场中时,每个氢核不但受到外磁场的作用,也受到其余氢核所产生的局部场的作用。局部场的强度及方向取决于核磁矩、核间距及相对于外磁场的取向。在液体中分子在快速运动,各个氢核对外磁场的取向一直在变动,于是就引起局部场的快速波动,即产生波动场。如果某个氢核的动频率与某个波动场的频率刚好相符,则这个自旋的氢核就会与被动场发生能量弛豫,即高能态的自旋核把能量转移给波动场变成动能,这就是自旋晶格弛豫。

在一群核的自旋体系中,经过共振吸收能量以后,处于高能态的核增多,不同能级核的相对数目就不符合玻茨曼分布定律。通过自旋晶格弛豫,高能态的自旋核逐渐减少,低能态的逐渐增多,直到符合玻茨曼分布定律(平衡态)。

自旋晶格弛豫时间以 t_1 表示,气体、液体的 t_1 约为 1 s,固体和高黏度的液体 t_1 较大,有的甚至可达数小时。

(2) 自旋-自旋弛豫

两个进动频率相同、进动取向不同的磁性核，即两个能态不同的相同核，在一定距离内时，它们互相交换能量，改变进动方向，这就是自旋-自旋弛豫。通过自旋-自旋弛豫，磁性核的总能量未变，因而又称横向弛豫。

自旋-自旋弛豫时间以 t_2 表示，一般气体、液体的 t_2 也是 1 s 左右。固体和高黏度试样中由于各个核的相互位置比较固定，有利于相互间能量的转移，故 t_2 极小。即在固体中各个磁性核在单位时间内迅速往返于高能态和低能态之间。其结果是使共振吸收峰的宽度增大，分辨率降低，所以在通常进行的核磁共振实验分析中固体试样应先配成溶液。

4.1.2 核磁共振波谱的特性

1) 化学位移

若氢核受到电磁辐射作用，辐射所提供的能量恰好等于其能量差时，氢核就吸收电磁辐射的能量，从低能级跃迁到高能级，使其磁矩在磁场中的取向逆转，这种现象称为核磁共振现象。

加入氢核 ^1H 只在同一频率下共振，那么核磁共振对结构分析就毫无用处了。其实不然，在分子中，磁性核外有电子包围，电子在外部磁场垂直的平面上环流，会产生于外部磁场方向相反的感应磁场。因此使氢核实际"感受"到的磁场强度要比外加磁场的强度削弱。为了发生核磁共振，必须提高外加磁场强度，去抵消电子运动产生的对抗磁场的作用，结果吸收峰就出现在磁场强度较高的位置。我们把核周围的电子对抗外加磁场强度所引起的作用，称为屏蔽作用，如图4.6所示。同类核在分子内或分子间所处的化学环境不同，核外电子云的分布也不同，因而受到的屏蔽作用也不同。

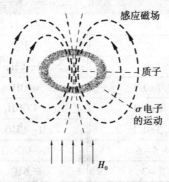

图4.6 质子的屏蔽作用

显然，质子周围的电子云密度越高，屏蔽效应越大，即在较高的磁场强度处发生核磁共振；反之，屏蔽效应越小，即在较低的磁场强度处发生核磁共振。

在甲醇分子中，由于氧原子的电负性比碳原子大，因此，甲基(—CH_3)上的质子比羟基(—OH)上的质子有更大的电子云密度，也就是—CH_3上的质子所受的屏蔽效应较大，而—OH上的质子所受的屏蔽效应较小，即—CH_3吸收峰在高场出现，OH—吸收峰在低场出现，如图4.7所示。

2) 化学位移的表示

由于化合物分子中各种质子受到不同程度的屏蔽效应，因而在NMR谱的不同位置上出现吸收峰。但这种屏蔽效应所造成的位置上的差异是很小的,难以精确地测出其绝对值,因而需要用一个标准来作对比,常用四甲基硅烷$(CH_3)_4Si$作为标准物质,人为将其吸收峰出现的位置定为零。某一质子吸收峰出现的位置与标准物质质子吸收峰出现的位置之间的差异,称为该质子的化学位移,常以"δ"表示。

$$\delta = \frac{\nu_S - \nu_{TMS}}{\nu_0} \times 10^6 \tag{4.9}$$

式中　ν_S——样品吸收峰的频率;

　　　ν_{TMS}——四甲基硅烷吸收峰的频率。

在各种化合物分子中,与同一类基团相连的质子,他们都有大致相同的化学位移,表4.3列出了常见基团中质子的化学位移。

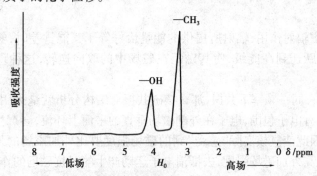

图4.7　甲醇的核磁共振谱

表4.3　常见基团中质子的化学位移

质子类别	δ/ppm	质子类别	δ/ppm
R—CH_3	0.9	Ar—H	7.3±0.1
R_2CH_3	1.2	RCH_2X	3~4
R_3CH	1.5	O—CH_3	3.6±0.3
=CH—CH_3	1.7±0.1	—OH	0.5~5.5
≡C—CH_3	1.8±0.1	—$COCH_3$	2.2±0.2
Ar—CH_3	2.3±0.1	R—CHO	9.8±0.3
=CH_2	4.5~6	R—COOH	11±1
≡CH	2~3	—NH_2	0.5~4.5

化学位移是一个很重要的物理常数,它是分析分子中各类氢原子所处位置的重要依据。δ值越大,表示屏蔽作用越小,吸收峰出现在低场;δ值越小,表示屏蔽作用越大,吸收峰出现在高场。

需强调的是,δ为一相对值,它与仪器所用的磁场强度无关。用不同的磁感强度(也就是用不同的电磁波频率)的仪器,所测定的δ数值均相同。

3)影响化学位移的主要因素

(1)取代基的电负性

由于诱导效应,取代基电负性越强,与取代基连接于同一碳原子上的氢的共振峰越移向低场,反之亦然。以甲基的衍生物为例,若存在共轭效应,导致质子周围电子云密度增大,信号向高场移动;反之移向低场。如将 O—H 键与 C—H 键相比较,由于氧原子的电负性比碳原子大,O—H 的质子周围电子云密度比 C—H 键上的质子要小,因此 O—H 键上的质子峰在较低场。

(2)各向异性效应

分子中质子与某一基团的空间关系,有时会影响质子化学位移的效应,称为磁各向异性效应。它是通过空间起作用的。在外磁场的作用下,诱导电子环流产生的次级磁力线具有闭合性,在不同的方向或部位有不同的屏蔽效应:与外磁场同向的磁力线部位是去屏蔽区(-),吸收峰位于低场;与外磁场反向的磁力线部位是屏蔽区(+),吸收峰位于高场。例如,在C=C 或 C=O 双键中的 π 电子垂直于双键块平面,在外磁场的诱导下产生环流,如图 4.8 所示,双键上下方的质子处于屏蔽区(+),而在双键平面上的质子位于去屏蔽区(-),吸收峰位于低场。

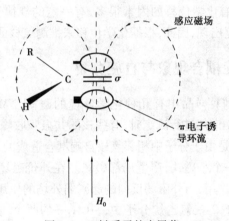

图 4.8 双键质子的去屏蔽

芳环有 3 个共轭双键,它的电子云可看成是上下两个面包圈似的 π 电子环流,环流半径与芳环半径相同,如图 4.9 所示,在芳环中心是屏蔽区,四周则是去屏蔽区。因此,芳环质子共振吸收峰位于显著低场(δ 在 7 左右)。

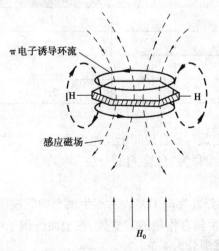

图 4.9 芳环中由 π 电子诱导环流产生的磁场

(3) 氢键

当分子形成氢键时,氢键中氢的信号明显地移向低磁场,化学位移 δ 变大。一般认为,这是由于形成氢键时,质子周围的电子云密度降低所致。对于分子间形成的氢键,其化学位移的改变与溶剂的性质以及浓度有关。在惰性溶剂的稀溶液中,可以不考虑氢键的影响。对于分子内形成的氢键,其化学位移的变化与溶液浓度无关,只取决于它自身的结构。

(4) 溶剂效应

在 NMR 法中,溶剂选择十分重要,对于质子谱来讲,不仅溶剂分子中不能含有质子,而且要考虑溶剂极性的影响,同时要注意,不同溶剂可能具有不同的磁各向异性,可能以不同方式作用于溶质分子而使化学位移发生变化。

溶剂影响使化学位移发生变化的现象,称为溶剂效应。不同溶剂有不同的溶剂磁导率,使样品分子所受的磁感强度不同,影响 δ 值。因此,在进行 NMR 分析时,溶液一般很稀,以有效避免溶质间的相互作用。

总之,影响核磁共振谱化学位移的因素很多,有一定的规律性,且每一系列给定的条件下,化学数值位移可以重复出现,因此,根据化学位移来推测氢核的化学环境很有价值。

4.1.3 自旋-自旋耦合现象与自旋分裂

化学位移理论告诉我们:样品中有几种化学环境的磁核,NMR 谱上就应该有几个吸收峰。但在采用高分辨 NMR 谱仪进行测定时,有些核的共振吸收峰会出现分裂。例如,1,2,2-三氯乙烷。多重峰的出现是由于分子中相邻氢核自旋耦合造成的。

质子能自旋,相当于一个小磁铁,产生局部磁场。在外价磁场中,氢核有两种取向,与外磁场同向的起增强外场的作用,与外磁场反向的起减弱外场的作用。质子在外磁场中两种取向的比例接近于 1。在 1,1,2-三氯乙烷分子中,—CH_2—的两个质子的自旋组合方式可以有两种,见表 4.4。

表 4.4 1,1,2-三氯乙烷分子中—CH_2—质子的自旋组合

取向组合		氢核局部磁场	—CH—上质子实受磁场
H	H⁻		
↑	↑	2H	H_0+2H
↑	↓	0	H_0
↓	↑	0	H_0
↓	↓	2H⁻	H_0-2H

在同一分子中,这种核自旋与核自旋间相互作用的现象称为"自旋-自旋耦合"。由自旋-自旋耦合产生谱线分裂的现象称为"自旋-自旋分裂"。

自旋-自旋耦合有下述规律:

耦合作用产生的谱线裂分数为 $n+1$,n 表示产生耦合的氢核(其自旋量子数为 1/2)的数目,称为 $n+1$ 规律。n 为产生耦合作用的氢核数,在上面的例子中,产生耦合的基团为甲基时,$n=3$,则 C_b 上氢核的谱线裂分为 4 条。

每相邻两条谱线间的距离都是相等的。谱线裂分所产生的裂距反映了核之间耦合作用的强弱,称为耦合常数 J,以 Hz 为单位。耦合常数的数值与仪器无关,与参与耦合的核在分子中相隔化学键的数目密切相关,一般相邻的核表示为 ^1J,而 $^1H—^{12}C—^{12}C—^1H$ 中两个 ^1H 之间的耦合常数标为 ^3J。

氢核耦合的 $n+1$ 规律中,裂分峰的强度之比恰好等于二项式 $(a+b)^n$ 的展开式中各项的系数和。

4.1.4 核磁共振的信号强度

NMR 谱上信号峰的强度正比于峰下面的面积,也是提供结构信息的重要参数。NMR 谱上可用积分线的高度反映出信号强度。各信号峰强度之比,应等于相应测质子数之比。由图 4.10 所示,由左到右呈阶梯形的曲线,此曲线称为积分线。它是将各组共振峰的面积加以积分而得。积分线的高度代表了积分值的大小。由于谱图上共振峰的面积是和质子的数目成正比的,因此,只要将峰面积加以比较,就能确定各组质子的数目,积分线的各阶梯高度代表了各组峰面积。于是根据积分线的高度可计算和各组峰相对应的质子峰,如图 4.10 所示,c 组分积分线高 24 mm,d 组分积分线高 36 mm,故可知 c 组分为两个质子,是—CH_2I,而 d 组分为 3 个质子,是—CH_3。

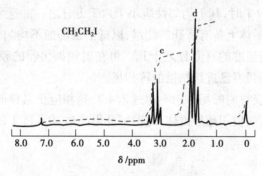

图 4.10 $CDCl_3$ 溶液中 CH_3CH_2I 的核磁共振谱

任务 4.2 核磁共振波谱仪

按照仪器的工作方式,可将高分辨率的核磁共振波谱仪分为两类:连续波核磁共振波谱仪(CW-NMR)和脉冲傅里叶变换核磁共振波谱仪(PFT-NMR)。

4.2.1 连续波核磁共振波谱仪

核磁共振波谱仪的结构如图 4.11 所示,主要有磁体、探头(样品管)、射频发生器、扫描单元、信号检测及记录处理系统 6 部分组成。

1) 磁体
核磁共振实验是研究原子核在静磁场中的状态变化,因此,必须有一个强的磁场存在,目

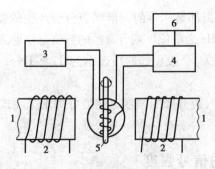

图 4.11 核磁共振仪示意图

1—磁铁;2—扫场线圈;3—射频振荡器;4—射频接受器及放大器;

5—试液管;6—记录仪或示波器

前该磁场通常是由超导磁体产生的,即由超导材料组成的线圈浸泡在温度极低的液氦中,使其处于超导状态,然后对线圈施加电流,由于没有电阻,撤去电源后,电流仍然在线圈中作恒定的流动,也就产生了恒定的磁场。电流越大,磁场越强。

此外,常用的磁铁还有永久磁铁和电磁铁,前者稳定性较好,但用久了磁性变弱。磁场要求在足够大的范围内十分均匀。能加多大的电流则取决于线圈的材料以及设计和生产工艺等,因此超导磁体是整个仪器中最基本的部分。

当磁场强度为 1.409 T 时,其不均匀性应小于六千万分之一。这个要求很高,即使悉心加工也极难达到。因此在磁体上备有特殊的绕组,以抵消磁场的不均匀性。磁铁上还备有扫描线圈,可以连续改变磁场强度的百万分之十几。可在射频振荡器的频率固定时,改变磁场强度,进行扫描。改变磁场强度已进行扫描的称扫场。

永久磁铁和电磁铁获得的磁场一般不超过 2.4 T,这相应于氢核的共振频串为 100 MHz。为了得到更高的分辨率,应使用超导磁体,此时可获得高达 10~15 T 的磁场,共相应的氢核共振频率为 400~600 MHz。

2) 探头

探头是连续波核磁共振波谱仪的核心元件,它固定于磁铁或磁体的中心。探头中不仅包含样品管,而且包括扫描线圈和接收线圈,以保证测量条件的一致性。为了避免扫描线圈与接收线圈相互干扰,两线圈要垂直放置,并采取措施防止磁场的干扰。样品管底部装有电热丝和热敏电阻检测元件,探头外装有恒温水套。

3) 射频发生器

射频发生器也称射频振荡器,用于产生一个与外磁场强度相匹配的射频频率,它能提供能量,使磁核从低能级跃迁到高能级。连续波核磁共振波谱仪通常采用恒温下石英晶体振荡器产生基频,经过倍频、调谐及功率放大后馈入与磁场垂直的线圈中。^{1}H 核常用 60 MHz、90 MHz、100 MHz 的固定振荡频率的质子磁共振仪。为了获得高分辨率,频率的波动必须小于 10^{-8},输出功率小于 1 W,且在扫描时间内波动小于 1%。

4) 扫描单元

扫描单元是连续波核磁共振波谱仪特有的一个部件,用于控制扫描速度、扫描范围等参数。在连续波核磁共振波谱仪中,大部分商品仪器采用扫场方式,通过在扫描线圈内加上一定电流来进行核磁共振扫描。相对于连续波核磁共振波谱仪的均匀磁场来说,这样的变化不会影响其均匀性。相对扫场方式来说,扫频方式工作起来比较复杂,但目前大多数装置都配有扫频方式。

5) 信号检测及记录处理系统

核磁共振产生的射频信号通过探头上的接收线圈加以检测,产生的电信号通常要大于 10^5 倍后才能记录,连续波核磁共振波谱仪记录处理系统的横轴驱动与扫描同步,纵轴为共振信号。现代连续波核磁共振波谱仪都配有一套积分装置,可以在连续波核磁共振波谱仪上以阶梯的形式显示出积分数据。由于积分信号不像峰高那样受多种条件影响,所以可以通过它来估计各类核的相对数目及含量,有助于定量分析。随着计算机技术的发展,一些连续波核磁共振波谱仪配有多次重复扫描并将信号进行累加的功能,从而有效地提高了仪器的灵敏度。

4.2.2 脉冲傅里叶变换核磁共振波谱仪

与连续波核磁共振波谱仪一样,脉冲傅里叶变换核磁共振波谱仪也由磁体、射频发生器、信号检测器及探头等部件组成。不同的是,脉冲傅里叶变换核磁共振波谱仪是用一个强的射频,以脉冲的方式,同时包含了一定范围的各种射频的电磁波,将样品中所有的核激发,等效于一个多通道射频仪,而傅里叶变换则一次性给出所有的 NMR 谱线数据,相当于多通道接收机。每施加一个脉冲,就能得到一张常规的核磁共振谱图。脉冲时间非常短,仅为微秒级。为了提高信噪比,可进行多次重复照射、接收,将信号累加。现在生产脉冲傅里叶变换核磁共振波谱仪大多是超导核磁共振仪,采用超导磁铁产生高的磁场。这样的仪器可以达到 200~900 MHz,仪器性能大大提高,它能够研究连续波核磁共振波谱仪无法涉足的天然丰度低而又十分重要的稀核(如 ^{13}C、^{15}N 等)。

与连续波核磁共振波谱仪相比,脉冲傅里叶变换核磁共振波谱仪具有以下优点:

① 分析速度快,几秒或几十秒可完成依一次 ^1H NMR 测定。

② 灵敏度高,通过累加可以提供信噪比。

③ 可测定 ^1H、$^{13}C_6$ 及其他核的 NMR 谱。

④ 通过计算机处理,可以得到新技术谱图,如 NOE 谱、质子交换谱、^{13}C 的 D EPT 谱和各种 2D-NMR 谱。

任务 4.3 核磁共振波谱分析实验技术

4.3.1 常用溶剂

核磁共振波谱通常在溶剂中进行,固体试样要选择适当的溶剂来配制成溶液,液体试样以原样或加入溶剂来配制成溶液,由于样品的溶液黏度过高会降低谱峰的分辨率,因此,一般溶液的浓度应为 5%~10%。如纯液体黏度大,应用适当溶剂稀释或升温测谱。常用的溶剂有 CCl_3、$CDCl_3$、$(CD_3)_2SO$、$(CD_3)_2CO$、C_6H_6 等。对于溶剂的要求是溶剂本身不含有被测原子,对试样的溶解度大,化学性质稳定。

对于低、中极性的样品,常采用氘代二氯甲烷作溶剂,因其价格远低于其他氘代试剂。对一些特殊的样品,也用氘代苯(用于芳香化合物、芳香高聚物)、氘代-甲基亚砜(用于在一般溶剂中难溶的物质)。极性大的样品化合物可采用氘代丙酮、重水等。

对于碳谱的测量,为兼顾氢谱的测量及锁场的需要,一般仍采用相应的氘代试剂。

实验时样品管放在磁极中心,磁铁应对样品提供强而均匀的磁场。但实际上磁铁的磁场不可能很均匀,因此需要使样品管以一定速度旋转,以克服磁场不均匀所引起的信号峰价款。射频振荡器不断地提供能量给振荡线圈,向样品发送固定频率的电磁波,该频率与外磁场之间的关系为

$$\nu = \frac{\gamma H_0}{2\pi}$$

例如,做 ^{1}H 谱时,常用外径为 6 mm 的薄壁玻璃管。测定时样品常常被配成溶液,这是由于液态样品可以得到分辨较好的图谱。要求选择采用不产生干扰信号、溶解性能好、稳定的氘代溶剂。

4.3.2 试样的准备

常用核磁共振波谱仪测定使用 5 mm 外径的试样管。根据不同核磁共振波谱仪的灵敏度,取不同量的试样溶解在 0.5~0.6 mL 溶剂中,配制成适当浓度的溶液。对于 ^{1}HNMR 和 ^{19}FNMR 谱,可取 2~20 mg 试样配制成 0.01~0.1 mol/L 的溶液;对于 ^{13}CNMR 和 ^{29}SiNMR 谱,可取 20~100 mg 试样配制成 0.1~0.5 mol/L 溶液(相对分子质量以 400 计)。超导核磁共振波谱仪具有更高的灵敏度,试样只需 mg 乃至 μg 级。

复杂分子或大分子化合物的 NMR 谱在高磁场情况下往往也难分开,如辅以化学位移试剂来使被测物质的 NMB 谱中各峰产生位移,从而达到重合峰分开的方法,已为大家所熟悉和应用,并称具有这种功能的试剂为化学位移试剂,其特点是成本低、收效大。常用的化学位移试剂是过渡族元素或稀土元素的络合物,如 Eu(fod)$_3$、Eu(thd)$_3$、Pr(fod)$_3$ 等。

为测定化学位移值,需加入一定的基准物质。若出于溶解度或化学反应等的考虑,基准物质不能加载样品溶液中,可将液态基准物质(或固态基准物质的溶液)封入毛细管再插到样品管中。对于碳谱和氢谱的测量,基准物质最常用四甲基硅烷。

4.3.3 谱图解析

从核磁共振图谱上可以获得 3 个主要的信息:
①从化学位移判断核所处的化学环境。
②从峰的裂分个数及耦合常数鉴别图谱中相邻的核,以说明分子中基团间的关系。
③积分线的高度代表了各组峰面积,而峰面积与核的数目成正比,通过比较积分线的高度可以确定各种核的相对数目。

综合应用这些信息,就可以对所测定样品进行结构分析和鉴定,确定其相对分子质量,也可用于定量分析。

二维 NMR 谱技术

在过去的 10 多年中,NMR 的发展非常迅速,它的应用已扩展到所有自然科学领域。NMR 在探索高聚物及生物大分子的化学结构及分子构象方面用以提供极其丰富的信息。尤其在研究蛋白质及核酸方面,NMR 谱的信息量巨大。为了在一个频率面上而不是一根频率轴上容纳及表达丰富的信息,扩展 NMR 谱,这就需要二维谱学。

1974 年,R. R. Emst 用分步进行采样,然后进行两次傅里叶交换,得到了第一张二维 NMR 谱(2D NMR 谱)。事实证明,2D NMR 技术对生命科学、药物学、高分子材料科学的研究和发展具有重要意义。

二维 NMR 谱可看成一维 NMR 谱的自然推广,两者的主要区别是前者采用了多脉冲技术。一维谱的信号是一个频率的函数,记为 $S(W)$,共振峰分布在一条频率轴上。而二维谱的信号是两个独立频率变量的函数,记为 $S(W_1,W_2)$,共振峰分布在由两个频率轴组成的平面上。在二维谱面上,处于对角线上的峰表示化学位移,不在对角线上的峰称为交叉峰,反映核磁矩之间的相互作用。按照性质和用途,二维谱又可分为多种类型。二维谱的一个轴表示化学位移,另一个轴则可以表示同核或异核的化学位移,也可以是标量耦合常数等。交叉峰所表示的含义也是多种多样的。引入第二维后,减少了谱线的拥挤和重叠,提供了核之间相互关系的新信息,对于分析复杂的大分子特别有用,所以二维谱一经提出就获得迅速的发展。

二维谱的应用实例很多。在高分子链的构型序列分布研究中,可通过 ^1H 和 ^{13}C 异核相关谱,对其复杂的共振峰进行绝对归属。在高分子共混体系相容性的研究中,分子链间有较强相互作用的两种聚合物混溶时,在二维谱上会出现新的交叉峰,因此,通过对共混体系的 2D NMR 谱中交叉峰数目的比较,可判断二者是否混溶。

项目小结

一些具有核磁性质的原子核,在高强磁场的作用下,有核磁共振现象,核磁共振现象产生的基本条件包括:

①原子核必须具有核磁性质,即必须是磁性核(或称自选核),有些原子核不具有核磁性质,不能产生核磁共振波谱,这说明核磁共振的限制性。

②需要外加磁场,磁性核在外磁场作用下发生核自旋能级的分裂,产生不同能量的核自旋能级,才能吸收能量发生能级的跃迁。

③只有那些能量与核自旋能级能量差相同的电磁辐射才能被共振吸收,即 $h\nu = \Delta E$,这就是核磁共振波谱的选择性。由于核磁能级的能量差很小,因此,共振吸收的电磁辐射波长较长,处于射频辐射光区。

当外加射频辐射的能量,恰好等于裂分后两个能级之差,即引起核自旋能级的跃迁并产生波谱,称为核磁共振波谱。利用核磁共振波谱进行分析的技术,称为核磁共振波谱技术。核磁共振波谱学是利用原子核的物理性质,采用先进的电子学和计算机技术,研究各种分子物理和化学结构的一门技术。就其本质而言,核磁共振波谱与红外及紫外吸收光谱一样,是物质与电磁波相互作用而产生的,属于吸收光谱(波谱)的范畴。根据核磁共振波谱图上共振峰的位置、强度和精细结构,可以研究分子结构。

核磁共振技术早期仅限于原子核的磁矩、电四磁矩和自旋的测量,近些年来被广泛地用于对生物在组织与活体组织的分析、病理分析、医疗诊断、产品无损检测、确定分子结构等诸多方面。随着超导磁铁的发展,核磁共振波谱分析技术已经能用来分析和检测离体及活体组织器官的代谢。

实训项目 4.1 乙基苯核磁共振氢谱测绘和谱峰归属

【实训目的】
1. 了解核磁共振氢谱的基本原理及测试方法。
2. 掌握核磁共振氢谱谱图的解析技能。

【基本原理】
核磁共振(NMR)谱是分析和鉴定化合物结构的有效手段之一。^{1}HNMR 谱图中有几组峰表示样品中有几种类型的质子,每一组峰的强度对应于峰的面积,与这类质子的数目成正比。根据各组峰的面积比,可以推测各类质子的数目比。峰的面积用电子积分器测定,得到的结果在谱图上用积分曲线表示,积分曲线为阶梯形线,各个阶梯的高度比表示不同化学位移的质子之比。

【仪器与试剂】
1. 仪器:Bruke-500 MHz 核磁共振谱仪,NMR 样品管(Φ 5 mm,长 20 cm)。
2. 试剂:乙基苯(分析纯),乙酸乙酯(分析纯),氘氯仿(分析纯),四甲基硅烷(TMS,分析纯)等。

【实训内容】
1)样品的制备
在样品管中放入 2~5 mg 样品,并加入 0.5 mL 氘代试剂及 1~2 滴 TMS(内标),盖上样品管盖子。

2)做谱
参照核磁共振谱仪说明书,在老师的指导下学习测定有机化合物氢谱的基本操作方法。

3)谱图解析
①由核磁共振信号的组数判断有机化合物分子中化学等价(化学环境相同)质子的组数。
②由各组共振信号的积分面积比推算出各组化学等价质子的数目比,进而判断各组化学

等价质子的数目。

③由化学位移值推测各组化学等价质子的归属。

④由裂分峰的数目、耦合常数(J)、峰形推测各组化学等价质子之间的关系。对于一级氢谱,峰的裂分数符合 $n+1$ 规律(n 为相邻碳上氢原子的数目);相邻两裂分峰之间的距离为耦合常数,反映质子间自旋耦合作用的强度,相互耦合的两组质子的 J 值相同;相互耦合的两组峰之间呈"背靠背"的关系,外侧峰较低,内侧峰较高。

【结果处理】

1. 记录化学位移 δ、相对峰面积、峰的裂分数及 J 值,可能的结构。
2. 讨论 NMR 数据,说明推导理由。

【注意事项】

1. 待测样品要纯,样品及氘代试剂的用量要适当,氘代试剂对样品的溶解性要好,而且与样品间不能发生化学反应。
2. 仪器操作严格按照说明书,并在实验指导老师的指导下操作。

【思考题】

1. 乙基苯的 ^{1}HNMR 谱中,化学位移 2.65×10^{-6} 处的峰为什么分裂成四重峰?化学位移 1.25×10^{-6} 处的峰为什么分裂成三重峰?其峰裂分的宽度有什么特点?
2. 利用 ^{1}HNMR 谱图,可否计算两种不同物质的含量?为什么?

实训项目 4.2 根据 ^{1}HNMR 推出有机化合物 $C_9H_{10}O_2$ 的分子结构式

【实训目的】

1. 熟练掌握液体脉冲傅里叶变换核磁共振波谱仪的制样技术。
2. 学会 ^{1}HNMR 谱图鉴定有机化合物的结构。

【基本原理】

^{1}HNMR 的基本原理遵循的是核磁共振波谱法的基本原理。化学位移是核磁共振波谱法直接获取的首要信息。由于受到诱导效应、磁各向异性效应、共轭效应、范德华效应、浓度、温度以及溶剂效应等影响,化合物分子中各种基团都有各自的化学位移值的范围,因此,可根据化学位移值粗略判断谱峰所属的基团。^{1}HNMR 各峰的面积比与所含的氢原子个数成正比,因此,可以推断各基团所对应氢原子的相对数目,还可作为核磁共振定量分析的依据。耦合常数与峰形也是核磁共振波谱法可以直接得到的另外两个重要信息,它们可以提供分子内各基团之间的位置和相互连接的次序。对于 ^{1}HNMR,通过相隔 3 个化学键的耦合最为重要,自旋裂分符合 $n+1$ 规律。根据以上的信息和已知的化合物分子式就可推出化合物的分子结构式。

【仪器与试剂】

1. 仪器:AVANCE300 NMR 谱仪,Φ 5 mm 的标准样品管 1 支,滴管。

2. 试剂：TMS（内标），氘代氯仿，未知样品（$C_9H_{10}O_2$）。

【实训内容】

1）样品的配制

用滴管吸取少量的 $C_9H_{10}O_2$ 样品，然后往 Φ 5 mm 核磁共振标准样品管中滴入一滴，再用另一支滴管将 0.5 mL 预先准备好的氘代氯仿也加入此样品管中（溶液高度最好为 3.5～4.0 cm），把样品管帽子盖好，轻轻摇匀，然后将样品管放到样品管支架上，等完全溶解后，方可测试。若样品无法完全溶解，也可适当加热或用微波震荡等使其完全溶解。

2）测谱

①开启仪器，使探头处于热平衡状态，做好基础调试工作（提前完成）。

②把待测样品的样品管外部用天然真丝布擦拭干净后再插入转子中，放在深度规中量好高度。严格按照操作规程，按下"Lift on/off"键，此键灯亮。当听到计算机一声鸣叫，弹出原有的样品管，等待探头穴中向上的气流可以托住样品管时，方可将样品管放到探头穴口，放入样品管。立即再按一下"Lift on/off"键，使灯熄灭，样品管徐徐落到指定位置，等待测试。

③将仪器调节到可作常规氢谱的工作状态。

④建立一个新的实验数据文件。

⑤锁场（以内锁方式观察样品溶液中氘信号进行锁场）。

⑥调匀场（一般只需调节 Z_1 和 Z_2）。

⑦设置采样参数。

⑧自动设置接收机增益。

⑨开始采样。

⑩进行傅里叶变换。

⑪调相位（先使用自动调相位，如果相位还不够理想，再进行手动调相位）。

⑫标定作为标准峰的化学位移值。

⑬根据需要对选定的峰进行积分。

⑭标出所需峰的化学位移值。

⑮做打印前的准备工作。

⑯打印。

【结果处理】

将分析及数据处理结果填入下表。

$C_9H_{10}O_2$ 化合物测定结果

峰 号	化学位移（×10⁻⁶）	积分面积	质子数	峰 形	结构式

【注意事项】

1. 样品浓度不宜配大。

2. 不能乱改参数，尤其不能乱改功率参数。

3. 一定要仔细调好仪器的分辨率。
4. 根据氢谱和具体样品的要求设定参数。

【思考题】
1. 什么是自旋-自旋耦合的 $n+1$ 规律？
2. 如何运用 $n+1$ 规律解析谱图？
3. 怎样获得一张正确的 ^{1}HNMR 谱图？
4. 一张 ^{1}HNMR 谱图能提供哪些参数？每个参数与分子结构如何相联系的？

实训项目 4.3　核磁共振波谱法研究乙酰乙酸乙酯的互变异构现象

【实训目的】
1. 了解核磁共振波谱法的基本原理及脉冲傅里叶变换核磁共振仪的工作原理。
2. 掌握 AV 300 MHz 核磁共振波谱仪的操作技术。
3. 了解如何使用核磁共振波谱法研究互变异构现象。
4. 学习利用 ^{1}HNMR 谱图进行定量分析的方法。
5. 学会用核磁共振波谱法计算互变异构体的相对含量。

【基本原理】
互变异构体是有机化合物中的一种常见现象，用 ^{1}HNMR 测定异构体的相对含量，既简单又方便，已成为研究有机化合物互变异构体间动态平衡的常用手段。一般情况下，温度、溶剂等条件的不同，互变异构体体系中互变异构体相对含量也会有很大的差别。这种方法主要是找出具有代表性的吸收峰，并能准确标出它们的积分面积。

乙酰乙酸乙酯的酮式和烯醇式动态平衡反应如下：

$$\underset{\underset{c\quad\quad d\quad\quad a}{\text{酮式}}}{CH_3-\overset{O}{\underset{\|}{C}}-CH_2-\overset{O}{\underset{\|}{C}}-OC_2H_5} \rightleftharpoons \underset{\underset{b\quad\quad f\quad\quad a}{\text{烯醇式}}}{CH_3-\overset{OH}{\underset{|}{C}}=CH-\overset{O}{\underset{\|}{C}}-OC_2H_5}$$

选择互变异构体中化学位移不同的吸收峰分别代表酮式和烯醇式的氢，利用峰的积分面积，可以计算出一个确定体系中互变异构体的相对含量。

由于酮式中 d 峰代表的氢原子个数为 2，烯醇式中的 f 峰代表的氢原子个数为 1，则有：

$$W_{烯醇式} = \frac{A_{烯醇式}}{A_{烯醇式} + \frac{1}{2}A_{酮式}}$$

【仪器与试剂】
1. 仪器：AVANCE300 NMR 谱仪，Φ 5 mm 的标准样品管 1 支，滴管 4 支。
2. 试剂：TMS（内标），氘代氯仿，重水，氘代苯，样品（$C_6H_{10}O_3$）。

【实训内容】

1）样品的配制

用滴管吸取少量的 $C_6H_{10}O_3$ 样品,分别往 3 根 Φ 5 mm 核磁共振标准样品管中各滴入一滴此样品,再分别用 3 根滴管吸取 0.5 mL 的氘代氯仿、0.5 mL 的重水、0.5 mL 的氘代苯加入以上 3 根管中,把样品管帽子盖好,样品管放到样品管支架上,放置 10 min 左右,轻轻摇匀,即可测试。

2）测谱

①开启仪器,使探头处于热平衡状态,做好基础调试工作(提前完成)。

②参照实训项目 4.2 中操作进行测谱。

【结果处理】

1. 对所测得的乙酰乙酸乙酯的 ^1HNMR 中的各吸收峰进行归属。

2. 列出不同溶剂中烯醇式质量分数表。

【注意事项】

1. 样品浓度不宜配大。

2. 根据氢谱和具体样品的要求设定参数。

3. 在测量样品高度时,要求做到准确无误。

4. 把样品放入探头时,一定要严格按照操作规程进行。

5. 扫描宽度要设为 $20(\times 10^{-6})$。

6. 测试 3 张谱图都必须在相同的操作条件和相同的参数下迅速完成。

【思考题】

1. 测定乙酰乙酸乙酯的 ^1HNMR 时,为什么要把谱宽设为 $20(\times 10^{-6})$?

2. 根据测出的 3 张不同溶剂溶解的乙酰乙酸乙酯的 ^1HNMR,指出它们的差别并说明原因。

练习题 4

1. 产生核磁共振的条件是什么?

2. 什么是化学位移?影响化学位移的因素有哪些?

3. 某核的自旋量子数为 5/2,该核在磁场中有多少种磁能级?每种磁能级的磁量子数是多少?

4. 电磁波频率不变,要使核磁共振发生,氟核和氢核哪个将需要更大的外磁场?为什么?

5. 从 ^1HNMR 谱图能得到化合物的哪些结构信息?

6. 核磁共振波谱仪的主要结构组成有哪些?

7. 解释下列术语:饱和、弛豫、核进动频率、纵向弛豫、横向弛豫。

项目 5　电化学分析技术

📖【项目简介】

　　电化学分析法是利用物质的电学及电化学性质建立起来的一类分析方法。通常利用电极和待测溶液组装成原电池或电解池,根据电池的某些物理量(电位、电导、电流和电量等)和待测试液的组成或含量之间的关系对组分进行定性和定量分析。

　　电化学分析是重要的一类仪器分析方法,应用非常广泛,适用于测定许多金属离子、非金属离子及一些有机化合物。由于电化学分析仪器设备简单、价格低廉、操作简便,且易于实现自动化和连续分析,现已被广泛应用于各行业的生产和检测领域。

📖【知识目标】

- 掌握电化学分析法的基本原理;
- 熟悉各种电化学分析仪器及应用。

📖【能力目标】

- 能熟练操作各种电化学分析仪器;
- 能处理电化学分析实验数据;
- 能正确维护各种电化学分析仪器。

任务5.1 电化学分析技术概述

5.1.1 电化学分析法的分类及特点

1) 按测量方式分类

按测量方式分类,电化学分析方法可分为3种类型。

①通过试液的活(浓)度在某一特定实验条件下与化学电池中某些电物理量(电参数)的关系来进行分析。这些电物理量包括电极电位(电位分析法等)、电阻(电导分析法等)、电量(库仑分析法等)和电流-电压曲线(伏安分析法等)等。

②以上述这些电物理量的突变作为滴定分析终点的指示(电位滴定法和库仑滴定法等),又称为电容量分析法。

③将试液中某一个待测组分通过电极反应转化为固相(金属或其氧化物),然后由工作电极上析出的金属或其氧化物的质量来确定该组分的含量。这一类方法实质上是一种重量分析法,故又称为电重量分析法,也即通常所称的电解分析法。

2) 按测量的电化学参数分类

依据测量的电化学参数,电分析化学法可分为电导分析法、电解分析法、库仑分析法、伏安分析法和极谱分析法等。

(1) 电导分析法

根据溶液的电导(或电阻)性进行分析的方法,称为电导分析法。电导分析可分为电导法和电导滴定法。

①电导法:直接根据溶液的电导(或电阻)与被测离子浓度的关系进行分析的方法。

②电导滴定法:该方法是一种容量分析方法,根据溶液电导的变化来确定滴定终点。滴定时,滴定剂与溶液中被测离子生成水、沉淀或难离解的化合物,而使溶液的电导发生变化,等当点时出现转折点,指示滴定终点。根据滴定剂的消耗体积和浓度,计算出被测物质的浓度。(等当点:在滴定分析中,用标准溶液对被测溶液进行滴定,当反应达到完全时,两者以相等当量化合,这一点称为等当点)

(2) 电位分析法

用一个指示电极(其电位与被测物质浓度有关)和一个参比电极(其电位保持恒定),与试液组成电池,根据电池的电动势或指示电极电位来进行分析的方法,称为电位分析。电位分析可分为电位法和电位滴定法。

①电位法:根据被测物浓度与电位的关系,直接测量电池的电动势或指示电极电位进行分析的方法。

②电位滴定法:该法是一种容量分析方法,根据滴定过程中指示电极电位的变化来确定滴定终点。滴定时在等当点附近,由于被测物质的浓度产生突跃,而使指示电极的电位发生突跃,指示滴定终点。根据滴定剂消耗的体积和浓度,计算出被测物质的浓度。

(3)电解分析法

应用外加直流电源电解试液,电解后直接测量电极上电解析出物质量进行分析的方法。如果将电解的方法用于元素的分离,则称为电解分离法。

(4)库仑分析法

应用外加直流电源电解试液,根据电解过程中消耗的电量来进行分析的方法。库仑分析分为库仑滴定法(控制电流库仑分析法)和控制电位库仑分析法。

①控制电流库仑分析法:控制电解电流为恒定值,以100%的电流效率电解试液,使产生某一试剂(电生滴定剂)与被测物质进行定量的化学反应,反应的等当点可以借助于指示剂或电化学的方法来确定。根据等当点时,电解过程消耗的电量来求得被测物质的含量。

②控制电位库仑分析法:控制工作电极的电位为恒定值,以100%的电流效率电解试液,使被测物质直接参与电极反应,根据电解过程中所消耗的电量来求得其含量。

(5)伏安分析法和极谱分析法

用微电极电解被测物质的稀溶液,根据电解过程中电流随电位变化曲线来测定被测物质浓度的分析方法,称为伏安法。

用电极表面做周期性连续更新的液态电极(如滴汞电极)作指示电极的伏安法,称为极谱法。

3)电化学分析法的特点

①灵敏度较高。最低分析检出限可达 10^{-12} mol/L。

②准确度高。如库仑分析法和电解分析法的准确度很高,前者特别适用于微量成分的测定,后者适用于高含量成分的测定。

③测量对象广。可用于许多金属离子、非金属离子及一些有机化合物的测定。

④测量范围宽。电位分析法及微库仑分析法等,可用于微量组分的测定;电解分析法、电容量分析法及库仑分析法,则可用于中等含量组分及纯物质的分析。

⑤仪器设备较简单,价格低廉,仪器的调试和操作都较简单,容易实现自动化。

⑥选择性较差。电化学分析的选择性一般都较差,但离子选择性电极法、极谱法及控制阴极电位电解法选择性较高。

任务5.2 电位分析技术

5.2.1 电位分析技术概述

1)电位分析法分类

电位分析法是以测量电池电动势为基础,根据电动势与溶液中某种离子的活(浓)度之间的定量关系(能斯特方程)来测定待测物质活(浓)度的一类电化学分析法。

电位分析法根据其原理的不同,可分为直接电位法和电位滴定法两大类。直接电位法通过直接测量电池电动势,根据能斯特方程,计算出待测物质的含量。电位滴定法是通过测量滴定过程中电池电动势的突变确定滴定终点,再由滴定终点时所消耗标准溶液的体积和浓度求出待测物质的含量。

2）电位分析法特点

电位分析法具有以下特点：选择性好，对组成复杂的试样往往不需分离处理就可以直接测定；灵敏度高，直接电位法的检出限一般为 $10^{-8} \sim 10^{-5}$ mol/L，特别适用于微量组分的测定。

电位分析法所用仪器设备简单，操作方便，分析快速，测定范围宽，不破坏试液，易于实现分析自动化。因此应用范围广，目前已广泛应用于农、林、渔、牧、地质、冶金、医药生产、环境保护等各个领域，并已成为重要的测试手段。

3）电位分析法原理

电位分析法以待测试液作为电解质溶液，向其中插入指示电极和参比电极，组成化学电池，通过测量该电池的电动势 E 来确定待测物质的含量。

$$E = \varphi_{参比} - \varphi_{指示} \tag{5.1}$$

对于一个指示电极，若电极反应为

$$Ox^{n+} + ne \rightleftharpoons Red$$

则依据能斯特方程有

$$\varphi = \varphi^{\ominus} + \frac{RT}{nF} \ln \frac{\alpha_{Ox}}{\alpha_{Red}} \tag{5.2}$$

对于指示电极为金属电极，则该式可表示为

$$\varphi_{指示} = \varphi^{\ominus}_{M^{n+}/M} + \frac{RT}{nF} \ln \alpha_{M^{n+}} \tag{5.3}$$

电动势 E 为

$$E = \varphi_{参比} - \varphi_{指示} = \varphi_{参比} - \left(\varphi^{\ominus}_{M^{n+}/M} + \frac{RT}{nF} \ln \alpha_{M^{n+}} \right) \tag{5.4}$$

设 $(\varphi_{参比} - \varphi^{\ominus}_{M^{n+}/M})$ 为 K，则

$$E = K - \frac{RT}{nF} \ln \alpha_{M^{n+}} \tag{5.5}$$

由式可知，通过测量工作电池的电动势 E，就可求得待测物质 M^{n+} 的活（浓）度。

4）活度与浓度的关系

依据能斯特方程进行电位分析时，电位与离子活度 α_i 呈定量关系，而通常在分析时要求测定的是浓度 c_i，因此需找到 α_i 与 c_i 的关系。

活度即有效浓度，活度与浓度的关系是

$$\alpha_i = r_i c_i \tag{5.6}$$

式中　r_i——i 离子的活度系数。

因此，利用离子选择性电极测定离子浓度的条件是：在使用标准溶液校正电极和用电极测定试液的过程中，必须保持溶液 r_i 不变。由于 r_i 是离子强度的函数，因此要保证溶液离子强度不变。

总离子强度调节缓冲溶液（Total Ionic Strength Adjustment Buffer，TISAB）是一种用于保持溶液具有较高离子强度的缓冲溶液，能控制溶液的总离子强度。TISAB 由离子强度调节剂、pH 缓冲溶液和掩蔽剂等混合而成。离子强度调节剂通常为惰性电解质。TISAB 的作用主要有：

①保持较大且相对稳定的离子强度,使活度系数恒定。
②维持溶液在适宜的 pH 范围内,满足离子电极的要求。
③消除干扰,掩蔽干扰离子。

例如,用于测定 F^- 的 TISAB 的组成为:1 mol/L 的 NaCl(使溶液保持较大稳定的离子强度);0.25 mol/L 的 HAc 和 0.75 mol/L 的 NaAc(使溶液 pH 在 5 左右);0.001 mol/L 的柠檬酸钠(掩蔽 Fe^{3+}、Al^{3+} 等干扰离子)。

当溶液浓度很小时,可以将活度近似地看成是浓度。

5.2.2 电极的种类及特点

1) 指示电极

在电化学分析过程中,电极电位随溶液中待测离子活(浓)度的变化而变化,并指示出待测离子活(浓)度的电极称为指示电极。

可作为指示电极的电极共有以下两大类:

(1) 金属基电极

金属基电极以金属为基体,共同特点是电极上有电子交换,发生氧化还原反应。可分为以下 4 类:

①金属-金属离子电极($M|M^{n+}$)也称第一类电极,它是由能发生可逆氧化反应的金属插入含有该金属离子的溶液中构成。发生如下反应

$$M^{n+} + ne \rightleftharpoons M$$

25 ℃时,其电极电位为

$$\varphi_{M^{n+}/M} = \varphi^{\ominus}_{M^{n+}/M} + \frac{0.0592}{n} \lg \alpha_{M^{n+}} \tag{5.7}$$

组成这类电极的金属有 Cu、Ag、Hg 等,较常用的金属基电极有:Ag/Ag^+,Hg/Hg_2^{2+}(中性溶液);Cu/Cu^{2+},Zn/Zn^{2+},Cd/Cd^{2+},Bi/Bi^{3+},Tl/Tl^+,Pb/Pb^{2+}。该类电极在使用前应彻底清洗金属表面。清洗方法是:先用细砂纸(干砂纸)打磨金属表面,然后再分别用自来水和蒸馏水冲洗干净。

②金属-金属难溶盐电极($M|MX_n$)也称第二类电极,在金属电极表面覆盖其难溶盐,再插入难溶盐的阴离子溶液中,即可得到此类电极。电极反应为

$$MX_n \rightleftharpoons M^{n+} + nX^-$$
$$M^{n+} + ne \rightleftharpoons M$$

25 ℃时,其电极电位为

$$\varphi_{MX_n/M} = \varphi^{\ominus}_{MX_n/M} - 0.0592 \lg \alpha_{X^-} \tag{5.8}$$

此类电极可作为一些与电极离子产生难溶盐或稳定配合物的阴离子的指示电极;如对 Cl^- 响应的 $Ag/AgCl$ 和 Hg/Hg_2Cl_2 电极,对 Y^{4-} 响应的 Hg/HgY(可在待测 EDTA 试液中加入少量 HgY)电极。该类电极更为重要的应用是作参比电极。

③第三类电极 $M|(MX+NX+N^+)$。金属与两种具有相同阴离子难溶盐(或难离解络合物)以及第二种难溶盐(或络合物)的阳离子所组成体系的电极。这两种难溶盐(或络合物)中,阴离子相同,而阳离子一种是组成电极的金属的离子,另一种是待测离子。如 $Ag|Ag_2C_2O_4$,CaC_2O_4,

Ca^{2+}。电极反应为

$$Ag_2C_2O_4 + 2e \rightleftharpoons 2Ag^+ + C_2O_4^{2-}$$

25 ℃时,其电极电位为

$$\varphi = \varphi^{\ominus} + \frac{0.0592}{2} \lg \frac{K_{sp,Ag_2C_2O_4}}{K_{sp,CaC_2O_4}} + \frac{0.0592}{2} \lg a_{Ca^{2+}} \tag{5.9}$$

简化上式得

$$\varphi = \varphi^{\ominus'} + \frac{0.0592}{2} \lg a_{Ca^{2+}} \tag{5.10}$$

该电极可指示钙离子活度。

这种由金属和两种难溶盐组成的电极,由于涉及到三相间的平衡,达到平衡的速度较慢,实际应用较少。

④惰性电极(metallic redox indicators)也称零类电极,属于惰性金属材料电极。它是由铂、金等惰性金属(或石墨)插入含有氧化还原电对物质的溶液中构成。电极本身不参与反应,但其晶格间的自由电子可与溶液进行交换。因此,惰性金属电极可作为溶液中氧化态和还原态获得电子或释放电子的场所。如 Pt/Fe^{3+},Fe^{2+} 电极;Pt/Ce^{4+},Ce^{3+} 电极等。电极反应为

$$Fe^{3+} + e \rightleftharpoons Fe^{2+}$$

25 ℃时,其电极电位为

$$\varphi_{Fe^{3+}/Fe^{2+}} = \varphi^{\ominus}_{Fe^{3+}/Fe^{2+}} + 0.0592 \lg \frac{\alpha_{Fe^{3+}}}{\alpha_{Fe^{2+}}} \tag{5.11}$$

可见 Pt 未参加电极反应,只提供 Fe^{3+} 及 Fe^{2+} 之间电子交换场所。铂电极使用前,先在10% 硝酸溶液中浸泡数分钟,然后清洗干净后再用。

(2)离子选择性电极

离子选择性电极也称膜电极,是一种利用选择性薄膜对特定离子产生选择性响应,以测量或指示溶液中的离子活(浓)度的电极。它与金属基电极的区别在于电极的薄膜并不给出或得到电子,而是选择性地让一些离子渗透,同时也包含着离子交换过程。离子选择性电极具有简便、快速和灵敏的特点,特别是它适用于某些难以测定的离子,因此,发展非常迅速,应用极为广泛。离子选择性电极的分类如下:

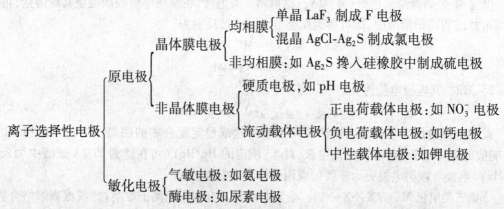

2) 参比电极

与被测物质无关,电位已知且稳定,提供测量电位参考的电极,称为参比电极。标准氢电

极可用作测量标准电极电位的参比电极,在实际测量中,常用甘汞电极和 Ag-AgCl 电极作参比电极。

(1)甘汞电极(calomel electrode)

①电极组成和结构。甘汞电极是由汞、甘汞(Hg_2Cl_2)和 KCl 溶液组成的电极。结构如图 5.1 所示。

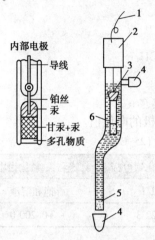

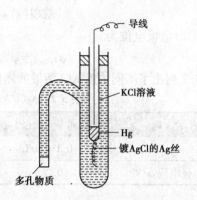

图 5.1 甘汞电极示意图
1—导线;2—绝缘体;
3—内部电极;4—橡皮帽;
5—多孔物质;6—饱和 KCl

图 5.2 Ag-AgCl 电极构造示意图

半电池组成

$$Hg,Hg_2Cl_2(固)|KCl(液)$$

②电池反应和电极电位。

电极反应为

$$Hg_2Cl_2(s)+2e \rightleftharpoons 2Hg(l)+2Cl^-$$

25 ℃时,电极电位为

$$\varphi_{Hg_2Cl_2/Hg}=\varphi^{\ominus}_{Hg_2Cl_2/Hg}-\frac{0.059\ 2}{2}\lg\alpha^2_{Cl^-}=\varphi^{\ominus}_{Hg_2Cl_2/Hg}-0.059\ 2\lg\alpha_{Cl^-} \quad (5.12)$$

可见,在一定温度下,甘汞电极电位取决于 KCl 溶液的浓度,当 Cl^- 活度一定时,其电位值是一定的。甘汞电极法常采用 KCl 的饱和溶液,因此称为饱和甘汞电极(SCE)。饱和甘汞电极在高温时(80 ℃ 以上)电位值不稳定,不宜使用。表 5.1 列出了不同浓度 KCl 溶液所制成甘汞电极的电位值。

表 5.1 Hg/Hg_2Cl_2 电极的电极电位(25 ℃)

名 称	0.1 mol/L 甘汞电极	标准甘汞电极	饱和甘汞电极(SCE)
c_{KCl}	0.1 mol/L	1 mol/L	饱和溶液
电极电位 φ/V	+0.336 5	+0.282 8	+0.243 8

(2)银-氯化银电极

①电极组成和结构。银-氯化银电极由银丝上覆盖一层氯化银,并浸在一定浓度的 KCl 溶液中构成,结构如图 5.2 所示。

半电池组成

$$Ag, AgCl(固) | KCl(液)$$

②电池反应和电极电位。

电极反应为

$$AgCl(s) + e \rightleftharpoons Ag(s) + Cl^-$$

25 ℃时电极电位为

$$\varphi_{AgCl/Ag} = \varphi^{\ominus}_{AgCl/Ag} - 0.059\ 2\ \lg\ \alpha_{Cl^-} \tag{5.13}$$

表 5.2 列出了不同浓度 KCl 溶液所制成银-氯化银电极的电位值。

表 5.2 AgCl/Ag 电极的电极电位(25 ℃)

名 称	0.1 mol 银-氯化银电极	标准银-氯化银电极	饱和银-氯化银电极
c_{KCl}	0.1 mol/L	1 mol/L	饱和溶液
电极电位 φ/V	+0.288 0	+0.222 3	+0.200 0

③电极的应用。通常在 pH 玻璃电极和其他各种离子选择性电极中作内参比电极。用作外参比电极使用时,使用前必须除去电极内气泡。内参比溶液应保持有足够高度;银-氯化银电极所使用的 KCl 溶液必须事先用 AgCl 饱和,否则会使电极中 AgCl 溶解,因为 AgCl 在 KCl 中有一定的溶解度。其特点如下:

a. 温度滞后效应不明显,可在高于 60 ℃的温度下使用,用于替代饱和甘汞电极。

b. 较少与其他离子反应(但可与蛋白质作用并导致与待测物界面的堵塞)。

5.2.3 直接电位法应用

直接电位法通常以饱和甘汞电极为参比电极,以离子选择性电极为指示电极。将这两个电极插入待测溶液中组成一个工作电池,用精密酸度计、毫伏计或离子计测量两电极间的电动势(或直读离子活度)。

1)直接电位法测定 pH 值

(1)测定原理

测量溶液 pH 时,参比电极为电池的正极,玻璃电极为负极。溶液 H^+ 活度(或浓度)和 pH 与工作电池的电动势 E 成线性关系,据此可以测定溶液的 pH 值。如图 5.3 所示。

(2)溶液 pH 的测定

只要测出工作电池 E,并求出 K 值,就可以计算试液的 pH。但 K 包括了饱和甘汞电极的电位 φ_{SCE},内参比电极电位 $\varphi_{内}$,以及参比电极与溶液间的接界电位等,十分复杂,难以测定。因此,实际工作中难以计算得出 pH,待测溶液的

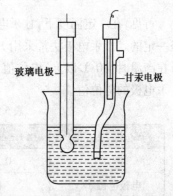

图 5.3 pH 测量的原电池

pH_x是通过与标准缓冲溶液的pH_s相比较而确定的。

在相同条件下,标准缓冲溶液的E_s和待测溶液的E_x分别为

$$E_s = K'_s + 0.059 pH_s$$

$$E_x = K'_x + 0.059 pH_x$$

在同一测定条件下,采用同一支pH玻璃电极和SCE,则上两式中$K'_s \approx K'_x$,两式相减可得

$$pH_x = pH_s + \frac{E_x - E_s}{0.0592} \tag{5.14}$$

式中 pH_s——已知值,测量出E_s和E_x即可求出pH_x。

由式(5.14)可知,E_x和E_s的差值与pH_x和pH_s的差值成线性关系,在25 ℃时直线斜率为0.0592,直线斜率$\left(S = \frac{2.303RT}{F}\right)$是温度函数。为保证不同温度下测量准确,测量中需进行温度补偿,pH测量仪器一般都有温度补偿功能。

式(5.14)在$K'_s \approx K'_x$的前提下成立,而实际测量中K'值并不恒定,导致pH_x测定结果有偏差。为减少偏差,测量过程中应尽可能保证溶液温度恒定,并选择pH与待测溶液相近的标准溶液,标准溶液pH_s与待测液pH_x相差应小于3个pH单位。

2)直接电位法测定离子活(浓)度

测量其他离子活度时,离子选择性电极通常为电池的正极,参比电极为负极。与测定pH同样原理,K'的数值也决定于离子选择性电极的薄膜、内参比溶液及内外参比电极的电位等,难以确定,也需要用一个已知离子活度的标准溶液为基准,比较包含待测溶液和包含标准溶液的两个工作电池的电动势来确定待测溶液的离子活度。目前,除用于校正Cl^-、Na^+、Ca^{2+}、F^-电极用的参比溶液NaCl、KF和$CaCl_2$外,尚没有其他离子活度标准溶液。通常在要求不高并保证活度系数不变的情况下,向待测液中加入TISAB,用浓度代替活度进行测定。

3)测定方法

直接电位法的分析方法有直接比较法、标准曲线法和标准加入法等。实际工作中,通常需测定物质浓度,在待测液浓度较低、加入TISAB以及选取适宜测定方法的情况下,活度系数r趋近于1,$c_i \approx \alpha_i$。

(1)直接比较法

以标准溶液为对比,通过测定标准溶液和待测溶液的电动势来确定待测溶液浓度的方法称为直接比较法。以参比电极为正极,离子选择性电极(ISE)为负极,加入TISAB,在相同条件下测定两种溶液电动势E_s和E_x。

如被测离子为阳离子,则

$$E_x = \varphi_{\text{参比}} - \varphi_{\text{ISE}} = \varphi_{\text{参比}} - \left(K + \frac{2.303RT}{nF}\lg c_x\right) = K' - \frac{2.303RT}{nF}\lg c_x$$

$$E_s = K' - \frac{2.303RT}{nF}\lg c_s$$

则

$$\lg c_x = \lg c_s - \frac{(E_x - E_s)nF}{2.303RT} \tag{5.15}$$

同理,如果被测离子为阴离子,则

$$\lg c_x = \lg c_s + \frac{(E_x - E_s)nF}{2.303RT} \tag{5.16}$$

如被测离子为 H^+，则依据该式的推导过程，pH_x 和 pH_s 关系为式(5.14)。直接比较法适用于要求不高、浓度与标准溶液浓度相近的少数试样的测定。

(2) 标准曲线法

将离子选择性电极(包括 pH 玻璃电极)与参比电极插入一系列添加了相同量 TISAB 的已知浓度标准溶液中，测出相应的电动势，绘制 E-($-\lg c_x$) 标准曲线。在相同条件下，用相同方法测定试样溶液的 E 值，即可从标准曲线上查出被测溶液的浓度，如图 5.4 所示。

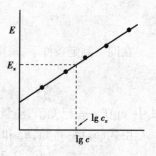

图 5.4 标准曲线

标准曲线法主要适用于大批同种试样的测定。由于 K' 容易受温度、液接电位、搅拌速度等的影响，标准曲线不是很稳定，若试剂、测试条件改变，需作标准曲线。

(3) 标准加入法

设某一试液体积为 V_0，其待测离子的浓度为 c_x，测定的工作电池电动势为

$$E_x = K + \frac{2.303RT}{nF}\lg c_x \tag{5.17}$$

往试液中准确加入一小体积 V_s（大约为 V_0 的 1/100）的用待测离子的纯物质配制的标准溶液，浓度为 c_s（约为 c_x 的 100 倍）。由于 $V_0 \gg V_s$，可认为溶液体积基本不变。浓度增量为

$$\Delta c = \frac{c_s V_s}{V_0}$$

再次测定工作电池的电动势为

$$E_{x+s} = K + \frac{2.303RT}{nF}\lg(c_x + \Delta c)$$

则

$$\Delta E = E_{x+s} - E_x = \frac{2.303RT}{nF}\lg\left(1 + \frac{\Delta c}{c_x}\right)$$

令 $S = \frac{2.303RT}{nF}$，则

$$\Delta E = S \lg\left(1 + \frac{\Delta c}{c_x}\right)$$

所以

$$c_x = \Delta c (10^{\Delta E/S} - 1)^{-1} \tag{5.18}$$

因此，只要测出 ΔE 和 S，计算出 Δc，就可求出 c_x。

标准加入法不需要校正和作标准曲线，只需一种标准溶液，溶液配制简便，可以消除试样中的干扰因素，适用于测定组成不确定或复杂的个别试样。标准加入法的误差主要来源于 S、K 和 γ 等在加入标准溶液前后能否保持一致，因此，标准加入法要求在相同实验条件下测定。

【例5.1】 将钙离子选择电极与饱和甘汞电极插入100.00 mL水样中,用直接电位法测定水样中的Ca^{2+}。25 ℃时,测得钙离子电极电位为$-0.061\ 9$ V(对SCE),加入0.073 1 mol/L的$Ca(NO_3)_2$标准溶液1.00 mL,搅拌平衡后,测得钙离子电极电位为$-0.048\ 3$ V(对SCE)。试计算原水样中Ca^{2+}的浓度。

解 由标准加入法计算公式

$$S = 0.059/2$$
$$\Delta c = V_s c_s / V_0 = 1.00 \times 0.073\ 1/100$$
$$\Delta E = -0.048\ 3 - (-0.061\ 9) = 0.061\ 9 - 0.048\ 3 = 0.013\ 6(V)$$
$$c_x = \Delta c (10^{\Delta E/S} - 1)^{-1} = 7.31 \times 10^{-4} (10^{0.461} - 1)^{-1}$$
$$= 7.31 \times 10^{-4} \times 0.529 = 3.87 \times 10^{-4} (mol/L)$$

答:试样中Ca^{2+}的浓度为3.87×10^{-4} mol/L。

5.2.4 电位分析仪器

直接电位法分析时所采用的仪器装置较简单,一般仅需电位分析仪器、搅拌装置和试液容器等,如图5.5所示。电位分析仪器由电极、精密毫伏计和温度补偿系统等组成。电极包括指示电极和参比电极,指示电极是电位分析的关键部件,参比电极一般为银-氯化银电极或甘汞电极。精密毫伏计用于测定电位,精确显示电位值。

分析时,待测溶液盛装于试液容器,然后在搅拌装置的搅拌下,将电极和精密毫伏计插入待测溶液,组成原电池并测定电位。测定过程需连续搅拌溶液,以缩短电极响应时间。

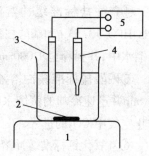

图5.5 电位测定装置示意图
1—磁力搅拌器;2—转子;
3—离子电极;4—参比电极;
5—精密毫伏计

5.2.5 实验技术

1) pH标准缓冲溶液

pH标准缓冲溶液具有准确的pH值,是pH测定的基准物质。常用的pH标准缓冲溶液有6种,它们的pH随温度发生变化,见表5.3。

表5.3 pH标准缓冲溶液在通常温度下的值

标准缓冲溶液名称	浓度/(mol·L^{-1})	标准缓冲溶液在不同温度下的pH值/℃								
		0	5	10	15	20	25	30	35	40
草酸盐	0.05	1.67	1.67	1.67	1.67	1.68	1.68	1.69	1.69	1.69
酒石酸盐	饱和	—	—	—	—	—	3.56	3.55	3.55	3.55
苯二甲酸氢盐	0.05	4.00	4.00	4.00	4.00	4.00	4.01	4.01	4.02	4.04
磷酸盐	0.025	6.98	6.95	6.92	6.90	6.88	6.86	6.85	6.84	6.84

续表

标准缓冲溶液名称	浓度/(mol·L^{-1})	标准缓冲溶液在不同温度下的pH值/℃								
		0	5	10	15	20	25	30	35	40
硼酸盐	0.01	9.46	9.40	9.33	9.27	9.22	9.18	9.14	9.10	9.06
氢氧化钙	饱和	13.42	13.21	13.00	12.81	12.63	12.45	12.30	12.14	11.98

2) pH 标准缓冲溶液的配制方法

①草酸盐标准缓冲溶液:称取 12.71 g 四草酸钾[$KH_3(C_2O_4)_2·2H_2O$]溶于无二氧化碳的水中,稀释至 1 000 mL。

②酒石酸盐标准缓冲溶液:在 25 ℃时,用无二氧化碳的水溶解外消旋的酒石酸氢钾($KHC_4H_4O_6$),并剧烈振摇至饱和溶液。

③苯二甲酸氢盐标准缓冲溶液:称取于(115.0±5.0)℃干燥 2~3 h 的邻苯二甲酸氢钾($C_6H_4CO_2HCO_2K$)10.21 g,溶于无 CO_2 的蒸馏水,并稀释至 1 000 mL。

④磷酸盐标准缓冲溶液:分别称取于(115.0±5.0)℃干燥 2~3 h 的磷酸氢二钠(Na_2HPO_4)3.53 g 和磷酸二氢钾(KH_2PO_4)3.39 g,溶于预先煮沸过 15~30 min 并迅速冷却的蒸馏水中,并稀释至 1 000 mL。

⑤硼酸盐标准缓冲溶液:称取硼砂($Na_2B_4O_7·10H_2O$)3.80 g,溶于预先煮沸过 15~30 min 并迅速冷却的蒸馏水中,并稀释至 1 000 mL。置聚乙烯塑料瓶中密闭保存。存放时要防止空气中 CO_2 的进入。

⑥氢氧化钙标准缓冲溶液:在 25 ℃,用无二氧化碳的蒸馏水制备氢氧化钙的饱和溶液。

任务 5.3 电位滴定法

5.3.1 基本原理

电位滴定法是在滴定过程中通过测量电位变化以确定滴定终点的方法,与直接电位法相比,电位滴定法不需要准确测量电极电位值,因此,温度、液体接界电位的影响并不重要,其准确度优于直接电位法。

普通滴定法依靠指示剂颜色变化来指示滴定终点,如果待测溶液有颜色或浑浊时,终点的指示就比较困难,或者根本找不到合适的指示剂。而电位滴定法是靠电极电位的突跃来指示滴定终点,终点指示准确。

进行电位滴定时,在被测溶液中插入待测离子的指示电极,与参比电极组成原电池,溶液用电磁搅拌器进行搅拌。随着滴定剂的加入,由于发生化学反应,待测离子的浓度不断发生变化,指示电极的电极电位(或电池电动势)也随之发生变化。在化学计量点附近,待测离子的浓度发生突变,指示电极的电极电位也相应发生突变。因此,通过测量滴定过程中电池电动势的变化,可以确定滴定终点。最后,根据滴定剂浓度和终点时滴定剂的消耗体积计算试液中待测组分含量。

电位滴定法与普通滴定法相比,具有以下特点:

①利用电池电动势突跃指示终点,而非指示剂颜色变化,更客观。

②电位滴定法的结果更准确,准确度高,测定误差可低于±0.2%。

③能用于难以用指示剂判断终点的浑浊或有色试液的滴定分析。

④用于非水溶液(nonaqueous solution)的滴定。某些有机物的滴定需在非水溶液中进行,一般缺乏合适的指示剂,可采用电位滴定法。

⑤能用于连续地自动滴定,并适用于微量分析。

5.3.2 滴定装置

1) 电位滴定装置

在直接电位法的装置中,加一个滴定管,即组成电位滴定的装置。电位滴定法的装置由5个部分组成:指示电极、参比电极、搅拌器、测量仪器和滴定装置。图5.6是手动电位滴定装置结构示意图。

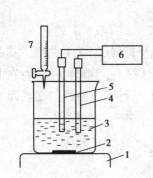

图 5.6 电位滴定装置示意图

1—电磁搅拌器;2—转子;3—试液;
4—参比电极;5—指示电极;6—毫伏计;7—滴定管

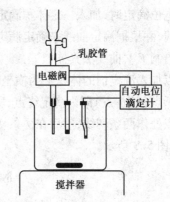

图 5.7 自动电位滴定装置示意图

滴定装置是普通滴定管,可控制和读取滴定剂消耗的体积。根据被测物质含量的高低,可选用常量滴定管、半微量滴定管或微量滴定管。

电位滴定法在滴定分析中应用广泛,可用于各类普通滴定。不同类型滴定需选用不同的指示电极,参比电极一般选用饱和甘汞电极。实际工作中应使用产品分析标准规定的指示电极和参比电极。

2) 自动电位滴定装置

在滴定管末端连接可通过电磁阀的细乳胶管,此管下端接上毛细管。滴定前根据具体的滴定对象,为仪器设置电位(或pH)的终点控制值(理论计算值或滴定实验值)。滴定开始时,电位测量信号使电磁阀断续开关,滴定自动进行。电位测量值到达仪器设定值时,电磁阀自动关闭,滴定停止,如图5.7所示。

现代自动电位滴定已广泛采用计算机控制。计算机对滴定过程中的数据自动采集、处理,并利用滴定反应化学计量点前后电位突变的特性,自动寻找滴定终点、控制滴定速度,到达终点时自动停止滴定,因此更加自动和快速。

5.3.3 实验技术

1) 操作方法

进行电位滴定时,先要称取一定量试样并将其制备成试液。然后选择一对合适的电极。经适当的预处理后,浸入待测试液中,并按图 5.6 连接组装好装置。开动电磁搅拌器和毫伏计,先读取滴定前试液的电位值(读数前要关闭搅拌器),然后开始滴定。滴定过程中,每加一次一定量的滴定溶液就应测量一次电动势(或 pH),滴定刚开始时可快些,测量间隔可大些,当标准滴定溶液滴入约为所需滴定体积的 90% 时,测量间隔要小些。滴定至近化学计量点前后时,应每隔 0.1 mL 标准滴定溶液测量一次电池电动势(或 pH)直至电动势变化不大为止。记录每次滴加标准滴定溶液后滴定管相应读数及测得的电位或 pH。根据所测得的一系列电动势(或 pH)以及相应的滴定消耗的体积确定滴定终点。

2) 确定滴定终点的方法

电位滴定时,加入一定体积滴定剂 V 的同时,测定电池电动势 E,以 E 对 V 作图,绘制滴定曲线,并根据滴定曲线来确定滴定终点。

绘制 E-V 曲线法具体如下:

以加入滴定剂的体积 V 为横坐标,相应电动势 E 为纵坐标,绘制 E-V 曲线。其曲线突跃的突跃点(转折点)即为滴定终点,所对应的体积即为终点体积 V_{ep}。具体方法为:在曲线的两个拐点处作两条切线,然后在两条切线中间作一条平行线,平行线与曲线的交点即为滴定终点,如图 5.8 所示。

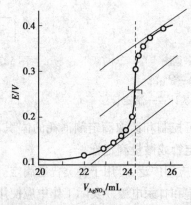

图 5.8 E-V 曲线法确定滴定终点示意图

与一般容量分析相同,电位突跃范围和斜率的大小取决于滴定反应的平衡常数和被测物质的浓度。电位突跃范围越大,分析误差越小。

缺点:准确度不高,特别是当滴定曲线斜率不够大时,较难确定终点。

优点:该法准确度高。

【例5.2】 用电位滴定法测定硫酸含量,称取试样1.196 9 g,于小烧杯中,在电位滴定计上用 $c(\text{NaOH}) = 0.500\ 1$ mol/L 的氢氧化钠溶液滴定,记录终点时滴定体积与相应的电位值如下:

滴定体积与相应的电位值

滴定体积/mL	电位值/mV	滴定体积/mL	电位值/mV
23.70	183	24.00	316
23.80	194	24.10	340
23.90	233	24.20	351

已知滴定管在终点附近的体积校正值为 -0.03 mL,溶液的温度校正值为 -0.4 mL/L,请计算试样中硫酸含量的质量分数。(硫酸的相对分子质量为98.08)

解 做 E-V 曲线确定滴定终点,如下图所示。

在曲线的两个拐点处作两条切线,然后在两条切线中间作一条平行线,平行线与曲线的交点即为滴定终点。得:

$$V_{ep} = 23.95 \text{ mL}$$

则 $w_{H_2SO_4} = \dfrac{0.5 \times (23.93 - 0.03 - 0.4) \times 10^{-3} \times 98.08}{2 \times 1.190\ 9} = 48.97\%$

E-V 曲线

3) 滴定类型及电极的选择

(1) 酸碱滴定

可进行某些极弱酸(碱)的滴定,化学计量点是溶液中 H^+ 离子浓度的突跃变化。通常以pH玻璃电极作指示电极,饱和甘汞电极为参比电极。

(2) 氧化还原滴定

化学计量点是溶液中氧化剂或还原剂浓度的突跃变化。指示剂法准确滴定的要求是滴定反应中,氧化剂和还原剂的标准电位之差必需 $\Delta\varphi^{\ominus} \geq 0.36\ V(n=1)$,而电位法只需 $\geq 0.2\ V$,应用范围广;电位法采用的指示电极一般为零类电极(常用 Pt 电极)。

(3)络合滴定

电位法较指示剂法更适用于生成较小稳定常数络合物的滴定反应。电位法所用的指示电极一般有两种:一种是 Pt 电极或某种离子选择电极;另一种却是 Hg 电极(实际上是第三类电极)。例如,用 EDTA 滴定某些变价离子,如 Fe^{3+}、Cu^{2+} 等,可加入 Fe^{2+}、Cu^{+} 构成氧化还原电对,以铂电极作指示电极,以甘汞电极作参比电极;用 EDTA 滴定金属离子,在溶液中加入少量 Hg^{2+}-EDTA,用汞电极作指示电极,以甘汞电极作参比电极。

(4)沉淀滴定

该类滴定中,电位法应用比指示剂法广泛,尤其是某些在指示剂滴定法中难找到指示剂或难以进行选择滴定的混合物体系,电位法往往可以进行;电位法所用的指示电极主要是离子选择电极,也可用银电极或汞电极。

任务5.4 极谱分析法

伏安分析法是一种特殊的电解方法。用微电极做工作电极与参比电极组成电解池,电解被测物质的稀溶液,根据电解过程中电流随电位变化曲线来对被测物进行定性和定量分析的方法。伏安分析的工作电极可以选用石墨电极或铂电极等固定或固态电极,也可以选用表面作周期性更新的液态电极,如滴汞电极。当伏安分析法的工作电极为表面作周期性连续更新的滴汞电极或其他液态电极时,称为极谱分析法。

5.4.1 基本原理

1)经典极谱分析法的装置及测定原理

极谱分析装置有两个电极。工作电极一般选用滴汞电极,其面积很小,电解时电流密度很大,容易发生浓差极化,其电极电位完全受外加电压的控制,为极化电极;参比电极通常为饱和甘汞电极(SCE),它的表面积较大,电解时电流密度小,不发生浓差极化,电极电位在电解时保持恒定,为去极化电极,如图 5.9 所示。

滴汞电极由贮汞瓶下接一厚壁塑料管,再接一内径为 0.05 mm 的玻璃毛细管构成。毛细管伸进电解池的溶液中,在重力的作用下,汞从毛细管下口有规则地、周期性地(2~3 滴每 10 s)滴落。

直流电源 E、滑线电阻 R_p 构成电位计线路,进行分析时,以 100~200 mV/min 的速度在 0~2.5 V 的范围内移动接触键 C,使两电极上的外加电压自零逐渐增加,从而连续改变加于两电极间的电位差,由伏特计显示电位差值。随着电压的变化,在电解池中将发生电解反应,由检流计 A 测量产生的电解电流。记录电流 I 和外加电压 U,以电压为横坐标,电流为纵坐标,可绘制得到电流-电压曲线(I-U 曲线)。

在极谱分析中,主要观察极化电极(发生浓差极化的电极)在电位改变时相应的电流变化

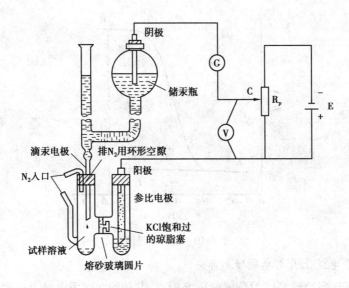

图 5.9 极谱分析装置示意图

情况,因此电流-滴汞电极电位曲线(I-E_{de}曲线)更为重要。若阳极为饱和甘汞电极,阴极为滴汞电极,则它们与外加电压 U 的关系为

$$U = (E_{SCE} - E_{de}) + IR \tag{5.19}$$

式中 I——通过的电流;
  R——电解线路的总电阻。

在极谱电解过程中,电流一般很小,电解线路的电阻 R 也不会太大,IR 可以忽略,则

$$U = E_{SCE} - E_{de} \tag{5.20}$$

饱和甘汞电极的电位是不变的,可作为参比标准,则有

$$U = -E_{de}(\text{vs. } E_{SCE}) \tag{5.21}$$

式中 vs. E_{SCE}——以饱和甘汞电极为标准时某电极的电位。

由此可见,滴汞电极的电极电位受外加电压控制,外加电压越大,滴汞电极电位的绝对值越大。通过调节外加电压可控制滴汞电极的电位,从而使各种离子在各自所需电极电位处析出。离子的 I-E_{de} 曲线称为该离子的极谱波,因为 $U = -E_{de}$,故同一离子的极谱波和电流-电压曲线是相同的。

2)极谱波的产生过程

以电解 5×10^{-4} mol/L 氯化镉稀溶液(含有 0.1 mol/L 的 KCl)为例来说明极谱波的产生过程。向待测溶液通入氮气或氢气以除去溶解于其中的氧,调整汞柱高度使汞滴以 2~3 滴/10 s 的速度滴下,自零连续增加工作电极和参比电极上的电压,记录电压和相应的电解电流 I,可得镉离子的极谱波,如图 5.10 所示。

(1)A—B 段,残余电流部分

在未达到 Cd^{2+} 的分解电位之前,电极上没有 Cd^{2+} 离子还原,理论上应没有电解电流通过电解池。但此时,由于存在汞滴充电电流,并且电解液中有少量电活性物质发生电解,会导致有极微小的电流通过,称为残余电流 I_c。

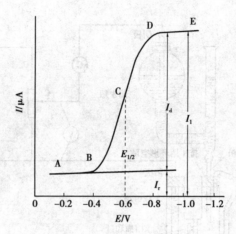

图 5.10 镉的极谱图

(2) B—D 段,电流上升与急剧增加部分

继续增大电压,当达到 Cd^{2+} 的分解电压 B 时,Cd^{2+} 开始在滴汞电极上还原析出金属镉,并与汞结合成镉汞电极,产生电解电流,电极反应如下:

滴汞电极反应为: $Cd^{2+}+2e+Hg \Longrightarrow Cd(Hg)$

甘汞电极反应为: $2Hg+2Cl^- \Longrightarrow Hg_2Cl_2+2e$

随着外加电压的增大,Cd^{2+} 迅速在滴汞电极表面还原,电解电流急剧增大,极谱波上升。由于溶液静止,将引起滴汞电极表面的 Cd^{2+} 离子浓度 c_s 低于溶液中 Cd^{2+} 离子浓度 c_0,从而出现浓差极化现象,使得溶液中 Cd^{2+} 离子向滴汞电极表面不断扩散,产生厚度约 0.05 mm 的扩散层。Cd^{2+} 不断地还原和扩散会持续产生电解电流。

电极反应速度很快,而扩散速度很慢,因此电流的大小决定于扩散速度,故此该电流称为扩散电流 I。扩散速度又与扩散层中的浓度梯度成正比,因此,扩散电流大小与浓度梯度成正比。

$$I=K(c_0-c_s) \tag{5.22}$$

式中 K——比例常数。

(3) D—E 段,极限扩散电流部分

继续增大外电压,使滴汞电极电位达到一定数值后,c_s 趋近于零。此时溶液主体浓度和电极表面之间的浓度差达到极限情况,即达到完全浓差极化。电流不再随外加电压的增大而增大,仅受 Cd^{2+} 从溶液主体扩散到电极表面的速度所控制,曲线为一平台,此阶段产生的电流称为极限电流 I_{max}。极限电流与残余电流之差称为极限扩散电流,以 I_d 表示。

I_d 与 Cd^{2+} 的扩散速度成正比,而扩散速度又与浓度梯度成正比,则

$$I_d = Kc_0 \tag{5.23}$$

其中,I_d 与电解液中 Cd^{2+} 的浓度成正比,这是极谱定量分析的基础。

当试液中含有数种可还原或氧化的组分时,每种组分都产生相应的极谱波。例如,Pb^{2+}、Cd^{2+}、Zn^{2+} 在 KCl 支持电解质存在下,可得到连续的极谱波:第一个波为 Pb^{2+} 的还原;第二个波为 Cd^{2+} 的还原;第三个波为 Zn^{2+} 的还原。

3) 极谱定量分析

(1) 极谱定量分析基础理论——扩散电流方程式

① 定义。极谱分析法是通过测量极限扩散电流来进行定量分析的。极限扩散电流与滴汞电极上进行电极反应的物质浓度之间的定量关系称为扩散电流方程式。

② 扩散电流方程式（尤考维奇方程式）。

式(5.23)中的比例常数 K，在滴汞电极上的值为

$$K = 708nD^{1/2}m^{2/3}t^{1/6}$$

任一时刻的电流符合瞬时极限扩散电流方程式

$$I_d = 708nD^{1/2}m^{2/3}t^{1/6}c_0 \tag{5.24}$$

式中　n——电极反应转移的电子数；

　　　D——待测组分之测定形式的扩散系数，cm^2/s；

　　　m——汞滴流速，mg/s；

　　　t——时间，s；

　　　c_0——待测物质浓度，mol/L。

可见，滴汞电极 I_d 随形成汞滴时间 t 的增加而增加，即随着滴汞面积的增长而作周期性变化。这是因为电极表面积不恒定，汞滴在滴落之前不断长大，电极表面积也随之增大，正比于电极表面积的电流则随之增大；当汞滴滴落时，电流也随之骤然降低至零，新的汞滴又开始长大，电流又随之增大。如此继续下去，因此，I_d 随时间 t 的延长呈周期性变化，电流出现锯齿形振动现象。

当 t 为从汞滴开始生成到滴下所需时间 t 时，I_d 达最大值，以 $(I_d)_{max}$ 表示。

$$(I_d)_{max} = 708nD^{1/2}m^{2/3}t^{1/6}c_0 \tag{5.25}$$

该式称为最大极限扩散电流方程式，最大极限扩散电流是在每滴汞寿命的最后时刻获得的。

在极谱分析中常采用是平均极限扩散电流 I_d 作定量参数，该值符合平均极限扩散电流方程式。

$$I_d = 607nD^{1/2}m^{2/3}t^{1/6}c_0 \tag{5.26}$$

该式又称为尤考维奇(Ilkovic)方程式。在极谱分析中，讲到的极限扩散电流通常就是指式(5.26)中的平均极限扩散电流 I_d。

当待测溶液组成一定、测量条件一定时，式中 n、D、m、t 也一定，可见，当其他各项因素不变时，极限扩散电流与被测物质的浓度成正比，它是极谱定量分析的依据。

(2) 极谱定量分析方法

① 波高的测量方法。由式 $I_d = Kc$ 可知，只要测得极限扩散电流就可以确定待测物质的浓度。在极谱图上通常以波高 h 来表示扩散电流的相对大小，而不必测量其绝对值，于是有

$$h = K'c \tag{5.27}$$

实际工作中先量度极谱波波高，再通过标准曲线法或标准加入法进行定量分析。

对于波形良好的极谱波，测定残余电流部分和极限电流部分两条平行线之间的垂直距离即为波高。

对于不规则的极谱波,测量波高常用三切线法。即分别作残余电流切线 AB,极限电流切线 CD,以及扩散电流切线 EF,3 条切线相交于两点 O 和 P,通过这两点作平行于横轴的平行线,两平行线间的垂直距离即为波高,如图 5.11 所示。

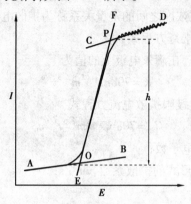

图 5.11　三切线法测量波高

②工作曲线法。先配制一系列浓度不同的标准溶液,在相同的实验条件下(相同的底液、同一毛细管),分别测定各溶液的波高(或扩散电流),绘制波高-浓度曲线,然后在同样的实验条件下测定试样溶液的波高,从标准曲线上查出试样的浓度。

③标准加入法。首先测量浓度为 c_x、体积为 V 的待测液的波高 h;然后在同一条件下,加入浓度为 c_s 体积为 V_s 的相同物质标准液,测量波高 H。则有

$$h = K'c_x$$

$$H = K'\frac{Vc_x + V_s c_s}{V + V_s}$$

由以上两式可求出待测液浓度 c_x:

$$c_x = \frac{c_x V_s h}{H(V+V_s) - hV} \tag{5.28}$$

4)极谱定性分析

(1)极谱波的种类

①按电极反应类型,极谱波可分为可逆极谱波、不可逆极谱波、动力学极谱波与吸附极谱波,如图 5.12 所示。

可逆波是指电极反应速率远比扩散速率快,波上任何一点的电流都受扩散速率所控制的极谱波。可逆波的波形好,有利于扩散电流的测量。

不可逆波:当电极反应速率比扩散速率慢时,极谱电流不完全受扩散速率所控制,而受电极反应速度控制,这类极谱波称为不可逆波。不可逆波由于反应慢,电极上需有足够大的电位变化时,才有明显电流通过,因而波形倾斜。

②按电极反应的类型,极谱波可分为还原波、氧化波和综合波。还原波(阴极波)是氧化态物质在滴汞电极上还原所得到的极谱波。氧化波(阳极波)是还原态物质在滴汞电极上氧化时所得到的极谱波,如图 5.13 所示。

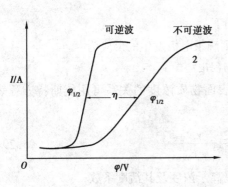

图 5.12 可逆波与不可逆波

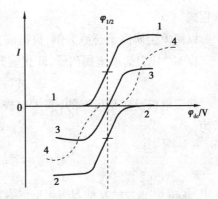

图 5.13 还原波、氧化波及综合波
1—氧化态的还原波；2—还原态的氧化波；
3—可逆综合波；4—不可逆综合波

如果同一物质在相同的底液中，其还原波和氧化波的半波电位相同，那么它的极谱波是可逆的。

③按参加电极反应物质的类型，极谱波可分为简单金属离子极谱波、配位离子极谱波和有机化合物极谱波。

(2) 极谱波方程式

不同金属离子具有不同的分解电压 U，但同种金属离子的分解电压并不恒定，会随离子浓度改变而变化，所以分解电压不适用于定性分析。当扩散电流等于极限扩散电流的一半时，所对应的滴汞电极的电位，称为半波电位 $E_{1/2}$。$E_{1/2}$ 是离子的特征参数，当溶液的组成和温度一定时，每一种待测离子的 $E_{1/2}$ 是一定的，不随其浓度的改变而改变。所以，半波电位常作为极谱定性分析的依据。在 1 mol/L KCl 底液中，不同浓度的 Cd^{2+} 极谱波如图 5.14 所示。

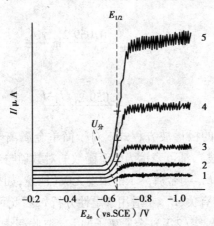

图 5.14 不同浓度 Cd^{2+} 的极谱波

尤考维奇公式反映了极限扩散电流与浓度之间的定量关系式，但不能描述作为电流-电位关系曲线的极谱波。极谱波方程式是描述滴汞电极电位和电流之间关系的数学表达式。扩散电流方程式表达了电流与待测物质浓度之间的关系，而能斯特方程式则体现了电位与浓度之间的关系，因此，将扩散电流方程式和能斯特方程式相结合就可以建立可逆波的极谱波方程式。

以简单金属离子还原为例,极谱波方程式推导如下：

设 M^{n+} 代表简单金属离子,M 代表其还原产物,则滴汞电极发生的反应为

$$M^{n+} + ne + Hg \rightleftharpoons M(Hg)$$

假设电极反应是可逆的,滴汞电极电位与电极表面物质浓度的关系可用能斯特方程表示为

$$E_{de} = E^{\ominus}_{M^{n+}/M(Hg)} + \frac{0.0592}{n} \lg \frac{\gamma_s c^0_{M^{n+}}}{\gamma_a c^0_{M(Hg)}} \tag{5.29}$$

式中　$c^0_{M^{n+}}$ 和 γ_s——分别为滴汞电极表面溶液中金属离子浓度及其活度系数；

$c^0_{M(Hg)}$ 和 γ_a——分别为滴汞电极表面金属汞齐的浓度及其活度系数。

当电极电位达到极限电流相应值时,则

$$I_d = K_s c_{M^{n+}}$$

由于金属汞齐的生成是电极反应的结果,因此,滴汞电极表面形成金属汞齐的浓度也与电解电流有关,即

$$I = K_a c^0_{M(Hg)}$$

于是

$$E_{de} = E^{\ominus}_{M^{n+}/M(Hg)} + \frac{0.0592}{n} \lg \frac{\gamma_s (I_d - I)/K_s}{\gamma_a I/K_a}$$

即

$$E_{de} = \varphi^{\ominus}_{M^{n+}/M(Hg)} + \frac{0.0592}{n} \lg \frac{\gamma_s K_a}{\gamma_a K_s} + \frac{0.0592}{n} \lg \frac{I_d - I}{I}$$

$I = \frac{1}{2} I_d$ 时, $E_{de} = E_{1/2}$, 则

$$E_{1/2} = E^{\ominus}_{M^{n+}/M(Hg)} + \frac{0.0592}{n} \lg \frac{\gamma_s K_a}{\gamma_a K_s} \tag{5.30}$$

于是

$$E_{de} = E_{1/2} + \frac{0.0592}{n} \lg \frac{I_d - I}{I} \tag{5.31}$$

该式即为简单金属离子的极谱波方程式。对于简单金属离子的可逆波,无论是还原波(阴极波)还是氧化波(阳极波),都可表示为电流函数的对数项与半波电位的加和。

从以上关系式可以看出 $E_{1/2}$ 与金属离子的浓度无关(注意,如果还原的金属不溶于 Hg,即不形成汞齐时,则 $E_{1/2}$ 与浓度有关, $E_{1/2}$ 不适用于定性分析),因此可进行定性分析。实际上由于极谱分析的半波电位范围较窄(2 V),金属离子的 $E_{1/2}$ 彼此间重叠严重,采用半波电位定性的实际应用价值不大。

通过半波电位,可以了解在某种溶液体系下,各种物质产生极谱波的电位,从而选择合适的分析条件,避免共存物质的干扰等。

(3)半波电位的测定和可逆极谱波的判断

①半波电位的测定。根据作图法可求得 $E_{1/2}$ 和 n,这一方法称为极谱波的对数分析。将

E_{de} 对 $\lg \dfrac{I}{I_d-I}$ 作图,可得一直线,其斜率为 $\dfrac{n}{0.0592}$,而对数相为零时的电位即为 $E_{1/2}$,如图 5.15 所示。

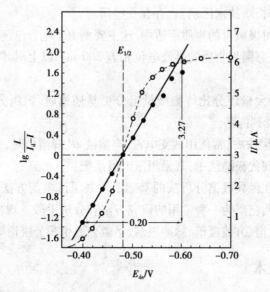

图 5.15 极谱波的对数分析

② 可逆极谱波的判断。在极谱波上取两点,使 $I=\dfrac{3}{4}I_d$ 和 $I=\dfrac{1}{4}I_d$,则对应的滴电极电位为

$$E_{3/4}=E_{1/2}+\dfrac{0.059V}{n}\lg \dfrac{I_d-\dfrac{3}{4}I_d}{\dfrac{3}{4}I_d}=E_{1/2}+\dfrac{0.059V}{n}\lg \dfrac{1}{3}$$

$$E_{1/4}=E_{1/2}+\dfrac{0.059V}{n}\lg 3$$

两式相减得

$$E_{3/4}-E_{1/4}=\dfrac{0.059V}{n}\lg \dfrac{1}{9}=-\dfrac{0.056V}{n} \tag{5.32}$$

若 $E_{3/4}-E_{1/4}$ 的差值符合式(5.32),则极谱波为可逆波;若差值不符合上式,则是不可逆波。

5)极谱分析法的特点及其存在的问题

(1)极谱分析法的特点

①极谱分析法的应用非常广泛,凡能在电极上被还原或被氧化的无机和有机物质,一般都可用该法测定,某些不起氧化还原反应的物质也可应用间接法测定。

②极谱分析所用试液的浓度较低,一般为 1 μg/L ~ 1 mg/L(为 10^{-5} ~ 10^{-2} mol/L)。

③相对误差较小,一般为 ±2%。

④在电解过程中,不搅拌溶液。

⑤在电解时通过溶液的电流很小,不超过 100 μA,所以经电解后溶液的组分和浓度基本上没有显著变化,试液可以连续反复使用。

⑥分析时只需少量的试样。

(2) 极谱分析法存在的问题

上述特点决定了极谱分析法应用广泛,但上述极谱分析法(通常称为经典极谱方法,以与后续发展起来的极谱分析新技术区别)也存在一些问题。

①检测下限较高,对极微量的物质不适用,这主要是由于电容电流的存在造成的。

②分辨能力低。只有两种物质的半波电位相差 200 mV 以上时才能将两个波分开,否则不能准确测量波高。

③当试样中含有的大量组分比待测微量组分更易还原时,该组分会产生一个很大的前波,使 $E_{1/2}$ 较负的组分受到掩蔽。

④IR 降:在经典极谱法中,常使用两支电极,当溶液 IR 降增加时,会造成半波电位位移以及波形变差。因此,在现代极谱法中,常采用三电极系统。

为解决以上问题,在经典极谱分析法的基础上发展了许多新方法,使极谱分析在实际应用中得到了很大的发展,已成为一种常用的研究方法和分析手段。现代极谱法包括溶出伏安法、极谱催化波、示波极谱、方波极谱、脉冲极谱、半微分或半积分极谱等。

5.4.2 实验技术

1) 影响扩散电流的因素及其控制

在极谱分析过程中,要保持扩散电流公式的常数项 K 不变,才能使极限扩散电流与被测物质的浓度成正比。找到影响扩散电流的因素,并加以控制是得到准确结果的前提。影响 K 的因素主要有 3 种。

(1) 毛细管特性的影响

m 和 t 均为毛细管特性,$m^{2/3}t^{1/6}$ 称为毛细管特性常数。这取决于毛细管的大小和滴汞上的压力。作用于滴汞上的压力一般是以贮汞瓶中的汞面与滴汞电极末端之间的汞柱高度 h 来表示。汞流速度 m 与汞柱压力成正比,而滴汞周期 t 与汞柱压力成反比。

代入尤考维奇(Ilkovic)公式得

$$m^{2/3}t^{1/6} = kh^{1/2} \tag{5.33}$$

可见,在一定实验条件下,扩散电流与汞柱高度的平方根成线性关系,汞柱高度 h 增加 1 cm时,I_d 约增加2%。可见,在一个分析系列的过程中,必须采用同一支毛细管,且要保持汞柱高度的一致,才能获得精确的结果。

(2) 温度

尤考维奇公式中,除 n、c_0 外,其余各项均与温度有关。其中扩散系数 D 受温度影响最大。极谱分析时,若要求温度对 I_d 的影响误差在1%以内,必须将温度的变化控制在 0.5 ℃以内。如能在较短的时间内完成测定,则不必采用恒温装置。

(3) 溶液组成

尤考维奇公式中,I_d 与 $D^{1/2}$ 成正比,而 D 与溶液的黏度有关,黏度大,D 就大,则 I_d 相应就小。溶液组成不同,其黏度就不同。因此,极谱分析时,要尽可能保证标液和待测溶液组成一致。采用标准加入法可减少溶液组分的影响。

2)干扰电流及消除方法

在极谱分析装置中,除用于测定的扩散电流外,也包括其他原因引起的电流,称为干扰电流。干扰电流包括残余电流、迁移电流、极谱极大、氧波、叠波、前波和氢波等,它们干扰测定,需设法扣除。

(1)残余电流

残余电流,一方面是由于溶液中的微量杂质(如金属离子、溶解在溶液中的微量氧气)在滴汞电极上还原产生的电解电流,可通过除氧、试剂提纯来减小;另一方面是由于滴汞电极与溶液界面上双电层的充电产生的,称为充电电流或电容电流。

滴汞电极表面与溶液之间的双电层相当于一个电容器,它可以充、放电,这就是极谱分析中充电电流产生的原因。测定时充电电流的大小为 10^{-7} A 数量级,这相当于浓度为 10^{-5} mol/L 物质所产生的扩散电流的大小。充电电流是残余电流的主要部分,仪器上一般有消除残余电流的补偿装置,也可用作图法加以扣除。

(2)迁移电流

含有 $CdCl_2$ 的溶液在极谱上进行电解,电解开始后,Cd^{2+} 在滴汞表面的还原使其浓度减小,Cd^{2+} 在电极附近形成浓度梯度。同时,由于带正电的 Cd^{2+} 的减少,滴汞表面带负电的 Cl^- 就会多余出来,于是溶液中又形成了电势梯度。都推动 Cd^{2+} 向滴汞电极移动,前者产生扩散电流,后者产生迁移电流。

迁移电流与被分析的离子的多少无线性关系,必须消除迁移电流。

消除方法:在溶液中加入大量支持电解质。由于支持电解质的加入,使负极对待测离子的静电引力大大减小,迁移运动主要由加入的电解质来承担,使静电引力引起的迁移电流趋近于零,进而达到消除迁移电流的目的。

实际分析时,由于试样基体中存在大量其他物质或在样品进行前处理时,已加入大量的强酸或强碱,它们都可起到支持电解质的作用,故有时不需另加支持电解质。

(3)极谱极大

当外加电压达到被测物质的分解电压后,极谱电流随外加电压增高而迅速增大到极大值,随后又恢复到扩散电流的正常值。极谱波上出现的这种极大电流的畸峰,称为极谱极大。如图 5.16 所示。

极大的产生:由于毛细管末端对滴汞颈部有屏蔽作用,使被测离子不易接近滴汞颈部,而在滴汞下部被测离子可以无阻碍地接近。离子还原时,汞滴下部的电流密度较上部大。这种电荷分布的不均匀会造成滴汞表面张力的不均匀。表面张力小的部分要向表面张力大的部分运动。这种切向运动会搅动溶液,加速被测离子的扩散和还原,形成极大电流。由于被测离子的迅速消耗,电极表面附近的浓度已趋于零,达到完全浓差极化,电流又立即下降到扩散电流。

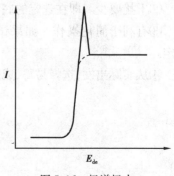

图 5.16 极谱极大

消除方法:加入极大抑制剂。滴汞表面张力大的部分吸附表面活性剂多,吸附后表面张力就下降得多;表面张力小的部分吸附表面活性剂少,吸附后表面张力就下降就小。这样滴汞表面张力趋于均匀,也就消除了产生极大的切向运动。

(4)氧波

由溶液中溶解氧还原产生的还原波,称为氧波。氧还原产生两个还原波,从 $-0.05 \sim 1.3\ \text{V}$,故重叠在很多物质的极谱波上,影响测定,应予消除。消除方法如下:

①在溶液中可通入 H_2、N_2 或其他惰性气体赶走 O_2。

②在碱性溶液中可加入 Na_2SO_3,还原 O_2。

③在强酸性溶液中可加入 Na_2CO_3,生成大量的 CO_2,或加入铁粉,产生大量的 H_2 可除去溶液中的氧。

④在微酸性溶液中加入抗坏血酸,除氧效果也很好。

3)极谱分析中的底液及其选择

以上的干扰电流中,除了残余电流可以通过作图的方法扣除外,其他的干扰电流只能通过改变分析溶液的组成才能消除。这种由加入适当试剂所调配成的溶液称为极谱分析的底液。底液适宜时,会使极谱法具有一定的选择性,可能不经分离即可同时测定几种物质。

(1)底液的类型

底液一般有下列 4 种类型:

①支持电解质。其作用是消除迁移电流,常用的支持电解质有 HCl、H_2SO_4、NaAc-HAc、NH_3-NH_4Cl、NaOH、KCl 等;使用时,支持电解质的浓度至少是被测物浓度的 50 倍或 100 倍。

②极大抑制剂。其作用是消除极谱极大,如动物胶、PVC、Triton X-100。

③除氧剂。其作用是消除氧波,如中性或碱性中加 Na_2SO_3,微酸性液中加抗坏血酸。若采用通氮除氧的方法,则底液中不再加除氧剂。

④其他有关试剂。如加入适当的络合剂以改变各种离子的半波电位,消除叠波的干扰;加入适当的缓冲剂以控制溶液的酸度改变波形,防止水解等副作用。

(2)底液的选择原则

①能得到波形好的极谱波,也就是波形较陡,波的上下都有良好的平台。最好是可逆的极谱波,波的可逆与否与底液关系很大。

②干扰要少。即在选定的底液中分析时,最好不受氢波、叠波和前波等的干扰。

③有利于简化操作。如果试液中含有多种待测物质,最好能在所选定的底液中同时测定。

④从实际出发,选择易得,成本低,配制简便的试剂。

任务 5.5　库仑滴定法

5.5.1　基本原理

1）库仑分析法的基本原理

（1）电解现象和电解电荷量

电解是利用外部电能使化学反应向非自发方向进行的过程。在电解池的两个电极上加一个直流电压，由于该外加电压的作用，导致电极上发生氧化还原反应，同时伴随着电流流过，这一过程称为电解现象。电解池与外加电源负极相连的电极为阴极，电解时发生还原反应；电解池与外加电源正极相连的电极为阳极，电解时发生氧化反应。

电解装置主要由电解池和外加电压组成，电解池包括电极、电解溶液和搅拌器，如图 5.17 所示。电极包括工作电极和辅助电极（或对电极）。用以反映离子浓度、发生所需电化学反应或响应激发信号的电极称为工作电极。提供电子传导的场所，但电极上的反应并非实验中所要研究或测量的电极称为辅助电极或对电极。工作电流很小时，参比电极可作辅助电极，例如，电位分析法中的参比电极即为辅助电极；当工作电流较大时，参比电极将难以负荷，其电位亦不稳定，此时应再加上一辅助电极，构成"三电极系统"来测定或控制工作电极的电位。

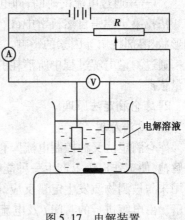

图 5.17　电解装置

电解过程中，由电极反应产生的电流，称为电解电流，用 I 表示。电解过程中电流可以积分为电解电荷量，用 Q 表示，它能反映电化学反应的物质的总量。I 与 Q 之间的关系为

$$Q = \int_0^t I dt \tag{5.34}$$

式中　t——电解时间，s。

如果电解过程中电流恒定，则

$$Q = It \tag{5.35}$$

（2）法拉第定律

电解过程中，电极上发生的电化学反应与溶液中通过电量的关系可用法拉第定律描述。法拉第电解定律包含两个内容：

①电流通过电解质溶液时，发生电极反应的物质的量与所通过的电量成正比。其数学表达式为

$$m \propto Q$$

②通过同量的电量时电极上所沉积的各物质的质量与各该物质的 M/n 成正比。其数学表达式为

$$m = \frac{Q}{nF}M = \frac{It}{nF}M \tag{5.36}$$

式中 　m——电解时电极上析出物质的质量,g;
　　　Q——电解电荷量,C;
　　　M——电极上析出物质的摩尔质量,g/mol;
　　　n——电极反应中转移的电子数;
　　　F——法拉第常数,$F=96\,487(\text{c/mol})$;
　　　I——流过电解池的电流,A;
　　　t——通过电流的时间,即电解时间,s。

法拉第定律是自然科学中最严格的定律之一,它不受温度、压力、电解质浓度、电极材料和形状、溶剂性质等因素的影响。

通过测量电解过程中所消耗的电荷量即可求得电极反应物质的质量,这是库仑分析法的定量依据。

2)库仑滴定法原理

(1)方法原理

库仑滴定法又称控制电流库仑分析法或恒电流库仑分析法,该方法是以恒定的电流通过电解池,使工作电极上产生一种能够与溶液中待测组分反应的滴定剂,称电生滴定剂,该滴定剂用来与被测物质发生定量反应。用适当的方法指示终点,当被测物质作用完后,立即停止电解。由电解进行的时间 t 及电流强度 I,可按法拉第定律计算被测物的量。

$$m = \frac{It}{nF}M \tag{5.37}$$

库仑滴定法与普通滴定分析法在反应原理上是相同的。不同点在于:库仑滴定法不需要标准溶液,滴定剂是由电解反应产生,而不是从滴定管加入;其计量标准量为时间及电流,而不是普通滴定法的标准溶液的浓度及体积。

(2)基本装置

库仑滴定装置由电解系统和终点指示系统两部分组成,如图5.18所示。

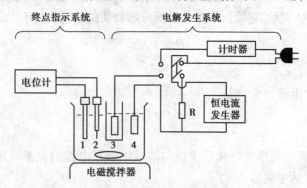

图5.18　库仑滴定装置示意图

1和2—指示电极和参比电极;3—Pt辅助电极(位于保护管中);4—Pt工作电极

电解系统的作用是提供一个数值已知的恒电流,生成滴定剂并准确记录时间。该系统由恒电流电源、计时装置、电解池等主要部件组成。直流恒电流电源是一种能供应直流电并保证所供电的电流恒定的装置(通常为 1~20 mA,一般不超过 100 mA),可采用直流稳压器(电流可直接读出),也可用几个串联的电池(电流可通过测量标准电阻 R 两端的电压降 V_R 而求得)。电解池又称库仑池,其中工作电极是电解产生滴定剂的电极,直接浸在加有滴定剂的溶液中。辅助电极浸在另一种电解质溶液中,并用隔膜隔开,以防止电极上发生的电极反应干扰测定。计时器采用精密电子计时器准确计时,也可用秒表计时(准确度不够高)。

终点指示系统用于指示滴定终点,其具体装置应根据终点指示方法确定,可用指示剂,也可用电位法或电流法等电化学方法指示。采用电化学方法指示终点需在池内安装指示电极,该法易于实现自动化。

(3)库仑滴定法的特点和应用

①库仑滴定法的特点如下:

a. 准确度高。库仑滴定法根据电量来计算分析结果,而电量容易控制和准确测量,因此准确度高。相对误差约为 0.2%,甚至可达到 0.01% 以下。

b. 灵敏度高。能测定 μg 级的物质,如果校正空白值,并使用高精度的仪器,甚至可测定 0.01 μg 级的物质。

c. 由于滴定剂是电解产生的(电极反应产物),并在产生后立即与溶液中待测物质反应(边电解边滴定),所以某些不稳定试剂如 Cu^+、Br_2、Cl_2 等虽不能作为一般容量分析的标准溶液,但在库仑滴定中可以使用。

d. 不需要基准物质。分析结果是客观地通过测量电量而得,可以避免使用基准物及标定标准溶液时所引起的误差。

e. 易于实现自动化,可进行动态的流程控制分析。

②库仑滴定的应用。库仑滴定法应用较广泛,凡是与电生滴定剂能迅速而定量地反应的任何物质,均可用库仑滴定法测定。因此,能用一般滴定分析的各类滴定,如酸碱滴定、氧化还原滴定、沉淀滴定和络合滴定等测定的物质,均可用于库仑滴定法,见表5.4 和表5.5。

表5.4 应用酸碱、沉淀及络合反应的库仑滴定法

被测物质	产生滴定剂的电极反应	滴定反应
酸	$2H_2O + 2e^- \rightleftharpoons H_2 + 2OH^-$	$OH^- + H^+ \rightleftharpoons H_2O$
碱	$2H_2O \rightleftharpoons O_2 + 4H^+ + 4e^-$	$H^+ + OH^- \rightleftharpoons H_2O$
卤离子	$Ag \rightleftharpoons Ag^+ + e^-$	$Ag^+ + X^- \rightleftharpoons AgX \downarrow$
硫醇	$Ag \rightleftharpoons Ag^+ + e^-$	$Ag^+ + RSH \rightleftharpoons AgSH \downarrow + H^+$
氯离子	$2Hg \rightleftharpoons Hg_2^{2+} + 2e^-$	$Hg_2^{2+} + 2Cl^- \rightleftharpoons Hg_2Cl_2 \downarrow$
Zn^{2+}	$Fe(CN)_6^{3-} + e^- \rightleftharpoons Fe(CN)_6^{4-}$	$2Fe(CN)_6^{4-} + 3Zn^{2+} + 2K^+ \rightleftharpoons K_2Zn_3[Fe(CN)_6]_2 \downarrow$
Ca^{2+}、Cu^{2+}、Zn^{2+}、Pb^{2+}	$HgNH_3Y^{2-} + NH_4^+ + 2e^- \rightleftharpoons Hg + 2NH_3 + HY^{3-}$ (Y^{4-} 为 EDTA 离子)	$HY^{3-} + Ca^{2+} \rightleftharpoons CaY^{2-} + H^+$

表5.5 库仑滴定法产生的滴定剂及应用

滴定剂	介 质	工作电极	测定的物质
Br_2	0.1 mol/L H_2SO_4 + 0.2 mol/L NaBr	Pt	Sb(Ⅲ)、I⁻、Tl(Ⅰ)、U(Ⅳ)、有机化合物
I_2	0.1 mol/L 磷酸盐缓冲溶液(pH 8) + 0.1 mol/L KI	Pt	As(Ⅲ)、Sb(Ⅲ)、$S_2O_3^{2-}$、S^{2-}

续表

滴定剂	介 质	工作电极	测定的物质
Cl_2	2 mol/L HCl	Pt	As(III)、I^-、脂肪酸
Ce(IV)	1.5 mol/L H_2SO_4+0.1 mol/L $Ce_2(SO_4)_3$	Pt	Fe(II)、$Fe(CN)_6^{4-}$
Mn(III)	1.8 mol/L H_2SO_4+0.45 mol/L $MnSO_4$	Pt	草酸、Fe(II)、As(III)
Ag(II)	5 mol/L HNO_3+0.1 mol/L $AgNO_3$	Au	As(III)、V(IV)、Ce(III)、草酸
$Fe(CN)_6^{4-}$	0.2 mol/L $K_3Fe(CN)_6$(pH 2)	Pt	Zn(II)
Cu(I)	0.02 mol/L $CuSO_4$	Pt	Cr(VI)、V(V)、IO_3^-
Fe(II)	2 mol/L H_2SO_4+0.6 mol/L 铁铵矾	Pt	Cr(VI)、V(V)、IO_4^-
Ag(I)	0.5 mol/L $HClO_4$	Ag 阳极	Cl^-、Br^-、I^-
EDTA(Y^{4-})	0.02 mol/L $HgNH_3Y^{2-}$ + 0.1 mol/L NH_3NO_3(pH 8,除O_2)	Hg	Ca(II)、Zn(II)、Pb(II)等
H^+或OH^-	0.1 mol/L Na_2SO_4 或 KCl	Pt	OH^-、H^+、有机酸、碱

5.5.2 实验技术

1)产生电生滴定剂的方法

电生滴定剂是在电极上产生的,并且瞬间就与被测物质作用而被消耗掉,因而避免了普通滴定分析中标准溶液制备、标定及储存等引起的误差。电生滴定剂产生方法主要有 3 种。

(1)内部电生滴定剂法

内部电生滴定剂法是指电生滴定剂的反应和滴定反应在同一电解池中进行。这种方法的电解池内除了含有待测组分以外,还应含有大量的辅助电解质。辅助电解质可以起 3 种作用:一是电生出滴定剂,二是起电位缓冲剂作用,三是允许在较高电流密度下进行电解而缩短分析时间。目前多数库仑滴定以此种方法产生滴定剂。

库仑滴定中所使用的辅助电解质有以下要求:
①要以 100% 的电流效率产生滴定剂,无副反应发生。
②要有合适的指示终点方法。
③产生滴定剂与待测物之间能快速发生定量反应。

(2)外部电生滴定剂法

这种电位滴定剂是指电生滴定剂的反应与滴定反应不在同一溶液体系中进行,而是由外部溶液电生出滴定剂,然后加到试液中进行滴定。当电生滴定剂和滴定反应由于某种原因不能在相同介质中进行或被测试液中的某些组分可能和辅助电解质同时在工作电极上起反应时,必须用这种方法。

(3)双向中间体库仑滴定法

对于一些反应速率较慢的反应,在一般滴定分析法中多数采用返滴定方式,而不进行直接滴定。库仑滴定法对此类返滴定方式进行测定的物质一般采用双中间体库仑滴定法,即先在第一种条件下产生过量的第一种滴定剂,待与被测物质完全反应后,改变条件,再产生第二种滴定剂返滴定过量的第一种滴定剂。两次电解所消耗电荷量的差就是滴定被测物质所需的电荷量。例如,以 Br_2/Br^- 和 Cu^{2+}/Cu^+ 两电对可进行有机化合物溴值的测定。先由 $CuBr_2$ 溶液在阳极电解产生过量的 Br_2,待 Br_2 与有机化合物反应完全后,倒换工作电极极性,再由阴极电解产生 Cu^+,用以滴定过量 Br_2。因此,这是在同一种溶液中电解产生两种电生滴定剂。

2) 指示终点的方法

库仑滴定法中指示终点的方法有化学指示剂法、电位法、永(死)停法(或双铂极电流指示法)、分光光度法等,常用的有:

(1) 化学指示剂法

这是指示终点的最简单的方法,此法可省去库仑滴定装置中的指示系统,比较简单。多用于酸碱库仑滴定,也用于氧化还原、络合和沉淀反应。但这种方法的灵敏度较低,对于常量的库仑滴定可得到满意的测定结果。

例如,肼的测定,加入 KBr,以甲基橙为指示剂,电极反应为

Pt 阴极: $\qquad 2H^+ + 2e \longrightarrow H_2$

Pt 阳极: $\qquad 2Br^- \longrightarrow Br_2 + 2e$

电极上产生的 Br_2 与溶液中的肼发生滴定反应为

$$NH_2-NH_2 + 2Br_2 = N_2\uparrow + 4HBr$$

过量的 Br_2 使甲基橙褪色,指示终点。

选择化学指示剂应注意:指示剂不能发生电极反应;指示剂与电生滴定剂的反应速度比被测物质与电生滴定剂的反应速度慢。

(2) 电位法

库仑滴定中随着滴定的不断进行,待测组分的浓度不断变化,如果选用合适的指示电极来指示滴定终点,其电极电位液随之变化。到达化学计量点时,指示电极电位发生突变,从而指示终点的到达。因此,可根据滴定反应的类型,在电解池中另外置入合适的指示电极和参比电极,以直流毫伏计或酸度计测量电动势或 pH 变化。

例如,利用库仑滴定法测定溶液中酸的浓度时,可用酸度计指示终点。以 Pt 电极为工作电极,银电极为辅助电极,电极反应为

工作电极(铂阴极): $\qquad 2H_2O + 2e \longrightarrow 2OH^- + 2H_2$

辅助电极(银阳极): $\qquad 2H_2O \longrightarrow O_2 + 4H^+ + 4e$

终点时,工作电极生成的 OH^- 产生了富余,使溶液中的酸度发生突变。但由于阳极上产生的 H^+ 会干扰测定,因此采用半透膜套将阳极与电解液隔开。

(3) 双铂电极电流指示法

由于溶液中形成一对可逆电对或一对可逆电对消失,使铂极的电流发生变化或停止变化,指示终点到达,这种指示终点的办法称为永停终点法,又称死停终点法或双铂极电流指示法。该方法是灵敏度最高的库仑滴定指示法。

当溶液中存在氧化还原电对时,插入一支铂电极,电极电位服从能斯特方程,但在该溶液中插入两支相同的铂极时,由于电极电位相同,电池的电动势等于零。这时若在两个电极间外加有微小电压(50~200 mV),接正极端的铂电极发生氧化反应,接负极端的铂电极发生还

原反应,此时溶液中有电流通过。其装置如图 5.19 所示。这种外加很小电压引起电解反应的电对称为可逆电对,如 I_2/I^- 电对就是可逆电对;反之,有些电对在此小电压下不能发生电解反应,称为不可逆电对,如 AsO_4^{3-}/AsO_3^{3-} 电对。

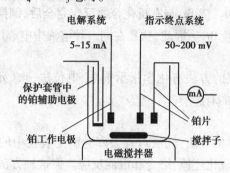

图 5.19　永停终点库仑滴定示意图

以库仑滴定法测定砷为例。在阴极电解池中加入 Na_2SO_4 水溶液,在阳极电解池中加入 0.2 mol/L KI-$NaHCO_3$ 混合液及一定量含 As(Ⅲ)试液,并在其中插入两支相同的 Pt 电极,在两个相同 Pt 电极间施加 100～200 mV 的小电压,打开搅拌器,按下双掷开关,电解反应和滴定反应开始。

铂电极上发生的电极反应为

阳极　　　　　　　　　　$2I^- \rightleftharpoons I_2 + 2e$

阴极　　　　　　　　　　$2H_2O + 2e \longrightarrow 2OH^- + H_2$

生成的 I_2 立即与 As(Ⅲ)反应

$$I_2 + AsO_3^{3-} + H_2O \rightleftharpoons 2I^- + AsO_4^{3-} + 2H^+$$

化学计量点前,溶液中有 I^-,但不存在 I_2,无可逆电对。存在 AsO_4^{3-}/AsO_3^{3-},但该电对为不可逆电对,两个 Pt 电极之间的微弱电压不会引起 As(Ⅲ)和 As(Ⅴ)的电极反应,因而终点指示回路中无电流通过,检流计停滞不动。当滴至化学计量点时,试液中 As(Ⅲ)被滴定完全,AsO_4^{3-}/AsO_3^{3-} 消失,此时稍过量的 I_2 与溶液中 I^- 形成可逆电对 I_2/I^-,因而,两个 Pt 电极上将有电极反应发生,终点指示回路中有电流通过,检流计迅速偏转,指示终点到达。

反之,如果某一滴定在化学计量点前,溶液存在可逆电对,而在化学计量点时,可逆电对消失,稍过量滴定剂又产生的是不可逆电对,则终点指示回路中的电流将迅速减小至零,检流计指针迅速回至零点指示终点到达。

知识链接

电化学研究领域卓越的先驱(一)
——能斯特

能斯特是德国卓越的物理学家、物理化学家和化学史家,1864 年 6 月 25 日生于西普鲁士的布里森,1887 年毕业于维尔茨堡大学,并获博士学位。1889 年他得出了电极电势与溶液浓度的关系式,即能斯特方程。能斯特方程对电化学领域造成了深远的影响,也帮助他在20多岁即赢得了国际声誉。1905年,他确立了热力学第三定律,这条定律描述了物质接近绝对零度时的表现。这条定律又被称为"能斯特热定律",它有效地解决了计算平衡常数的问题和许多工业生产难题。能斯特于1920年获得诺贝尔化学奖,这是对他在物理和化学领域所取得丰硕研究成果的充分肯定。

能斯特不仅专注于理论研究,他还擅长于发明创造。1897年,能斯特发明了能斯特灯,这是一种使用白炽陶瓷棒的电灯,它是碳丝灯的替代品和白炽灯的前身。能斯特于1930年与巴希斯坦(Bechstein)及西门子公司合作开发了一种叫"新巴希斯坦之翼"("Neo-Bechstein-Flügel")的电子琴,该电子琴使用了电磁感应器以产生电子调解及放大的声音,跟电吉他是一样的。

能斯特1891年任哥丁根大学物理化学教授,1905年任柏林大学教授,1925年起担任柏林大学原子物理研究院院长。1932年被选为伦敦皇家学会会员。由于纳粹政权的迫害,1933年退职,在农村度过了他的晚年。1941年11月18日在柏林逝世,被葬于马克斯·普朗克墓附近。

电化学研究领域卓越的先驱(二)
—— 法拉第

迈克尔·法拉第(Michael Faraday,1791—1867年),自学成才的世界著名科学家,英国物理学家、化学家、发明家,发电机和电动机的发明者。

1818年起他和J.斯托达特合作研究合金钢,首创了金相分析方法。1820年用取代反应制得六氯乙烷和四氯乙烯。1823年他发现了氯气和其他气体的液化方法。1825年发现了苯。

许多人在电学领域都作出过贡献,但是比其他人都遥遥领先的是两位伟大的英国科学家迈克尔·法拉第和詹姆士·克拉克·麦克斯韦。1821年法拉第完成了第一项重大的电发明——第一台电动机,它是第一台使用电流将物体运动的装置,是今天世界上使用的所有电动机的祖先。1831年法拉第发现了电磁感应效应,并得出电磁感应定律,这是法拉第对世界最伟大的一项贡献。

为了证实用各种不同办法产生的电在本质上都是一样的,法拉第仔细研究了电解液中的化学现象,1834年总结出法拉第电解定律(又称为库仑定律):电解释放出来的物质总量和通过的电流总量成正比,和那种物质的化学当量成正比。这条定律成为联系物理学和化学的桥梁,也是通向发现电子道路的桥梁,构成了电化学的基础。法拉第作为一名天才的电学大师,还于1843年利用有名的"冰桶实验",证明了电荷守恒定律。他将化学中的许多重要术语给予了通俗的名称,如阳极、阴极、电极、离子。法拉第也是最先提出电场概念和电场线概念的人。1845年,在经历了无数次失败之后,法拉第终于发现了"磁光效应"。他用实验证实了光和磁的相互作用,为电、磁和光的统一理论奠定了基础。

1867年8月25日,平民迈克尔·法拉第在书房安详地离开了人世。一代科学巨星,在谱写完他不平凡的人生,给人类留下无价的宝藏以后与世长辞。

· 项目小结 ·

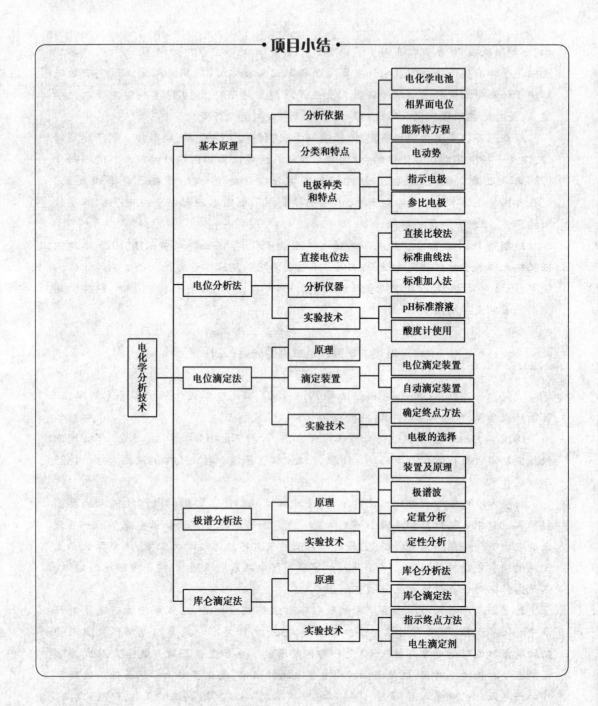

实训项目 5.1　水溶液 pH 的测定

【实训目的】
1. 掌握酸度计的构造和测定溶液 pH 的基本原理。
2. 学习测定玻璃电极响应斜率的方法。
3. 掌握用酸度计测定溶液 pH 的步骤。

【方法原理】
以玻璃电极作指示电极、饱和甘汞电极作参比电极、插入待测溶液中组成原电池,在一定条件下,测得电池的电动势 E 与 pH 呈直线关系为

$$E = K + \frac{2.303RT}{F} \text{pH}$$

常数 K 取决于内外参比电极电位、电极的不对称电位和液体接界电位,因此,无法准确测量 K 值,实际上测量 pH 是采用相对方法:

$$\text{pH}_x = \frac{F}{2.303RT}(E_x - E_s) + \text{pH}_s$$

玻璃电极的响应斜率 $2.303RT/F$ 与温度有关,在一定的温度下应该是定值,25 ℃时玻璃电极的理论响应斜率为 0.059 2。但是由于玻璃电极制作工艺和老化程度等的差异,每个 pH 玻璃电极其斜率可能不同,须用实验方法来测定。

【仪器与试剂】
1. 仪器:pHS-3C$^+$型数字酸度计,复合 pH 玻璃电极。
2. 试剂:邻苯二甲酸氢钾标准缓冲溶液,pH=4.00;磷酸二氢钾和磷酸氢二钠标准缓冲溶液,pH=6.86;硼砂标准缓冲溶液,pH=9.18;待测水溶液。

【实训内容】
1) 标准缓冲溶液的配置
用蒸馏水溶解从市场购买的标准缓冲溶液试剂,转入试剂包规定的容量瓶中定容,贴标签备用。

2) 酸度计的标定
按照操作说明书操作进行一点标定和二点标定。

3) pH 玻璃电极响应斜率的测定
选择 mV 测量状态,将电极插入 pH=4.00 的标准缓冲溶液中,摇动烧杯使溶液均匀,在显示屏上读出溶液的 mV 值,依次测定 pH=6.86、pH=9.18 标准缓冲溶液的 mV 值。

4) 水溶液 pH 的测定
用蒸馏水缓缓淋洗电极 3~5 次,再用待测溶液淋洗 3~5 次。然后插入装有待测溶液的烧杯中,摇动烧杯使溶液均匀,待读数稳定后,读取 pH。用蒸馏水清洗电极,滤纸吸干。

【结果处理】
1. pH 玻璃电极响应斜率的测定。作 E-pH 图,求出直线斜率即为该玻璃电极的响应斜率。若偏离 59 mV/pH（25 ℃）太多,则该电极不能使用。
2. 计算水溶液 pH 的平均值。

【注意事项】
1. 正确配制 pH 标准缓冲溶液,保证溶液 pH 准确。
2. pH 复合电极使用的注意事项:
①在使用复合电极时,溶液一定要超过电极头部的陶瓷孔。
②观察敏感膜玻璃是否有刻痕和裂缝;参比溶液是否浑浊或发霉(有絮状物);参比电极的液接界部位是否堵塞;电极的引出线及插头是否完好,要保持电极插头的干燥与清洁。
③玻璃球泡易破损,使用时要小心。
④电极不得测试非水溶液,如油脂、有机溶剂、牛奶及胶体等,若不得已,测试后必须马上清洗,用稀 $NaHCO_3$ 溶液浸泡清洗,时间不宜太长,然后用蒸馏水漂洗干净。
⑤电极正常测试水温为 0～60 ℃,超过 60 ℃极易损坏电极。
⑥电极不得测试含 F^- 高的水样。
⑦每次测试结束,电极都须用蒸馏水冲洗干净,特别是测量过酸过碱溶液。
⑧电极保护套内的 KCl 溶液(3 mol/L)要及时补充不能干涸。

【思考题】
1. 一点标定法标定后,未进行二点标定的电极能否准确测定溶液 pH?
2. 酸度计上显示的 pH 值与溶液中氢离子活度有何定量关系?

实训项目 5.2　用离子选择性电极测定牙膏中的氟含量

【实训目的】
1. 掌握用离子选择性电极进行直接电位分析的原理及方法。
2. 学会使用离子计和离子选择性电极。

【方法原理】
氟离子选择电极的电极膜由 LaF_3 单晶制成,电位与 F^- 活(浓)度的关系符合能斯特方程,即

$$E_{F^-} = K - \frac{2.303RT}{F} \lg \alpha_{F^-}$$

氟离子选择电极与饱和甘汞电极组成的测量电池为

氟离子选择电极 | 试液($c=x$) ‖ SCE

氟离子测定方法如下:
①标准曲线法:配制一系列标准溶液,测定电动势,绘制 E-$\lg c_x$ 曲线,然后测得的未知试

液的电动势 E_x,在标准曲线上查得其浓度。

②标准加入法:首先测量体积为 V_0、浓度为 c_x 的被测离子试液的电动势 E_x,接着在试液中加入体积为 V_s、浓度为 c_s 的被测离子的标准溶液,并测量其电动势 E_{x+s}:

$$c_x = \frac{\Delta c}{10^{\Delta E/S}-1}$$

式中 Δc——加入标准溶液后被测离子浓度的增加量;

ΔE——两次测得的电动势之差;

S——电极斜率,$S = \frac{2.303RT}{nF}$。

用标准加入法时,通常要求加入的标准溶液的体积比试液体积小 100 倍,浓度大 100 倍,使加入标准溶液后测得的电位变化达 20～30 mV。

【仪器与试剂】

1. 仪器:数字离子酸度计,磁力搅拌器,电极(氟离子选择电极和饱和甘汞电极)。
2. 试剂:1.0×10^{-1} mol/L F^- 标准贮备液,$1.000 \times 10^{-2} \sim 1.00 \times 10^{-5}$ mol/L F^- 标准溶液,离子强度调节剂(TISAB),日用牙膏。

①$1.0 \times 10^{-1}$ mol/L F^- 标准贮备液:准确称取 NaF(120 ℃烘 1 h)4.198 g 溶于 1 000 mL 容量瓶中,用蒸馏水稀释至刻度,摇匀。储存于聚乙烯瓶中待用。

②$1.000 \times 10^{-2} \sim 1.00 \times 10^{-5}$ mol/L F^- 标准溶液:用上述贮备液配制。

③离子强度调节剂(TISAB):称取 NaCl 58.5 g,柠檬酸钠 10 g,溶解于 800 mL 蒸馏水中,再加入冰醋酸 57 mL,用 40% 氢氧化钠溶液调节到 pH 5～5.5,稀释到 1 L。

【实训内容】

1)氟离子选择电极的准备

将氟离子选择电极泡在 1×10^{-4} mol/L 氟离子溶液中约 30 min,然后用蒸馏水清洗数次直至测得的电位值约为 -300 mV(此值各支电极不同)。若氟离子选择电极暂不使用,宜于干放。

2)牙膏溶液制备

1 g 牙膏,然后加水溶解,加入 5 mL TISAB。煮沸 2 min,冷却并转移至 100 mL 容量瓶中,用蒸馏水稀释至刻度,待用。

3)配制空白溶液

在 100 mL 容量瓶中加入 5 mL TISAB,用蒸馏水稀释至刻度。

4)标准曲线法测定氟含量

(1)绘制标准曲线

在 5 只 100 mL 容量瓶中各配制内含 5 mL 离子强度调节剂的 $1.000 \times 10^{-2} \sim 1.00 \times 10^{-5}$ mol/L 氟离子标准溶液,分别倒入 5 只塑料烧杯中。浓度由低到高,插入氟离子选择电极和饱和甘汞电极,搅拌,测量标准溶液的电位值 E,绘制标准曲线。

测量完毕后将电极用蒸馏水清洗直至测得电位值 -300 mV 左右待用。

(2)牙膏溶液中氟含量的测定

准确移取牙膏溶液 50 mL 于 100 mL 容量瓶中,加入 5 mL TISAB,用蒸馏水稀释至刻度,

摇匀。然后全部倒入一个烘干的塑料烧杯中,插入电极,连接线路。在搅拌条件下待电位稳定后读取电位值 E_x。

5) 标准加入法测定氟含量

参照标准曲线法中方法测得牙膏溶液的电位值 φ_x 后,准确加入 1 mL 1.00×10^{-4} mol/L 氟离子标准溶液,测定电位值 E_{x+s}(若读得的电位值变化小于 20 mV,应使用 1 mL 1.00×10^{-3} mol/L 氟离子标准溶液,此时实验需重新开始)。

空白试验以蒸馏水代替试样,重复上述测定。牙膏试样同样可按上述方式测定。

【结果处理】

1. 标准曲线法:用计算机绘制 E-$\lg c$ 曲线,根据牙膏溶液测得的电动势 E_x,在校正曲线上查得对应的浓度,计算氟离子含量。牙膏中氟离子含量计算公式为

$$\frac{1.000\times x\%}{19}=c_x\times 0.1000$$

2. 标准加入法:根据标准加入法公式,计算得到试样中 F^- 的浓度。

$$c_x=\frac{\Delta c}{10^{\Delta E/S}-1}$$

【注意事项】

1. 测量时浓度应由稀至浓,每次测定前将搅拌子和电极上的水珠用滤纸擦干,但注意不要碰到底部晶体膜。

2. 氟电极不用时干燥保存。氟离子储备液要用聚乙烯瓶子装。

3. 注意参比电极内是否有气泡,若没充满,应补充饱和氯化钾溶液。

【思考题】

1. 写出离子选择电极的电极电位完整表达式。
2. 为什么要加入离子强度调节剂?
3. 试比较标准曲线法、标准加入法测得的 F^- 的浓度有何不同。如有,说明原因。

实训项目 5.3　极谱分析法测定水中镉含量

【实训目的】

1. 掌握极谱分析法的原理。
2. 熟悉和学习极谱分析仪的使用方法。

【方法原理】

1. 极谱分析仪:JP-303 型极谱分析仪,是由专用微机控制的全自动智能分析仪器。它的组成包括:主机、显示器、电极系统和打印机(可选),如下图所示。

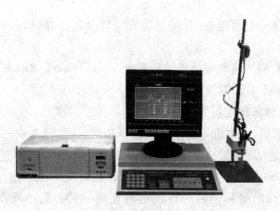

JP-303 型极谱分析仪

2. 极谱原理:JP-303 型极谱分析仪的基本测量原理电路,如下图所示。

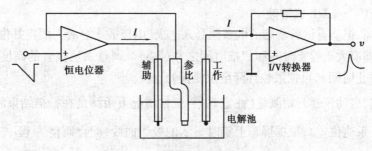

测量原理电路

仪器通过恒电位器,在含有被测离子的电解池的参比(甘汞)电极和工作(滴汞)电极上,加一随时间作直线变化的扫描电压 E,引起电极反应产生电解池电流 I,该电流在辅助(铂)电极和工作电极之间流通。把电解池的这一(I-E)伏安曲线用显示器显示出来,形成(常规)极谱波,其波高与被测离子的浓度成正比关系。这就是极谱法定量分析的基础。

该仪器目前可用标准比较法、标准曲线法和标准加入法 3 种定量方法自动计算出待测物质的浓度含量。本实验利用标准曲线法定量分析。

【仪器与试剂】

1. 仪器:JP-303 型极谱分析仪。
2. 试剂:1×10^{-3} mol/L 镉标准溶液,1 mol/L 氨氯化铵底液。

①$1\times10^{-3}$ mol/L 镉标准溶液:称取纯金属镉 0.112 4 g 置于 100 mL 烧杯中,加浓盐酸 5 mL、浓硝酸 1 mL,加热使镉全部溶解,蒸至近干。再加浓盐酸 1 mL,加热蒸至近干后再加浓盐酸 10 mL,移入 1 000 mL 容量瓶中,用二次蒸馏水稀释至刻度并摇匀。

②1 mol/L 氨氯化铵底液(简称氨底液):称取 53.4 g 优级纯氯化铵置于 1 000 mL 烧杯中,加 500 mL 二次蒸馏水溶解后移入 1 000 mL 容量瓶中。再加 77 mL 分析纯浓氨水 10 g 分析纯无水亚硫酸钠,摇动溶液使亚硫酸钠完全溶解,再加新配制的 0.1% 的动物胶 10 mL,用二次蒸馏水稀释至刻度并摇匀。

【实训内容】

1)制备 1×10^{-5} mol/L、8×10^{-6} mol/L、6×10^{-6} mol/L、4×10^{-6} mol/L、2×10^{-6} mol/L **镉溶液**

①准确吸取 1×10^{-3} mol/L 镉标准溶液 10 mL 置于 100 mL 烧杯中,加热蒸至近干,加入氨

底液溶解残渣,移入 100 mL 容量瓶中,用氨底液稀释至刻度并摇匀,即配制成 1×10^{-4} mol/L 的镉溶液。

②用 1×10^{-4} mol/L 镉溶液和氨底液稀释配制 1×10^{-5} mol/L、8×10^{-6} mol/L、6×10^{-6} mol/L、4×10^{-6} mol/L、2×10^{-6} mol/L 镉溶液。

2) 设定测试方法、参数和定量方法

接通电源输入日期后,依次进入各个菜单选择和设定:运行方式—新建测试方法,新建测试方法—线性扫描极谱法,导数—0,量程—3,扫描次数—4,扫描速率—500,起始电位——300,终止电位—-1 300,静止时间—5(配合毛细管),含量单位—ug,提前电位—50,自动校零—YES,震动电极—YES,坐标网格—YES,寻峰窗宽—400,最小峰高—1,数字滤波—3,本底曲线—0,扣除本底—NO,平均曲线—YES,数字微分—NO,波峰反相—NO,定量方法—标准曲线法(比如 0#)。

3) 测量 2×10^{-6} mol/L 镉溶液

将汞池升高,把盛有试验溶液的电解池套入电极(电极插入溶液),固定好位置,观察汞滴的自由滴落周期应大于静止时间和扫描时间之和(7 s)。调整汞池位置的高度,使之达到要求(否则减小静止时间),再把限位环降至汞池托处定位。

按 运行 键,启动仪器开始测量(注意观察:正常情况下汞滴是在扫描结束时被震动器震落的,否则调低汞池位置),根据屏幕上实时显示的极谱曲线,配合调整 量程 、(斜度) 补偿 、调零 等键(调整时用数字键可设定步进量,按 ∧∨ 键步进改变数值,按 YES 键确认改变值,按 复原 键可恢复原数值),使得在屏幕电位坐标-540 mV(波峰电位-840 mV)左右处出现一个形状规则的常规极谱波镉峰(在运行测试过程中按 电位 键后用 <> 键调整原点电位,再按 YES 键重新运行测试,可以平移设定极谱波在屏幕上的位置)。

按 导数 键后用数字键或 ∧∨ 键和 YES 键设定为:导数—1,再按 运行 键重新测试运行,在屏幕电位坐标-520 mV(波峰电位-820 mV)左右处将出现一次导数极谱波镉峰(波峰的大小和上下位置用 量程 、调零 键调整)。

观察镉峰附近平均曲线和 4 次测量曲线的重合情况:若重合不好,重新运行;若重合良好,用 ∧∨ 键设定"波高基准"项下"后谷"量峰算法,按 YES 键进行数据处理,获得波峰数据。

按 <> 键平移寻峰窗口,使镉峰完整地处于窗口中,再按 YES 键,又一次进行数据处理,获得波峰数据。

按 存储 键后选择"标准波峰数据"项,按 YES 键后再用 ∧∨ 键选择"波峰数据"菜单中镉峰电位对应数据项,用数字键(比如 0)设定"标准数据"项下的标准组号,再按 YES 键即可把镉峰数据存入该组号(0#)中。然后用数字键对应输入该标准溶液的浓度含量值 0.224 8(ug/mL)。(即 2×10^{-6} mol/L)

移开电解池,然后用洗液瓶冲洗电极,再用滤纸拭干。

4) 测量 4×10^{-6} mol/L、6×10^{-6} mol/L、8×10^{-6} mol/L、1×10^{-5} mol/L **镉溶液**

与步骤3类似，仍然在一次导数下进行操作、调整、测量、存储。注意此时不能改变汞池位置，也不能改变除 调零 、 量程 和寻峰窗口之外的其他参数。

5) **处理标准数据**

按 标准 键后选择"标准曲线法"项，再按 YES 键或数字键（比如0）进入核查数据状态。在"标准数据"菜单中显示的白底闪烁黑字，指示的是标准数据组号，在该组号下的标准0、1、2、3、4项上依次列有前面存储的5组电位、电流、含量数据。请检查电位数据是否为同一标准系列的波峰数据，将错存入项用 ∧∨ 键选中后再用 CLR 键删除。如果含量数据有误，可重新输入。如果需要换一组标准数据，可按 退回 键后再按数字键。

6) **打印标准数据**

如果需要列表打印标准数据，请开启打印机，按 打印 键进入设定编号状态，再按数字键和 ENT 键或 ∧∨ 和 YES 键后即可把显示的本组标准数据列表打印。打印结束后编号自动加1。

7) **制作校准曲线**

按 计算 键仪器立刻进行线性回归分析，同时显示出校准曲线、回归方程、相关系数和标准误差。如果校准曲线达不到要求，可退回删除偏差大的项补测。

8) **打印校准曲线**

如果需要"校准曲线报告"，请开启打印机，按 打印 键，仪器先把屏幕图形用黑底大网格重画一遍（使打印出的图形便于观看）后，进入准备打印前的设定编号状态。按数字键和 ENT 键或 ∧∨ 和 YES 键设定打印编号后，仪器进入输出打印状态并启动打印机打印屏幕显示内容。打印内容传送完后，打印编号自动加1。如果还需要把标准数据打印在图形下，按 退回 键后再按步骤6操作即可。

9) 测量 6×10^{-6} mol/L **镉溶液浓度**

与步骤4类似，进行操作，调整，测量。（不存储波峰数据）

仪器处于选择操作状态时按 计算 键，然后用 ∧∨ 键选择"波峰数据"菜单中的镉峰电位对应数据项，用数字键确定"标准数据"项下对应的镉标准组号（0#校准曲线）后，再按 YES 键即可获得实测的镉溶液浓度含量（测定结果）。

10) **打印极谱曲线**

如果需要"极谱曲线报告"，请开启打印机，按 打印 键，仪器先把屏幕图形用黑底大网格重画一遍（使打印出的图形便于观看）后，进入准备打印前的设定编号状态。按数字键和 ENT 键或 ∧∨ 和 YES 键设定打印编号后，仪器进入输出打印状态并启动打印机打印屏幕显示内容。打印内容传送完后，打印编号自动加1。如果不需要打印报告，请把"测定结果"直接抄写在操作者的测试报告上。

11) **存储样品数据**

如果需要处理和列表打印样品数据，请按 存储 键进入存储样品状态，用数字键设定"样品数据"项下的样品分组号,再按 YES 键即可把"测定结果"中的电位、电流、含量等数据存入该组号中("样品数据"项下的数字自动加1)。

换几种浓度的溶液或仍用该溶液重复步骤9和步骤11的操作,反复测量几次。

12) 存储测试方法

按两次 退回 键,仪器进入选择操作状态后再按 存储 键,选择"测试方法参数"项后按 YES 键,仪器进入存储方法状态。用 ∧∨ 键选择"方法编码"菜单中任一方法号并用数字键键入自定的数字编码后,当前测试方法的全部参数即存入选中的方法号中。日后测量同样物质时可直接调用库方法中该方法号,即可在相同参数下进行测试。建议操作者把常用方法存储起来,在多元素连测时反复调用库方法,可极大的简化操作和避免出错(傻瓜式操作)。这是全自动仪器最突出的特点。

13) 处理样品数据

按 方法 键和 退回 键或按 复位 键和 YES 键进入确定方式状态,在"运行方式"菜单中选择"处理库存数据"项,按 YES 键后仪器进入核查数据状态。在"样品数据"菜单中显示的白底闪烁黑字指示的是样品数据分组号,该组号下的数据0、1、2、…项上依次列有该组中存储的各个样品数据。请核查这些数据,把错存入项用 ∧∨ 键选中后用 CLR 键删除。如果需要换一组数据,请按数字键。如果本组数据是同一样品的多次测定值需要进行统计学处理,按 计算 键即可得到该组样品的平均数 MD、标准偏差 SD 和变异系数 CV。

14) 打印样品数据

开启打印机,按 打印 键进入设定编号状态,按数字键和 ENT 键或 ∧∨ 和 YES 键后即可把显示的本组数据列表打印。打印结束后编号自动加1。

15) 结束的操作

仪器使用完毕后,把电极冲洗干净,用滤纸拭干,让毛细管汞滴滴落几滴后,再把汞池缓缓降到限位杆处(最好使输汞软管最低点也高于毛细管口),使毛细管口保留一小滴汞滴(不再滴汞),把毛细管静置在空气中保存;或者把毛细管(另两支电极除外)单独浸入蒸馏水中保存(随时注意加水,用水封住毛细管口)。请操作者务必认真按照上述操作,避免毛细管堵塞。

【结果处理】

1. 记录外加电压 E 和电流 I,绘制伏安(I-E)曲线。
2. 绘制工作曲线,并查出待测镉溶液的浓度。

【注意事项】

1. 如果仪器测试时极谱曲线呈一根直线(高灵敏度量程亦如此)而仪器自检正常,通常是电极系统和电极电缆方面的问题。请检查毛细管是否在滴汞,滴汞电极和甘汞电极中是否有气泡阻断通路,3根电极电缆是否插错、断线等。每当更换了毛细管后,请在靠近滴汞电极处反复用力小心挤压输汞软管,务必排除滴汞电极不锈钢接头体中的全部气泡。如果电极电缆插头断线,可旋开插头重新焊接。

2.如果毛细管下端洞口被堵塞,可将其在溶液中浸泡一段时间,然后反复用力小心挤压输汞软管,使汞滴能自由滴落。实在不行,可将毛细管下端堵塞处截去一小段(切口应整齐)或更换一根新的毛细管。

3.测量时3支电极应置于电解池中部,不能与电解池壁相碰,以免影响测试的重现性。

4.仪器工作时应避免外界的震动,以免影响测试的重现性。对低含量物质的测定尤其应注意。

5.测量某种物质时,应该选择适当的支持电解质制备溶液,使被测物质在这种底液中的极谱波灵敏度高又不易受干扰。

【思考题】
1.实验过程中,实验条件为什么要保持一致?
2.亚硫酸钠在什么情况下适宜作为除氧剂?在酸性溶液中能不能用它除氧?

实训项目5.4 $AgNO_3$ 标准溶液自动电位滴定法测定溶液中的氯化物含量

【实训目的】
1.了解自动电位滴定的原理及确定终点的方法。
2.熟悉和学习自动电位滴定仪的使用方法。

【方法原理】
若溶液本身具有很深的颜色,影响指示剂的变色,普通容量滴定不能进行。虽然可用重量法测定,仍太麻烦。用电位滴定法测定,其方法方便、快速、准确。电位法测 Cl^-,通常采用 $AgNO_3$ 作滴定剂,随着滴定剂的加入,溶液中 Ag^+ 和 Cl^- 浓度不断发生变化,以银离子选择性电极作为指示电极,饱和甘汞电极为参比电极确定终点。滴定反应为

$$Ag^+ + Cl^- = AgCl \downarrow$$

银离子选择性电极电位为

$$E_{Ag^+/Ag} = E^{\ominus}_{Ag^+/Ag} + 0.059\ 2\ \lg \alpha_{Ag^+}$$

在滴定过程中,随着 Cl^- 的浓度变化 E 也在同步变化,滴定至预定终点时,仪器发出一控制信号,使自动电位滴定仪停止滴定。最后由用去的 $AgNO_3$ 体积计算出 Cl^- 含量。终点时

$$[Cl^-] = [Ag^+] = \sqrt{K_{sp,AgCl}}$$

式中 $K_{sp,AgCl}$——AgCl 的沉淀溶解平衡常数,$K_{sp,AgCl} = 1.8 \times 10^{-10}$。

滴定终点时阴离子选择性电极的电位

$$E_{ep} = E^{\ominus}_{Ag^+/Ag} + 0.059\ 2\ \lg \sqrt{K_{sp,AgCl}}$$
$$= 0.799 + 0.059\ 2\ \lg \sqrt{1.8 \times 10^{-10}} = 0.511(V)$$

滴定终点时电池的电位差

$$\Delta E = E_{ep} - E_{SCE} = 0.277(V)$$

【仪器与试剂】
1. 仪器：ZD-2 型自动电位滴定仪,银离子选择性电极,饱和甘汞电极。
2. 试剂：1∶1 HNO₃ 溶液,NaCl 标准溶液 0.050 0 mol/L,AgNO₃ 溶液 0.050 0 mol/L(待标定),未知试液。

【实训内容】
1) AgNO₃ 溶液的标定
①NaCl 标准溶液(0.05 mol/L)的配制:准确称取基准 NaCl 约 0.3 g,用水溶解后转移入 100 mL 容量瓶,稀释至刻度,摇匀,计算 NaCl 的浓度。
②AgNO₃ 溶液的标定(手动电位滴定法):用移液管准确移取 25.00 mL NaCl 标准溶液置于 250 mL 烧杯中,加入 4 mL 1∶1 HNO₃ 溶液,以蒸馏水稀释至 100 mL 左右,置于滴定装置的搅拌器上搅拌,用 AgNO₃ 溶液滴定至 E 值 400 mV 左右,临近终点时,每加入 0.1 mL AgNO₃ 溶液,记录一次 E 值。

2) 氯化物含量的测定
(1) 预置滴定终点
①调试好仪器后,将终点预置在 0.277 V。
②调试好仪器后,将终点预置为手动电位滴定法找到的终点电位。
(2) 未知试样测定
用移液管准确移取 25.00 mL 未知试液于 250 mL 烧杯中,加入 4 mL 1∶1 HNO₃ 溶液,加蒸馏水稀释至 100 mL。平行测定 3 次。
(3) 自来水样测定
取 100 mL 自来水于烧杯中,加入 4 mL 1∶1 HNO₃ 溶液,按照上述方法,平行测定 3 次。

3) 实验后处理
清洗滴定装置,尤其注意需用蒸馏水吹洗电极、毛细管。

【结果处理】
1. AgNO₃ 溶液的标定:根据手动滴定的数据,绘制电位 E 对滴定体积 V 的滴定曲线,通过 E-V 曲线确定终点电位和终点体积 V_{NaCl}。

$$c_{AgNO_3} = \frac{V_{NaCl} \times c_{NaCl}}{V_{AgNO_3}}$$

2. 氯化物含量的测定:按下述方法计算 Cl⁻ 含量。

$$c_{Cl^-} = \frac{(V_2 - V_1) \times c_{AgNO_3}}{V}$$

式中　V_1——滴定前读数；
　　　V_2——滴定后读数；
　　　V——未知试样或水样体积。

【注意事项】
1. 测定溶液过程中,搅拌速度要恒定。
2. 将电磁阀调整合适,手动滴定时,应有节奏地按动开关。

【思考题】
1. 手动电位滴定法找到的终点电位与电位滴定原理计算出的终点电位是否一致？两者之间为什么有差异？
2. 电位滴定相对于一般容量滴定有哪些优点？
3. 请规范地写出该电池的表达式。

实训项目 5.5　库仑滴定法测定维生素 C 药片中抗坏血酸含量

【实训目的】
1. 学习库仑滴定技术。
2. 学习库仑滴定法测定抗坏血酸的原理及方法。
3. 掌握库仑分析仪的操作技术。

【方法原理】
维生素 C(Vitamin C, Ascorbic Acid) 又称 L-抗坏血酸，是一种水溶性维生素，人体必需的一种营养素，缺乏者易得坏血症。

本实验利用恒电流电解 KBr 的酸性溶液，使 Br^- 在铂阳极上氧化为 Br_2，电极反应为

阳极：　　　　　　　　　　$2Br^- \Longrightarrow Br_2 + 2e$

阴极：　　　　　　　　　　$2H^+ + 2e \Longrightarrow H_2 \uparrow$

电解产生的 Br_2 与抗坏血酸快速、定量发生氧化-还原反应，因此，可以通过电解产生的 Br_2 来滴定抗坏血酸。该反应为

抗坏血酸　　　　　　　　　　　　　　　脱氢抗坏血酸

滴定终点用双铂电极电流指示法来确定。为了保证电流效率100%，防止阳极产生的 Br_2 到阴极上重新还原成 Br^-，电解池必须附设一盐桥把阴极与溶液体系隔开。

实验过程中指示电极外加电压为 200 mV。在实验达到计量点前，电生出的 Br_2 立即被抗坏血酸还原为 Br^- 离子，因此溶液未形成电对 Br_2/Br^-，两指示电极间没有电流通过或仅有微小的残余电流。但当达到终点后，过量的 Br_2 与 Br^- 形成 Br_2/Br^- 可逆电对，灵敏检流计中有较大电流通过，指针明显偏转，指示终点到达。

【仪器与试剂】
1. 仪器：KLT-1 型通用库仑仪（附铂电极电解池），电磁搅拌器，磁搅拌子，洗瓶，2 mL、5 mL 移液管，分析天平，洗耳球，100 mL 容量瓶。
2. 试剂：KBr-HAc 底液，样品。
①KBr-HAc 底液（电解液）：17.9 g KBr 溶解于 500 mL 纯水，再加入 500 mL 冰 HAc。

②样品:维生素C药片。

【实训内容】
1)样品溶液的制备

准确称取一片维生素C药片于小烧杯中,用少量蒸馏水浸泡片刻,用玻璃棒小心捣碎,溶液连同少量不溶辅料转移到50 mL容量瓶中,在超声波清洗器中助溶。药片溶解后用蒸馏水定容至刻度。

2)仪器调节

①仪器面板上所有按键全部弹出,"工作/停止"开关置于"停止"位置。

②"量程选择"旋至10 mA挡,"补偿极化电位"反时针旋至"0",开启电源,预热10 min。

③指示电极电压调节:按下"极化电位"键和"电流""上升"键,调节"补偿极化电位",使表指针摆至20(这时表示施加到指示电极上的电位为200 mV),然后使"极化电位"键复原弹出。

3)测量

①电解池准备。向洗净的电解池中加入70 mL电解液(使用量筒),用滴管向电解阴极管填充足够的电解底液,不小于阴极管体积的2/3。红黑绕线连接工作电极,红白电线连接指示电极,然后将电解池置于搅拌器上。

②终点指示的底液条件预设。将"工作/停止"开关置于"工作"位置。向电解池中加几滴抗坏血酸样品溶液,开动搅拌器,按下"启动"键,待电流计指针稳定后再按一下"电解"按钮。这时即开始电解,在显示屏上显示出不断增加的毫库仑数,直至指示红灯亮,记数自动停止,表示滴定到达终点,可看到表的指针向右偏转,指示有电流通过,这时电解池内存在少许过量的Br_2,形成Br_2/Br^-可逆电对,这就是终点指示的基本条件(以后滴定完毕都存在同样过量的Br_2)。

③样品测定。用微量移液器向电解池中加入500 μL样品溶液,令"启动"键弹出(这时数显表的读数自动回零),再按下"启动"键,待电流计指针稳定后按下"电解"按键。这时指示灯熄灭并开始电解,即开始库仑滴定,同时计数器同步开始计数。电解至近终点时,指示电流上升,当上升到一定数值时指示灯亮,计数器停止工作,即滴定终点到达。此时显示表中的数值,即为滴定终点时所消耗的毫库仑数,记录数据。

④平行测定样品溶液3份。

【结果处理】

将实验数据填入表中并计算。

维生素C药片中抗坏血酸的分析结果

维生素C药片的质量	测量次数	消耗电量	药片中抗坏血酸含量		
			单次测定	平均值	相对平均偏差
_____g	1	_____mC	_____mg/g	_____mg/g	_____%
	2	_____mC	_____mg/g		
	3	_____mC	_____mg/g		

【注意事项】

1. 本实验以KBr为电解液,为减缓维生素C被空气中的氧气氧化的速率,整个测定过程要保持溶液呈酸性,冰醋酸可以创造所需的酸性环境。

2.实验过程中,若部分 KBr 被空气中的氧气氧化,则会导致电导率仪测定的消耗电量值减少,造成测定结果偏小,为防止 KBr 被氧化,可往溶液中通入 N_2 来消除氧气。

3.由于电解过程中阴极有 H_2 生成,导致溶液中的 H^+ 含量相对下降,溶液的 pH 将会升高。

4.将电解电极的阴极置于保护套中是为了避免阳极氧化得到的 Br_2 又回到阴极放电,给测量带来误差,指示电极由于两端所加的电压比较低,Br_2 不会在其上放电,所以不用加保护套。

【思考题】
1.电解液中加入 KBr 和冰醋酸的作用是什么?
2.所用的 KBr 若被空气中的 O_2 氧化,将对测定结果产生什么影响?
3.电解过程中,阴极不断析出 H_2 会对电解液的 pH 有何影响?
4.为何电解电极的阴极要置于保护套中,而指示电极则不需要?
5.如何确定本实验库仑滴定中的电流效率达到 100%?

练习题 5

1.在电位法中离子选择性电极的电位与待测离子浓度的关系符合(   )。
　A.正比　　　　　　　　　　　　B.对数成正比
　C.扩散电流公式的关系　　　　　D.能斯特方程式

2.离子选择性电极的选择系数可用于(   )。
　A.估计共存离子的干扰程度　　　B.估计电极的检测限
　C.估计电极的线性响应范围　　　D.估计电极的线性响应范围

3.总离子强度调节缓冲剂的最根本的作用是(   )。
　A.调节 pH 值　　　　　　　　　B.稳定离子强度
　C.消除干扰离子　　　　　　　　D.稳定选择性系数

4.在电位滴定中,以 $\Delta^2 E/\Delta V^2 \sim V$ 作图绘制滴定曲线,滴定终点为(   )。
　A.$\Delta^2 E/\Delta V^2$ 为最正值时的点　　B.$\Delta^2 E/\Delta V^2$ 为最负值时的点
　C.$\Delta^2 E/\Delta V^2$ 为零时的点　　　　D.$\Delta^2 E/\Delta V^2$ 接近零时的点

5.极谱法使用的指示电极是(   )。
　A.玻璃碳电极　　B.铂微电极　　C.滴汞电极　　D.饱和甘汞电极

6.极谱分析的电极可由滴汞电极,饱和甘汞电极与铂丝辅助电极 3 部分组成,这是为了(   )。
　A.有效地减少 I_R 电位降　　　　B.消除充电电流的干扰
　C.提高方法的灵敏度　　　　　　D.增加极化电压的稳定性

7.下面说法正确的是(   )。

A. 极谱半波电位相同的,都是同一种物质

B. 极谱半波电位随被测离子浓度的变化而变化

C. 当溶液的组成一定时,任一物质的半波电位相同

D. 半波电位是定量分析的依据

8. 在电解池中加入支持电解质的目的是为了消除(　　)。

　　A. 氢波　　　　B. 极谱极大　　　　C. 残余电流　　　　D. 迁移电流

9. 由库仑法生成的 Br_2 来滴定 Tl^+, $Tl^+ + Br_2 \longrightarrow Tl^{3+} + 2Br^-$ 到达终点时测得电流为 10.00 mA,时间为 102.0 s,溶液中生成的铊的质量是(　　)克?$[A_r(Tl) = 204.4]$

　　A. 7.203×10^{-4}　　B. 1.080×10^{-3}　　C. 2.160×10^{-3}　　D. 1.808

10. 库仑滴定中加入大量无关电解质的作用是(　　)。

　　A. 降低迁移速度　　　　　　　　　　B. 增大迁移电流

　　C. 增大电流效率　　　　　　　　　　D. 保证电流效率 100%

11. 控制电位库仑分析的先决条件是(　　)。

　　A. 100% 电流效率　　　　　　　　　B. 100% 滴定效率

　　C. 控制电极电位　　　　　　　　　　D. 控制电流密度

12. 库仑分析与一般滴定分析相比(　　)。

　　A. 需要标准物进行滴定剂的校准

　　B. 很难使用不稳定的滴定剂

　　C. 测量精度相近

　　D. 不需要制备标准溶液,不稳定试剂可以就地产生

13. 离子选择性电极由_____、_____、_____等基本构造组成。

14. 常用的参比电极包括_____和_____电极,其中_____的电位在较高温度亦很稳定。

15. 离子选择性电极的电极斜率的理论值为_____。25 ℃时一价正离子的电极斜率是_____;二价负离子是_____。

16. 某钠电极,其选择性系数 K_{Na^+, H^+} 为 50。如用此电极测定 pNa^+ 等于 4 的钠离子溶液,并要求测定误差小于 5%,则试液的 pH 值应大于_____。

17. 极谱定性分析的依据是_____,定量分析的依据是_____。

18. 极谱分析的基本原理是_____。在极谱分析中使用_____电极作参比电极,这是由于它不出现浓度差极化现象,故通常把它称为_____。

19. 用于库仑滴定指示终点的方法有_____、_____、_____。其中,_____方法的灵敏度最高。

20. 库仑分析中为保证电流效率达到 100%,克服溶剂的电解是其中之一,在水溶液中,工作电极为阴极时,应避免_____,为阳极时,则应防止_____。

21. 某电池为:$Pb | PbSO_4(固), K_2SO_4(0.200\ mol/L) \| Pb(NO_3)_2(0.100\ mol/L) | Pb$(已知 $\varphi^{\ominus}_{Pb^{2+}/Pb} = -0.126\ V$,$K_{sp}(PbSO_4) = 2.0 \times 10^{-8}$)。请计算该电池的电动势。

22. 用氯离子选择性电极测果汁中氯化物含量。在 100 mL 果汁中测得电动势为 $-26.8\ mV$,加入 $1.00\ mL$,$0.500\ mol/L$ 经酸化的 NaCl 溶液,测得电动势为 $-54.2\ mV$。计算果

汁中氯化物浓度。(假定加入 NaCl 前后离子浓度不变)

23. 用电位滴定法测定碳酸钠中 NaCl 含量,称取 2.111 6 g 试样,加 HNO_3 中和至溴酚蓝变黄,以 $c(AgNO_3)$ = 0.050 03 mol/L 的硝酸银标准溶液的滴定结果如下表所示。

加入 $AgNO_3$ 溶液/mL	相应的电位值/mV	加入 $AgNO_3$ 溶液/mL	相应的电位值/mV
3.40	411	3.70	471
3.50	420	3.80	488
3.60	442	3.90	496

根据上表中的数值,计算样品中 NaCl 含量的质量分数。

24. 某含有铜离子的水样 10.0 mL,在极谱仪上测定得扩散电流 12.3 μA。取此水样 5.0 mL,加入 0.10 mL $1.00×10^{-3}$ mol/L 铜离子,得扩散电流为 28.2 μA,求水样中铜离子的浓度。

25. 根据以下两个电池求出胃液的 pH。

① $(-)Pt \mid H_2(101.325 \text{ kPa}) \mid$ 胃液 $\parallel KCl(\alpha=0.1 \text{ mol/L}) \mid Hg_2Cl_2(s), Hg(+)$,25 ℃ 时测得 E = +0.420 V。

② $(-)Pt \mid H_2(101.325 \text{ kPa}) \mid H^+(\alpha=1 \text{ mol/L}) \parallel KCl(\alpha=0.1 \text{ mol/L}) \mid Hg_2Cl_2(s), Hg(+)$,25 ℃ 时测得 E = +0.333 8 V。

26. 用 pH 玻璃电极测定 pH=5.0 的溶液,其电极电位为 43.5 mV,测定另一未知溶液时,其电极电位为 14.5 mV,若该电极的响应斜率为 58.0 mV/pH,试求未知溶液的 pH 值。

27. 在 25 ℃ 时,Zn^{2+} 在 1 mol/L KCl 支持电解质中尤考维奇常数为 3.14。某含 Zn^{2+} 未知液在该条件下于 φ_{DME} = 1.70 V(对 SCE)处测得其平均扩散电流为 7.0 μA。在此电位时其毛细管特性 m 和 t 分别为 2.83 mg/s 和 3.02 s,求未知液中 Zn^{2+} 的浓度和该条件下 Zn^{2+} 的扩散系数 D。

28. 在一硫酸铜溶液中,浸入两个铂片电极,接上电源,使之发生电解反应。这时在两铂片电极上各发生什么反应?写出反应式,若通过电解池的电流强度为 24.75 mA,通过电流时间为 284.9 s,在阴极上应析出多少毫克铜?

29. 请比较原电池与电解池的相同点和不同点,简述它们在电化学分析法中的应用。

30. 指示电极和参比电极在电化学分析法中各发挥什么作用?

31. 在极谱分析中所用的电极,为什么一个电极的面积应该很小,而参比电极则应具有大面积?

32. 极谱分析中有哪些类型的底液,测定时怎样选择?

第 3 篇

色谱分析技术

项目6　气相色谱分析技术

📖 【项目描述】

　　色谱分析技术是用来分离和分析多组分混合物质的一种极有效的分析方法。它利用混合物中各组分在两相间分配系数的差异,在两相相对运动过程中,使各组分在两相间经过多次反复分配而获得分离。其广泛应用于极为复杂的混合物成分分析,特别对于不稳定化合物、结构相似、性质相近的化合物(如异构体、同系物)的分离更为有效。它是近代分析化学中发展最快、应用最广的分离分析技术。气相色谱法是采用气体作为流动相的一种色谱法,具有高效、高速、高灵敏度、样品用量少等优点,检测器灵敏度高,适用于痕量分析。气相色谱分析已广泛用于生物产品分析、发酵生产、化学化工、生理生化、医药卫生、商品检验等领域。

📖 【知识目标】

1. 了解色谱分离技术的分类及特点;
2. 掌握色谱相关术语,掌握分离度计算方法及影响因素;
3. 掌握色谱塔板理论和柱效率指标的物理意义;
4. 掌握色谱技术常用的定性和定量分析方法;
5. 了解气相色谱的分类及特点原理及流程;
6. 掌握知道气相色谱仪的构造;
7. 掌握气相色谱分离条件及其选取。

📖 【技能目标】

1. 能独立操作使用气相色谱仪;
2. 能熟练选择气相色谱条件,采用归一化法、内标法、外标法进行定量计算;
3. 能对气相色谱仪进行日常维护。

任务6.1 色谱分析技术概述

6.1.1 色谱分析技术的发展历史

色谱技术是20世纪初由俄国植物学家 M. Tswett 首先提出的。1906 年，Tswett 将树叶的石油醚提取液倒入一根装有碳酸钙颗粒的玻璃管顶端，然后用石油醚不断自上而下淋洗，随着淋洗的进行，提取液在淋洗液推动下缓慢移动，植物色素的各组分向下移动的速度各不相同，在管内形成不同颜色的谱带，如图6.1所示。

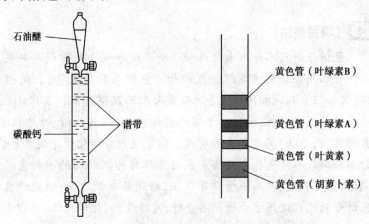

图 6.1 Tswett 色谱分离实验示意图

Tswett 实验结果的产生是由于在石油醚的不断冲洗下，原来在柱子上端的色素混合液向下移动。由于色素中各组分与碳酸钙的作用力大小不同，作用小的先流出玻璃管，作用力大的后流出，最后将不同色带分离。通过将潮湿的含色素的碳酸钙挤出切下各色带，分别进行分析测定。经分析，最下面的色谱带呈黄色，是胡萝卜素，接着分别是叶黄素、叶绿素 A 和叶绿素 B 的谱带。由于不同谱带有不同的颜色，这种分离方法被称为色谱法（Chromatography）或色层法。连续色带称为色层或色谱，色谱一词也由此得名，这就是最初的色谱法。后来，随着色谱法的发展，色谱法不仅仅用于分离检测有色物质，也广泛应用于无色物质，但色谱一词仍沿用至今。

Tswett 实验中将相对于石油醚固定不动的碳酸钙称为固定相（stationary phase），装碳酸钙的玻璃管称为色谱柱（column），石油醚称为流动相（moving phase），石油醚淋洗过程称为洗脱（elution），最终得到的色谱带图称为色谱图（chromatogram）。

经典色谱法分离速度慢，分离效率低，随着分离技术和色谱理论的研究和发展，色谱法不仅具有很高的分离能力，同时增加了检测能力，成为现代色谱分析技术。目前，由于高效能的色谱柱、高灵敏的检测器及微处理机的使用，使得色谱法已成为一种分析速度快、灵敏度高、应用范围广的分析仪器。广泛应用于工农业生产、医药卫生、石油化工、环境保护、生理生化组分检测、食品检验等领域。

6.1.2 色谱法的分类

色谱分析技术室一种包含多种分离类型、检测方法和操作方法的分离分析技术,分类可以从不同的角度进行。

1) 按流动相和固定相的不同分类

液根据流动相状态,流动相是气体的,称为气相色谱法(Gas Chromatography,GC)。流动相是液体的,称为液相色谱法(Liquid Chromatography,LC)。若流动相为超临界流体,则称为超临界流体色谱法(Supercritical Fluid Chromatography,SFC)。固定相也有两种状态,以固体吸附剂作为固定相和以附载在固体上的液体作为固定相。因此,气相色谱法又可分为气-固色谱法(Gas-Solid Chromatography,GSC)和气-液色谱法(Gas-Liquid Chromatography,GLC);同理,液相色谱法也可分为液-固色谱法(Liquid-Solid Chromatography,LSC)和液-液色谱法(Liquid-Liquid Chromatography,LLC)。色谱分析法按两相不同分类如图6.2所示。

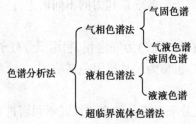

图6.2 色谱分析法按两相不同分类

2) 按固定相形式分类

按固定相可以分为柱色谱法(colum chromatography)、纸色谱法(paper chrmatography)、薄层色谱法(thin layper chromatography)等。

柱色谱法是色谱分离操作在柱内进行的方法。柱色谱法包括填充柱色谱和开管柱色谱,固定相填充在玻璃或金属管中的称为填充柱色谱法;固定相附着在一根吸管内壁上,管中心是空的,称为开管柱色谱或毛细管柱色谱。近年来,色谱分离可在毛细管内进行,有时也称为毛细管色谱,实际上,毛细管色谱属于柱色谱。

纸色谱法是色谱分离在滤纸上进行的方法。

色谱分离在吸附剂铺成薄层的平板上进行的称为薄层色谱。

色谱法按固定相分类如图6.3所示。

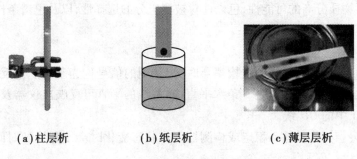

(a) 柱层析　　　(b) 纸层析　　　(c) 薄层层析

图6.3 按固定相形式分类

3) 按分离机理分类

在色谱分离过程中被测组分与固定相间的作用机理不完全相同。根据物质分离机理的不同,色谱法可分为吸附色谱法、分配色谱法、离子交换色谱法、凝胶色谱法、亲和色谱法、电色谱法等。

(1) 吸附色谱法

吸附色谱是各种色谱分离技术中应用最早的一类。当混合物随流动相通过固定相时,由于各组分在吸附剂表面吸附性能不同,从而使混合物得以分离的方法称为吸附色谱。

(2) 分配色谱法

分配色谱是利用不同组分在流动相和固定相之间的分配系数(或溶解度)不同,而使之分离的方法。

(3) 离子交换色谱法

离子交换色谱法是基于离子交换树脂上可电离的离子与流动相具有相同电荷的溶质进行可逆交换,利用不同组分对离子交换剂亲和力的不同而进行分离的方法。

(4) 凝胶色谱法

凝胶色谱法是以多孔介质(如凝胶)为固定相,利用组分分子大小不同在多孔介质中因阻滞作用不同而达到分离的方法,也称为尺寸排阻色谱法。

(5) 亲和色谱法

利用固定在载体上的固化分子对组分的亲和性的不同而进行分离的方法,如蛋白质的分离常用亲和色谱。

(6) 电色谱法

利用带电溶质在电场作用下移动速度不同而将组分分离的色谱方法称为电色谱法。

6.1.3 色谱分析中基本术语和重要参数

色谱图(Elution Profile)是指被分离组分通过检测器系统时所产生的响应信号对时间或流动相流出体积的曲线图,如图6.4所示。也就是以组分流出色谱柱的时间 t 或载气流出体积 V 为横坐标,以检测器对各组分的电信号响应值 mV 为纵坐标的一条曲线,该曲线也称为色谱流出曲线。是色谱图中随时间或载气流出体积变化的响应信号曲线,色谱图上有一组色谱峰,每个峰代表样品中的一个组分。色谱图提供了色谱分析的各种信息,是被分离组分在色谱分离过程中的热力学因素和动力学因素的综合体现,也是色谱定性定量分析的基础。色谱分离参数指出了物质分离的可能性,色谱柱对被测组分的选择性,以及色谱条件的选择依据。

1) 色谱图基本术语和参数

(1) 基线

操作条件稳定后,没有试样通过检测器时,记录到的信号称为基线。它反映了检测器信号随时间的变化,稳定的基线应是一条水平直线,基线的平直可反映出仪器及实验条件的稳定情况,如图6.4中的 OO' 线。

①基线漂移:当操作条件不稳定或检测器工作状态变化时会使基线随时间上下倾斜,称为基线漂移。

②基线噪声:引起基线起伏不定的各种因素称为基线噪声。

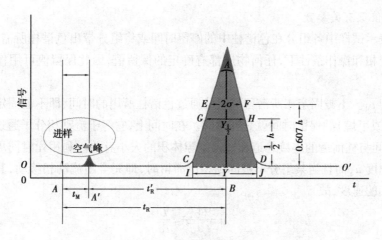

图 6.4　色谱流出曲线

(2)色谱峰

当有组分进入检测器时,色谱流出曲线就会偏离基线,这时检测器输出信号随检测器中的组分浓度而改变,直至组分全部离开检测器,此时绘出的曲线称为色谱峰。正常色谱峰近似于对称形正态分布曲线,符合高斯正态分布的。不对称色谱峰也称畸峰,如拖尾峰和前伸峰等。非对称色谱峰如图 6.5 所示。

①拖尾峰——前沿陡起后部平缓的不对称色谱峰。
②前伸峰——前沿平缓后部陡降的不对称色谱峰。
③分叉峰——两种组分没有完全分开而重叠在一起的色谱峰。
④"馒头"峰——峰形比较宽大的色谱峰。
⑤假峰——并非由试样所产生的峰。

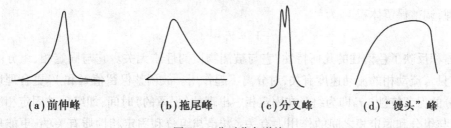

(a)前伸峰　　　(b)拖尾峰　　　(c)分叉峰　　　(d)"馒头"峰

图 6.5　非对称色谱峰

(3)峰高 h

从色谱峰顶到基线的垂直距离,用 h 表示。色谱峰的高度与组分的浓度有关,分析条件一定时,峰高是定量的依据。

(4)峰宽 W 与半峰宽 $W_{1/2}$

从色谱峰两侧拐点上的切线与基线两交点之间的距离,称为峰宽,也称基线宽度,用 W 表示。色谱峰高一半处峰的宽度称为半峰宽,用 $W_{1/2}$ 表示。

(5)峰面积 A

由色谱峰与基线之间所围成的面积称为峰面积,用 A 表示,是色谱定量分析的基本依据。

(6) 保留值及有关参数

保留值表示试样中各组分在色谱柱中的停留时间或将组分带出色谱柱所需载气的体积。在一定的固定相和操作条件下,任何物质都有确定的保留值,因此保留值可用作定性分析的依据。

①死时间 t_M。不被固定相所滞留的组分通过色谱柱所用的时间,即不被固定相所滞留的组分(如空气或甲烷)的保留时间就是死时间。在时间上,它等于流动相分子通过色谱柱所需的时间,死时间与柱前后的连接管道和柱内空隙体积的大小有关。利用死时间可以测定流动相的平均线速度 u,而且当某组分不被固定相所滞留时,即完全随流动相移动,其移动速度完全等于流动相的速度,故

$$u = \frac{柱长}{t_M} = \frac{L}{t_M} \tag{6.1}$$

②死体积 V_0,V_M。不被固定相滞留的组分的保留体积(或不被固定相滞留的组分流出色谱柱所需要的洗脱剂的体积)。这个体积应等于柱内流动相的体积,即流动相的量,也即固定相之间的空隙。是对应于死时间 t_M 所需的流动相体积 V_M,等于 t_M 与操作条件下流动相的体积流速 F 的乘积,即

$$V_M = t_M F \tag{6.2}$$

③保留时间 t_R 与保留体积 V_R。流动相携带组分通过柱子所需要的时间,即从进样洗脱到流出液中组分的浓度出现极大值点所需要的时间。

保留体积 V_R:从进样开始到组分洗脱出柱所用的洗脱剂的体积(与流速无关)。

④调整保留时间 t'_R 和调整保留体积 V'_R。扣除死时间后的组分实际被固定相所保留的时间,称为调整保留时间。即

$$t'_R = t_R - t_M \tag{6.3}$$

同理,调整保留体积 V'_R 为

$$V'_R = V_R - V_M \tag{6.4}$$

死体积反映了色谱柱的几何特性,它与被测物质的性质无关。它与固定相、组分的性质均无关,只与流动相的流动速度有关,对分离不起作用。故调整保留值 t'_R 和 V'_R 更合理地反映被测组分的保留特性。t'_R 即为组分在固定相中出现的(保留的)时间,即组分被固定相所滞留的时间,与组分和固定相之间的作用力有关。t'_R 是与组分和固定相性质有关的,更能从本质上反映出不同组分的差异,反映色谱过程的实质。

保留时间可作为色谱定性分析的依据,但同一组分的保留时间常受到流动相流速的影响,它们是色谱条件的函数。因此保留值也可用保留体积表示,这样可以不随流动相流速变化。

⑤相对保留值 γ_{21} 和选择性因子 α。指在相同色谱条件下,组分 2 与组分 1 的调整保留值之比,即

$$\gamma_{21} = \frac{t'_{R2}}{t'_{R1}} = \frac{V'_{R2}}{V'_{R1}} \tag{6.5}$$

需注意:对于 γ_{21} 须有 $t'_{R2} > t'_{R1}$,$V'_{R2} > V'_{R1}$ 即 $\alpha_{2,1} > 1$;对于 γ_{21},"1"表示基准物质,"2"表示待测物质,用于定性分析;相对保留值只与固定相、组分及流动相的性质有关,与柱长、流速等无

关;若两组分能分离,则 $\gamma_{21}>1$。

γ_{21} 又称为选择性因子 α,指相邻两组分调整保留值之比。A 值的大小反映了色谱柱对难分离组分对的分离选择性,α 值越大,相邻两组色谱峰相距越远,色谱柱的分离选择性越高。当 α 等于或接近 1 时,说明相邻两组分不能很好被分离。

⑥标准偏差 σ。色谱峰两侧两拐点之间的距离的一半,即 0.607 h 处的峰宽的一半。它们反映被分离的组分分子在柱内迁移时的离散程度,W_b、σ、$W_{1/2}$ 越小,表示分子相对集中;W_b、σ、$W_{1/2}$ 越大,表示分子相对分散。

⑦保留指数 I。定性指标的一种参数。通常以色谱图上位于待测组分两侧的相邻正构烷烃的保留值为基准,用对数内插法求得。每个正构烷烃的保留指数规定为其碳原子数乘以 100。

⑧拖尾因子 T。用以衡量色谱峰的对称性,也称为对称因子(symmetry factor)或不对称因子(asymmetry factor)。《中国药典》规定 T 应为 0.95~1.05。

2)色谱分离基本参数

(1)分配系数 K

分配系数也称因子、容量比。指在一定温度、压力下,在固定相和流动相达到分配平衡时,组分在固定相和流动相中的浓度比。

$$K = \frac{\text{组分在固定相中的浓度}}{\text{组分在流动相中的浓度}} = \frac{c_s}{c_m} \tag{6.6}$$

分配系数 K 是色谱分离的基本参数之一。实际工作中常用分配系数 K 来表征色谱分配过程。色谱柱中不同组分能够分离的先决条件是其分配系数不同,若两个组分的分配系数相同,则其色谱峰完全重合;反之,分配系数相差越大,相应的色谱峰相距越远,分离越好。

(2)容量因子 k

在平衡状态时,组分在固定液与流动相中的质量之比,等于调整保留时间与死时间之比,也称分配容量、分配比或质量分配比。

$$k = \frac{\text{组分在固定相中的质量}}{\text{组分在流动相中的质量}} = \frac{m_s}{m_m} = \frac{t'_R}{t_M} \tag{6.7}$$

分配系数和分配比的关系为

$$K = \frac{c_s}{c_m} = \frac{m_s/V_S}{m_M/V_M} = K\frac{V_M}{V_S} = k \times \beta \tag{6.8}$$

式中　V_M——流动相的体积;

　　　V_S——固定液的体积或吸附剂的表面容量,即比表面积;

　　　β——V_M 与 V_S 之比,称相比(相比率),它是反映色谱柱柱型特点的参数。

k 值越大,说明组分在固定相中的量越多,相当于柱的容量大,它是衡量色谱柱对被分离组分保留能力的重要参数。

分配系数和分配比都与组分及固定相的热力学性质有关,并随柱温、柱压的变化而变化。分配系数是组分在两相中浓度之比,与两相体积无关;分配比则是组分在两相中分配总量之比,与两相体积有关,组分的分配比随固定相的量而改变。对于一定的色谱体系,组分的分离决定于组分在每一相中的总量大小而不是相对浓度大小,因此分配比常用来衡量色谱柱对组分的保留能力。

(3) 柱长 L

柱中填充固定相部分的长度。

3) 其他参数

(1) 响应值

组分通过检测器所产生的信号。

(2) 相对响应值 s

单位量物质与单位量参比物质的响应值之比。

(3) 校正因子 f

相对响应值的倒数。校正因子与峰面积的乘积正比于物质的量。

(4) 线性范围

检测信号与被测组分的物质的量或质量浓度呈线性关系的范围。

(5) 分析时间

一般指最后流出组分的保留时间。

6.1.4 色谱技术基本原理

色谱法基本原理有塔板理论和速率理论,分别从热力学角度和动力学角度阐述了色谱分离效能和影响分离效果的因素。

1) 塔板理论

Martin 和 Synge 阐述了色谱、蒸馏和萃取之间的相似性,把色谱柱比作精馏塔(见图6.6),引用精馏塔理论和概念,研究了组分在色谱柱内的迁移和扩散,描述了组分在色谱柱内运动的特征,成功地解释了组分在柱内的分配平衡过程,导出了著名的塔板理论。该理论将色谱分离过程拟作一个精馏过程,即假设色谱柱是由一系列连续的、高度相等的塔板组成。

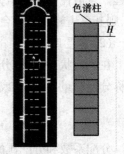

图6.6 塔板理论示意图

每一块塔板的高度用 H 表示,称为塔板高度,简称板高。塔板理论假设试样由流动相带进色谱柱,在色谱柱中的每一个小段长度 H 内,被分离组分可迅速在两相之间达成一次分配平衡,然后随着流动相按一个一个塔板的方式向前转移,经过若干个塔板的多次反复分配,待分离组分由于分配系数不同而彼此分离,分配系数小(挥发性大)的组分首先由色谱柱中流出。

色谱柱内每达成一次分配平衡所需要的柱长称为塔板高度 H,对于长度为 L 的色谱柱,组分分配的次数为

$$n = \frac{L}{H} \tag{6.9}$$

式中 n——理论塔板数。

塔板理论指出以下3点:

① 当塔板数 n 较少时,组分在柱内达分配平衡的次数较少,流出曲线呈峰形,但不对称;当塔板数 $n>50$ 时,峰形接近正态分布。理论塔板数由组分保留值和峰宽决定。用以评价一

根柱子的柱效。在色谱柱中，n 值一般是很大的，如一般气相色谱柱的 n 为 $10^3 \sim 10^5$，因而这时的流出曲线峰形可趋近于正态分布曲线。

② 当塔板数足够多时，即使分配系数差异微小的组分也能得到良好的分离效果。

③ n 与半峰宽度及峰底宽的关系式为

$$n = 5.54 \times \left(\frac{t_R}{W_{1/2}}\right)^2 = 16 \times \left(\frac{t_R}{W}\right)^2 \tag{6.10}$$

从式(6.10)可以看出，当 t_R 一定时，色谱峰越窄，则理论塔板数 n 越大，理论塔板高度 H 越小、柱效越高，对分离越有利。因此，n 或 H 可作为柱效能的指标。但不能预言并确定各组分是否有被分离的可能，因为分离的可能性取决于试样混合组分在固定相中分配系数的差异，而不取决于分配次数的多少。

实际应用中，按式(6.9)和式(6.10)计算出来的 n 和 H 值有时并不能充分地反映色谱柱的分离效能，常出现计算出的 n 虽然很大，但色谱柱效却不高，这是由于采用 t_R 计算，保留时间 t_R 包含了死时间 t_M，而 t_M 并不参加柱内的分配过程，因此，提出用有效塔板数 $n_{有效}$ 和有效高度 $H_{有效}$ 评价柱效能的指标，即

$$n_{有效} = 5.54 \times \left(\frac{t'_R}{W_{1/2}}\right)^2 = 16 \times \left(\frac{t'_R}{W}\right)^2 \tag{6.11}$$

$$H_{有效} = \frac{L}{n_{有效}} \tag{6.12}$$

有效塔板数和有效塔板高度消除了死时间的影响，因而较真实地反映了柱效能的高低。应该注意的是，同一色谱柱对不同物质的柱效能是不一样的，当用这些指标表示柱效能时，除色谱条件外，还应指出是用什么物质来进行测量的。

2) 速率理论

1956 年，荷兰学者范第姆特(van Deemter)等人在塔板理论的基础上，提出了关于色谱过程的动力学理论——速率理论。他们吸收了塔板理论中板高的概念，并充分考虑了组分在两相间的扩散和传质过程，从而在动力学基础上较好地解释了影响板高的各种因素。该理论模型对气相、液相色谱都适用。van Deemter 方程的数学简化式为

$$H = A + \frac{B}{u} + Cu \tag{6.13}$$

式中　u——流动相的线速度；

　　　A、B、C——在一定条件下为常数，分别代表涡流扩散系数、分子扩散项系数、传质阻力项系数。

欲降低塔板高度，提高柱效，需降低上述 3 个塔板分量，各项的物理意义如下：

(1) 涡流扩散项

A 为涡流扩散项，同时进入色谱柱内的组分 1、2、3(见图 6.7)，如果固定相颗粒大小及填充不均匀，组分分子经过这些空隙时碰到大小不一的颗粒将会不断改变流动方向，使组分在柱内形成了"涡流"，在不同通道中穿过，径向上不同位置的流动相流速不同，不同的组分分子所经过的路径长短也不同，造成组分分子或前或后流出色谱柱，引起色谱峰峰形的展宽。

涡流扩散项影响因素的经验公式为

$$A = 2\lambda d_p \tag{6.14}$$

式中　λ——填充不规则因子；
　　　d_p——固定相颗粒平均直径。

A 与填充物的平均粒径大小和填充不规则因子有关,而与载气性质、线速度和组分性质无关。可通过使用较细粒度和颗粒均匀的填料,并尽量填充均匀来减小涡流扩散。

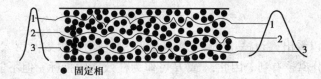

图 6.7　涡流扩散示意图

（2）分子扩散项

试样进入色谱柱后,由于存在浓度梯度,组分分子自发地向前和向后扩散,即样品在色谱柱轴向上向前后扩散结果使色谱峰扩张,造成的谱带展宽,板高 H 增大。分子扩散系数为

$$B = 2\gamma D_m \tag{6.15}$$

式中　D_m——组分在流动相中的扩散系数,与流动相的相对分子质量平方根成反比,与柱温成正比,与柱压成反比,组分在液体中的扩散系数很小(约为气体中的 $1/10^5$),此项可忽略不计。

　　　γ——弯曲因子,也称阻碍因子,它反映固定相颗粒对分子扩散项的阻碍情况,为小于 1 的系数,填充柱 $\gamma<1$,空心毛细管柱 $\gamma=1$。

载气流速越快,纵向扩散越小。谱带通过色谱柱所用的时间越长,纵向扩散就越严重。B 与组分的性质、载气的流速、性质、温度、压力等有关,为减小 B 项可采用相对分子质量大的载气和增加其线速度的方法。

（3）传质阻力项

传质阻力项系数 C,它由两部分组成,即固定相的传质阻力项 C_s 和流动相的传质阻力项 C_m,反映流动相和固定相对样品组分在其中扩散所具有阻力,即

$$C = C_s + C_m \tag{6.16}$$

$$C_m = \left(\frac{0.1k}{1+k}\right)^2 \times \frac{d_p^2}{D_m} \tag{6.17}$$

$$C_s = \frac{2k}{3(1+k)^2} \times \frac{d_f^2}{D_s} \tag{6.18}$$

式中　C_m——流动相的传质阻力,指试样从流动相扩散到流动相与固定相界面进行质量交换过程中所受到的阻力。与固定相粒度 d_p 的平方成正比,与组分在流动相中的扩散系数 D_m 成反比。用相对分子质量小的气体(如 H_2、He)为流动相和选用小粒度的固定相,可使 C_m 减小,柱效提高。

　　　C_s——固定相的传质阻力,指组分从两相界面扩散到固定相内部达到分配平衡后又返回到两相界面时受到的阻力。与固定相液膜厚度 d_f 的平方成正比,与组分在固定相中的扩散系数 D_s 成反比。固定相液膜越薄,扩散系数越大,固定相传质阻力 C_s 就越小,但固定相液膜不宜过薄,否则会减少样品容量,降低柱的寿命。

因此,Cu 与填充物粒度的平方成正比,对于液相色谱,传质阻力项是柱效的主要影响因

素,减小固定相粒度或减小固定相液膜厚度是减小传质阻力项的最有效方法。

样品分子要在流动相和固定相之间建立分配或吸附平衡,就必须快速完成从流动相到固定相,以及在固定相中的传质过程,事实上这往往是难以实现的。样品进入色谱柱后,谱带前沿的样品分子首先与固定相发生作用而被保留,在平衡建立起来之前,未被保留的分子就会被流动相带走。从而造成谱带展宽,在大多数实际分析条件下,这是引起谱带展宽的主要原因。

(4)速率理论方程

综上所述,当 u 一定时,当 A、B、C 3 项较小时,才能使 H 较小,柱效较高。气相色谱中的范第姆特方程为

$$H = A + \frac{B}{u} + Cu$$

$$= 2\lambda d_p + \frac{2\gamma D_m}{u} + \left[\left(\frac{0.1k}{1+k}\right)^2 \times \frac{d_p^2}{D_m} + \frac{2k}{3(1+k)^2} \times \frac{d_f^2}{D_s}\right]u \quad (6.19)$$

如果以不同流速下测得的塔板高度 H 对流动相线速度作图,可得如图 6.8 所示的曲线,从图可知,H-u 曲线有一最低点,与最低点对应的塔板高度 H 值最小,该点对应的线速为最佳线速 u_{opt},此时可得到最高柱效。

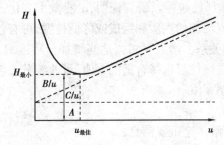

图 6.8 van Deemter 曲线示意图

(5)分离度 R

分离度也称分辨率,用 R 表示,是两色谱峰分离程度的量度,常用其作为柱总分离效能指标。相邻二定义其大小为相邻两色谱峰保留值之差与峰宽总和的一半的比值,即

$$R = \frac{2(t_{R2} - t_{R1})}{W_1 + W_2} \quad (6.20)$$

分离度 R 的值越大,说明相邻两组分分离效果越好。对一般分析要求 R 为 1~1.5。$R = 1.0$ 时,分离程度可达 98%;$R < 1$ 时,两峰有部分重叠;$R = 1.5$ 时,分离程度达到 99.7%。因此,通常用 $R = 1.5$ 作为相邻两色谱峰完全分离的指标,如图 6.9 所示。

实际上,分离度受柱效 $n_{有效}$、选择因子 α 和容量因子 k 3 个参数的影响。

①当固定相确定后,被分离物质对的 α 确定后,分离度将取决于 $n_{有效}$,因此,提高分离度的方法是制备出一根性能优良的柱子,通过降低板高,以提高分离度。对于一定理论板高的柱子,分离度的平方与柱长成正比,即

$$\left(\frac{R_1}{R_2}\right)^2 = \frac{n_1}{n_2} = \frac{L_1}{L_2} \quad (6.21)$$

说明较长的色谱柱可以提高分离度,但延长了分析时间。

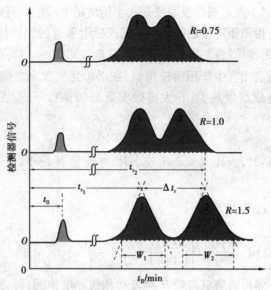

图6.9 不同分离度时色谱峰分离的程度

②分离度与选择因子的关系。当选择因子 $\alpha=1$ 时,$R=0$。这时,无论怎样提高柱效也无法使两组分分离。α 越大,选择性越好。研究证明,α 的微小变化,就能引起分离度的显著变化,一般通过改变固定相和流动相的性质和组成或降低柱温,可有效增大 α 值。

③分离度与容量因子的关系。增大 K 可以适当增加分离度 R,一般 k 通常控制在 $2\sim10$ 为宜。对于气相色谱,通过提高柱温选择合适的 k 值,可改善分离度。对液相色谱,改变流动相的组成比例,就能有效控制 k 值。

(6)色谱图信息

利用色谱图可直观地了解多个重要信息:
①根据色谱峰的数目可判断试样中所含组分的最少个数。
②根据色谱峰的保留值可进行定性分析。
③根据色谱峰高或面积可进行定量测定。
④根据色谱峰峰间距及宽度,可对色谱柱的分离效能进行评价。

6.1.5　色谱的定性和定量分析

通过色谱分析法测定被测试样可获得色谱图,它能够给出与试样的组成和含量有关的信息。但需要了解和掌握定性和定量的具体方法,才能根据信息确定试样的组成和含量。气相色谱和液相色谱的定性、定量分析原理及方法是相同的。

1)定性分析

色谱分析是一种非常有效的分离方法,但对于组分的定性,不如定量分析方法那样擅长,由于实际工作中需要先确定组成,才能进行定量分析,因此发展了多种定性分析方法。

色谱图中每个峰的保留值原则上代表样品中的一组分,每个峰的面积的大小与样品组分的含量成正比。定性分析主要根据未知组分的保留值与相同条件下的标准物质的保留值进行比较,但是在相同的色谱条件下,不同物质也可能有相近或相同的保留值,所以仅凭色谱法对未知物定性是有一定困难的,必要时还需要与其他化学方法或仪器分析方法联合技术对物质进行准确判断分析。

(1)根据色谱保留值进行定性分析

利用保留值定性是最常用也是最简单的方法。在相同色谱条件下,如果标准物质与被测样品中某色谱峰的保留值一致,可初步判断二者可能是同一物质。为了提高定性分析的可靠性,还可进一步改变色谱条件(分离柱、流动相、柱温等),如果被测物质的保留时间仍然与已知物质相同,则可认为它们是同一种物质。以已知纯物质对照进行定性示意图如图 6.10 所示。

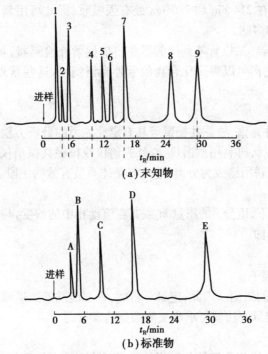

图 6.10　以已知纯物质对照进行定性示意图
已知纯物质:A—甲醇;B—乙醇;C—正丙醇;D—正丁醇;E—正戊醇

(2)可在样品中加入已知的标准物质

若某一峰明显增高,则可认为此峰代表该物质。

(3)无纯物质进行对照分析时,可利用文献中相同条件下的相对保留值进行比较

由于相对保留值是被测组分与加入的参比组分(其保留值应与被测组分相近)的调整保留值之比,因此,当载气的流速和温度发生微小变化时,被测组分与参比组分的保留值同时发生变化,而它们的比值—相对保留值则不变。也就是说,相对保留值只受柱温和固定相性质的影响,而柱长、固定相的填充情况(即固定相的紧密情况)和载气的流速均不影响相对保留值。因此,在柱温和固定相一定时相对保留值为定值,可作为定性的较可靠参数。

E. Kovars 首先提出用保留指数 I(retention index)进行定性分析,这是被国际上公认的定性指标。如果将对照定性与保留值规律定性结合,如碳数规律、比保留体积等,则可以大大提高定性结果的准确度。

(4)利用检测器的选择性进行定性分析(液相色谱),即单检测器定性

分析时可根据样品中某些被测化合物的不同特性和元素组成选择相应的选择性检测器进行检测。如分析含氯、溴和碘的卤化物时,可根据所含卤素原子的种类和数目不同,选用不同的检测器。一氯化物可选用电化学检测器、ECD 检测器;二氯化物,多氯化物和含溴、碘的

卤化物以用 ECD 检测器为宜,因为在 ECD 检测器上,随卤原子增加,响应值急剧增加,很有特性。在使用 FPD 检测器时,当使用 526 nm 滤光片时,可选择性地检测含磷化合物;而当使用 394 nm 滤光片时,可选择性地测定含硫化合物。当在 FPD 检测器上采用双光路,即使用两个光电检测原件,分别安装。394 nm 和 526 nm 滤光片的 FPD 检测器,可同时记录硫和磷的信号,这时可通过测定磷的响应信号值。对于含苯环的多环芳烃化合物,可采用 PID 检测器和 UV 检测器(在 254 nm 处检测),因为它们的光离子化效率高和在紫外 254 nm 处有强吸收。蛋白质和多肽化合物则在 214 nm 和 280 nm 处有强吸收,因此可用紫外检测器在 214 nm 和 280 nm 处检测蛋白质和多肽。

利用三维紫外检测器(二极管阵列检测器和扫描型紫外检测器)可对含共轭体系的化合物进行定性鉴定,因为它们可以得到化合物的紫外光谱图,从这些紫外光谱图中可以判定共轭体系的共轭情况。

(5)联用技术法

将色谱与质谱、红外光谱、核磁共振谱等具有定性能力的分析方法联用,复杂的混合物先经色谱分离成单一组分后,再利用质谱仪、红外光谱仪或核磁共振谱仪进行定性。近年来,色谱-质谱联用、色谱-红外联用已成为分离、鉴定复杂体系最有效的手段。

2)定量分析

在一定的色谱条件下,组分 i 的质量 m_i 或其在流动相中的浓度,与检测器响应信号(峰面积 A_i 或峰高 h_i)成正比,即

$$m_i = f_i A_i \tag{6.22}$$

式中　f_i——绝对校正因子。

这是色谱定量分析的依据。因此,定量分析时,只要能准确测量峰面积 A_i,准确求出校正因子 f_i,并选用合适的定量方法就可求出被测组分的含量。

(1)峰面积的测定

峰面积的测定,目前气相色谱仪和液相色谱仪都装有数据处理机或配备了化学工作站系统,其峰面积由数据处理机或化学工作站自动计算。峰面积的大小不易受操作条件(如柱温、流动相的流速、进样速度等)的影响,比峰高更适合于定量的依据。

(2)绝对校正因子

$$f_i = \frac{m_i}{A_i} \tag{6.23}$$

f_i 代表单位峰面积所代表的某组分含量,也是指某组分 i 通过检测器的量与检测器对该组分的响应信号之比。m_i 的单位常用质量、物质的量或体积表示,与此相应的校正因子称为质量校正因子 f_m、摩尔校正因子 f_M 和体积校正因子 f_V。

在实际测定时,由于精确测定绝对进样量比较困难,因此,要精确求出 f_i 的值往往是比较困难的,故其应用受到限制。在实际定量分析中,一般常采用相对校正因子 f_i'。

(3)相对校正因子

相对校正因子 f_i' 是组分的决定校正因子 f_i 与某一标准物质绝对校正因子 f_s 的比值,即

$$f_i' = \frac{f_i}{f_s} = \frac{A_s m_i}{A_i m_s}$$

式中　f_i——组分 i 的绝对校正因子;
　　　f_s——标准物质 s 的绝对校正因子。

相对校正因子只与检测器类型有关,而与色谱操作条件、柱温、载气流速和固定液的性质等无关。一般文献上提到的校正因子就是相对校正因子。

同一检测器对不同物质具有不同的响应值,就是说等量的不同物质在同一检测器上产生的信号往往是不相同的,相同量的同一物质在不同的检测器上相应信号也不相同。因此引入相对校正因子加以校正,它能够把混合物中不同组分的峰面积(或峰高)校正为相当于某一标准物质的峰面积(或峰高),然后用校正的信号值计算各组分的含量。

常用的标准物质,对热导检测器(TCD)是苯,对氢焰检测器(FID)是正庚烷。表6.1列出了一些化合物的相对校正因子。

表6.1 一些化合物的相对校正因子

化合物	沸点/℃	相对分子质量	热导检测器 f_M	热导检测器 f_m	氢焰检测器 f_m
甲烷	−160	16	2.8	0.45	1.03
乙烷	−89	30	1.96	0.59	1.03
苯	80	78	1.00	0.78	0.89
甲苯	110	92	0.86	0.79	0.94
甲醇	65	32	1.82	0.58	4.35
乙醇	78	46	1.39	0.64	2.18
丙酮	56	58	1.16	0.68	2.04
乙酸乙酯	77	88	0.9	0.79	2.64

3)常用的几种定量方法

色谱的定量方法主要有:归一化法、内标法和外标法。

(1)归一化法

归一化法是色谱法中常用的定量方法。当样品中所有组分均能流出色谱柱,并在检测器上都能产生信号,组分的量与其峰面积成正比(在线性范围内),能够测定或查到所有组分的相对校正因子的样品,可用归一化法定量。

归一化法是把所有出峰的组分含量之和按100%计算,以它们相应的色谱峰面积或峰高为定量参数,通过下列公式计算各组分的质量分数。其中组分 i 的质量分数为

$$w_i = \frac{f_i A_i}{\sum_{i=1}^{n} A_i f_i} \times 100\% \tag{6.24}$$

式中 w_i——i 组分的质量分数;

A_i——i 组分的峰面积;

f_i——i 组分的质量校正因子。

当各组分的 f_i 相同时,式(6.24)可简化为

$$w_i = \frac{A_i}{\sum_{i=1}^{n} A_i} \times 100\% \tag{6.25}$$

对于较狭窄的色谱峰或峰宽基本相同的色谱峰,可采用峰高代替面积进行归一化定量。这种方法简便易行,但此时 f_i 应为峰高校正因子。

归一化法的优点是简便、准确,特别是进样量不容易准确控制时,进样量的变化对定量结果的影响很小。其他操作条件,如流速、柱温等变化对定量结果的影响也很小。

(2) 内标法

当只需测定试样中某几个组分,或试样中所有组分不可能全部出峰时,可采用内标法。内标法是色谱分析中一种比较准确的定量方法,尤其在没有标准物对照时,此方法更显其优越性。内标法是将一定质量的纯物质作为内标物加到一定量的被分析样品混合物中,然后对含有内标物的样品进行色谱分析,分别测定内标物和待测组分的峰面积(或峰高)及相对校正因子,按公式和方法即可求出被测组分在样品中的百分含量。

$$\frac{A_i}{A_s} = \frac{f_s}{f_i} \times \frac{m_i}{m_s} \tag{6.26}$$

则

$$m_i = \frac{A_i f_i}{A_s f_s} \times m_s \tag{6.27}$$

故

$$w_i = \frac{m_i}{m} \times 100\% = \frac{A_i f_i}{A_s f_s} \times \frac{m_s}{m} \times 100\% \tag{6.28}$$

式中 m_s, m——内标物质量和试样质量;

A_i, A_s——被测组分和内标物的峰面积;

f_i, f_s——被测组分和内标物的相对质量校正因子。

一般以内标物作为基准物质,即 $f_s = 1$,此时含量计算式可简化为

$$w_i = \frac{m_i}{m} \times 100\% = \frac{A_i}{A_s} \times \frac{m_s}{m} \times f_i \times 100\% \tag{6.29}$$

选择内标物时,它应是样品中不存在的纯物质;内标峰位于被测组分峰附近并与组分峰完全分离;内标物性质与样品中被测组分相近并能与样品互溶;内标物浓度应恰当,其峰面积与待测组分相差不大。

内标法的优点是:进样量的变化,色谱条件的微小变化对内标法定量结果的影响不大,特别是在样品前处理(如浓缩、萃取、衍生化等)前加入内标物,然后再进行前处理时,可部分补偿欲测组分在样品前处理时的损失。若要获得很高精度的结果时,可以加入数种内标物,以提高定量分析的精度。

内标法的缺点是:选择合适的内标物比较困难,内标物的称量要准确,操作较麻烦。使用内标法定量时要测量欲测组分和内标物的两个峰的峰面积(或峰高),根据误差叠加原理,内标法定量的误差中,由于峰面积测量引起的误差较标准曲线法大。但是由于进样量的变化和色谱条件变化引起的误差,内标法比标准曲线法要小很多,总的来说,内标法定量比标准曲线法定量的准确度和精密度都要好。

为了减少称量和数据计算的麻烦,可用内标标准曲线法进行定量。内标标准曲线法是在用内标法作色谱定量分析时,先配制一定质量比的被测组分和内标样品的混合物作色谱分析,测量峰面积,作质量比和面积比的关系曲线,此曲线即为标准曲线。在实际样品分析时所采用的色谱条件应尽可能与制作标准曲线时所用的条件一致,因此,在制作标准曲线时,不仅要注明色谱条件(如固定相、柱温、载气流速等),还应注明进样体积和内标物浓度。在制作内

标标准曲线时,各点并不完全落在直线上,此时应求出面积比和质量比的比值与其平均位的标准偏差,在使用过程中应定期进行单点校正,若所得值与平均值的偏差<2,曲线仍可使用;若>2,则应重作曲线,如果曲线在较短时期内即产生变动,则不宜使用内标法定量。

(3)外标法

外标法又称标准曲线法或已知样校正法,是所有定量分析中最通用的一种方法。可用于测定指定组分的含量。用待测组分的纯品作对照物质,以对照物质和样品中待测组分的响应信号相比较进行定量的方法。此法可分为工作曲线法及外标一点法等。

工作曲线法是用对照物质配制一系列浓度的对照品溶液确定工作曲线,求出斜率、截距。在完全相同的条件下,准确进样与对照品溶液相同体积的样品溶液,根据待测组分的信号,从标准曲线上查出其浓度,或用回归方程计算,工作曲线法也可以用外标二点法代替。通常截距应为零,若不等于零说明存在系统误差。工作曲线的截距为零时,可用外标一点法(直接比较法)定量。

外标一点法是用一种浓度的对照品溶液对比测定样品溶液中 i 组分的含量。将对照品溶液与样品溶液在相同条件下次进样,测得峰面积的平均值,用下式计算样品中 i 组分的量为

$$w_i = \frac{A_i}{A_s} \times w_s \tag{6.30}$$

式中 A_i, A_s ——分别为被测组分和标准物的峰面积;

w_s——标准物的质量分数。

测定峰面积时,也可用峰高代替峰面积进行计算。

外标法方法简便,不需用校正因子,不论样品中其他组分是否出峰,均可对待测组分定量,计算方便,适合于分析大量样品。但此方法的准确性受进样重复性和实验条件稳定性的影响。此外,为了降低外标一点法的实验误差,应尽量使配制的对照品溶液的浓度与样品中组分的浓度相近。

6.1.6 色谱法的特点

色谱法是以其高超的分离能力为特点,它的分离效率远远高于其他分离技术(如蒸馏、萃取、离心等)方法。色谱法的优点有如下几点:

1)分离效率高

由于使用了细颗粒、高效率的固定相和均匀填充技术,色谱法分离效率极高,柱效一般可达每米 10^4 理论塔板。近几年来出现的微型填充柱(内径 1 mm)和毛细管液相色谱柱(内径 0.05 μm),理论塔板超过每米 10^5,能实现高效的分离。馏分容易收集。

2)应用范围广

它几乎可用于所有化合物的分离和测定,无论是有机物、无机物、低分子或高分子化合物,甚至有生物活性的生物大分子也可进行分离和测定。

3)分析速度快

一般在几分钟到几十分钟就可以完成一次复杂样品的分离和分析。

4)样品用量少

用极少的样品就可完成一次分离和测定。

5)灵敏度高

由于紫外、荧光、电化学、质谱等高灵敏度检测器的使用,使 HPLC 的最小检测量可达 $10^{-9} \sim 10^{-11}$ g。

6)易于自动化

分离和测定一次完成,可以和多种波谱分析仪器联用,也可在工业流程中使用。与高度自动化计算机的应用,使 HPLC 不仅能自动处理数据、绘图和打印分析结果,而且还可以自动控制色谱条件,使色谱系统自始至终都在最佳状态下工作,成全自动化的仪器。

任务6.2 气相色谱仪

6.2.1 气相色谱分析技术概述

气相色谱法(Gas Chromatography,GC)是用气体作为流动相的色谱法。气相色谱法主要应用于分析气体和沸点不是太高(通常不超过300 ℃)时,通常采用气相色谱法分析。对于组分沸点比较高的样品,则采用液相色谱法分析(或进行衍生化处理降低沸点后再用气相色谱法,如对羧酸的分析)。

气相色谱法是由惰性气体将气化后的试样带入加热的色谱柱,并携带组分分子与固定相发生作用,并最终又将组分从固定相中带出,达到样品中各组分的分离。用气相色谱法分离分析试样的基本过程如图6.11所示,由高压钢瓶供给的流动相,作为载气,经减压阀、净化器、稳压阀和流量计后,以稳定的压力和流速连续经过气化室、色谱柱、检测器,最后放空。气化室与进样口相接,它的作用是把从进样口注入的试样(若为液体,须瞬间在气化室内气化为蒸气)随载气进入色谱柱,根据被测组分的不同分配性质在色谱柱中进行分离。分离后的试样随载气依次进入检测器,检测器将组分的浓度(或质量)变化转变为电信号。电信号经放大器放大后,由记录器记录下来,即得到色谱图。利用色谱图就可进行定性定量分析。

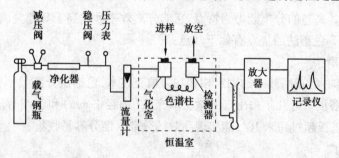

图6.11 气相色谱仪流程示意图

6.2.2 气相色谱仪

气相色谱仪的型号种类繁多,但它们的基本结构是一致的。都是由气路系统、进样系统、分离系统、温控系统、检测系统和记录系统等部分组成的。如图6.12所示为北京普析通用制造的 GC1100 气相色谱仪。

图 6.12　GC1100 气相色谱仪

1）气路系统

气路系统是指流动气体连续运行的密闭管路系统。包括气源、净化器、气体流速控制和测量装置。通过该系统可获得纯净的、流速（或压力）稳定的载气。气路的气密性、载气流量的稳定性和测量流量的准确性，对气相色谱的测定结果起着重要的作用。

（1）气源

气源分载气和辅助气两种。载气是流动相，携带分析试样通过色谱柱。辅助气是提供检测器燃烧或吹扫用的气体。常用的载气包括氮气、氢气、氦气、氩气等；辅助气常用空气。如火焰原子化和火焰光度检测器需要氢气和空气作燃气和助燃气。

载气一般储存在钢瓶、空气泵、气体发生器等，它们是能够提供足够压力的气源。载气要求化学惰性，不与有关物质反应。载气的选择除要求考虑对柱效的影响外，还要与分析对象及选用的检测器相匹配。通常选用 H_2 和 He 作热导检测器（TCD）的载气，N_2 作电子捕获检测器（ECD）的载气。

（2）气路结构

气路结构分为单柱单气路（见图 6.13）和双柱双气路（见图 6.14），单柱单气路适用于恒温分析，双柱双气路适用于程序升温分析。

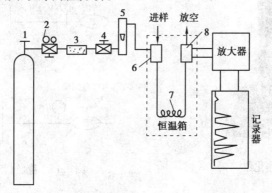

图 6.13　单柱单气路气相色谱仪
1—载气钢瓶；2—减压阀；3—净化器；4—气流调节阀；
5—转子流量计；6—气化室；7—色谱柱；8—检测器

（3）净化器

为了保护色谱柱及检测器和获得稳定的基流，载气在进入色谱仪之前，必须对载气及辅助气进行严格的脱水、脱氧、脱碳氢化合物等净化处理。载气的净化由装有气体净化剂和气体

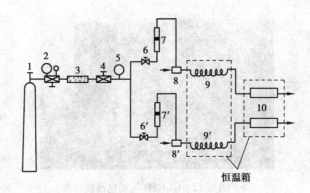

图 6.14 双柱双气路气相色谱仪
1—载气钢瓶;2—减压阀;3—净化器;4—稳压阀;5—压力表;6,6′—针形阀;
7,7′—转子流量计;8,8′—进样-气化室;9,9′—色谱柱;10—检测器

净化器来完成(见图 6.15)。

因为水分存在于气体容器的表面和气体管路内,它不仅会影响组分的分离,还会使固定相降解,缩短柱的寿命。氧的破坏作用最严重,即使很微量的氧也会破坏毛细管柱及极性填充柱,氧会使固定相氧化,从而破坏柱性能和柱寿命,氧化物还会引起基线噪声的飘移,并随柱温升高破坏性急剧增大,对特殊检测器及高灵敏度检测器氧的破坏作用更加明显。

常用的净化剂有活性炭、硅胶和分子筛。考虑到硅胶价格便宜、活化再生方便的特点,通常采用室温下用硅胶初步脱水、分子筛进一步深脱水;用活性炭脱除除甲烷外的碳氢化合物;用脱氧剂脱除氢或氮中的微量氧气。一般气体净化后纯度要达到 99.99% 以上方可使用,特殊检测器如 ECD 对电负性较强组分的脱除要求更高,其载气和吹扫气中的氧含量必须低于 $0.2~\mu L/L$,否则检测器会出现基流太低无法运行。当然,与检测器的灵敏度与分析检测限有关。

图 6.15 气体净化器

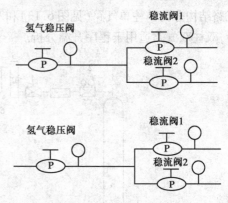

图 6.16 稳压阀和稳流阀

(4)稳压、恒流装置

气体钢瓶中的气体需经减压后才可使用。载气流速的变化对柱分离效能及检测器灵敏度的影响尤其突出,所以保证载气流速的稳定性是色谱定性、定量分析可靠性的极为重要的条件。流速的调节和稳定靠稳压阀和稳流阀调节控制(见图 6.16)。稳压阀首先通过改变输出气压来调节气体流量的大小,其次是稳定输出气压。在恒温色谱中,当操作条件不变时,整个系统阻力不变,单独使用稳压阀便可使色谱柱入口压力稳定,从而保持稳定的流速。但在

程序升温色谱中,由于柱内阻力随温度不断改变,因此需要在稳压阀后串联一个稳流阀,以保持恒定的流量。在先进的气相色谱仪上为了保证压力和流量的高度稳定性,一般都采用电子压力控制器(EPC)代替一般阀件,并以计算机控制流速保持不变。

2)进样系统

进样就是把气体、液体、固体样品快速地加到色谱柱头上,进行色谱分离。进样量的准确度和重复性以及进样器的结构等对定性和定量有很大影响。

气相色谱仪的进样系统包括进样器和气化室。进样量的大小、进样时间的长短和样品气化速度等都会影响色谱分离效率和分析结果的准确性及重现性。

(1)气化室

液体样品在进柱前必须在气化室内变成蒸气。气化室为不锈钢材质的圆柱管,上端为进样口,载气由侧口进入,柱管外部用电炉丝加热。气化室的温度通常控制在50～500 ℃,以保证液体试样能快速气化。气化室要求热容量大,使样品能够瞬间气化,并要求死体积小。对于易受金属表面影响而发生催化、分解或异构化现象的样品,可在气化室通道内置一石英管,避免样品与金属直接接触。气化室注射孔用厚度为5 mm的硅橡胶垫密封,由散热式压管压紧,采用长针头注射器将样品注入热区,以减少气化室死体积,提高柱效。图6.17是常用的填充柱进样口。

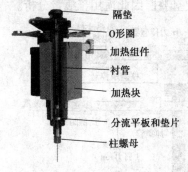
图6.17 填充柱进样口示意图

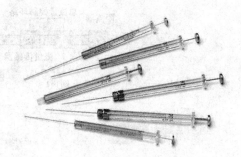
图6.18 微量进样器

(2)填充柱进样系统

气体样品和液体样品常用的进样器有微量注射器(见图6.18)和进样阀(见图6.19)。微量注射器规格有0.5 μL、1 μL、1 μL、50 μL、100 μL等。这种方法简单、灵活,但是误差相对较大,重现性差。

常用的进样阀有平面六通阀和拉杆式六通阀,进样的重复性好。使用温度较高、寿命长、耐腐蚀、死体积小、气密性好,可以在低压下使用。

固体样品通常用溶剂溶解后,用液体进样的方式分析。目前,随着进样器技术的不断提高,许多高档的色谱仪还配置了自动进样器,它使得气相色谱分析实现了完全的自动化。

(3)毛细管柱进样系统

在毛细管柱气相色谱中,由于毛细管柱样品容量很小,一般采用分流进样器,即在样品气化后只允许一小部分被载气带入色谱柱,大部分被放空。进入柱内的样品量占进样量的比例,称为分流比。通常采用的分流比为10∶1～200∶1。这是毛细管柱体统最经典的进样方式,进入进样口的载气分两路:一路为冲洗进样隔垫;另一路以较快的速度进入气化室,此处

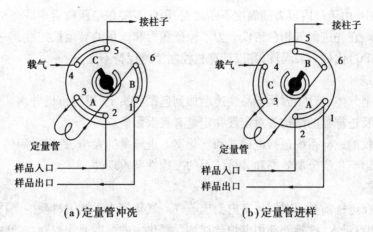

(a) 定量管冲洗　　　　　　　　(b) 定量管进样

图 6.19　气体旋转式六通阀工作示意图

与气化后的样品混合,并在毛细管柱入口处进行分流,如图 6.20 所示。在分流进样中,只有极少部分样品被载气带入色谱柱。

不分流进样与分流进样的区别在于:在进样时分流出口关闭,当大部分溶剂和样品进入色谱柱后,打开分流阀吹扫衬管中剩余的蒸气,可避免由于进样量大应和柱流量小引起的溶剂拖尾。采用这种方式进样几乎所有的样品都进入了色谱柱,因此适用于痕量分析。

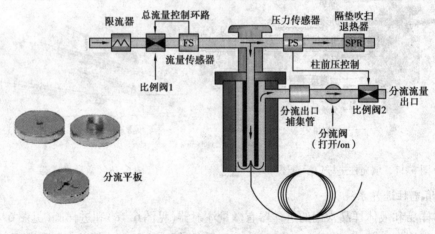

图 6.20　安捷伦 6890 分流、不分流进样口

此外,随着气相色谱技术的不断提高,目前有冷柱头进样、程序升温进样、顶空进样等多种方式。

3)分离系统

色谱仪的分离系统就是色谱柱,是气相色谱仪的心脏,它的作用是使试样在柱内移动中得到分离。色谱柱装在有温度控制装置的柱箱内。色谱柱可以分为填充柱(见图 6.21)和毛细管柱(见图 6.22)。

填充柱是将固定相填充在金属或玻璃管中,形状为 U 形或螺旋形。内径通常为 2～4 mm,长 0.5～10 m。固定相的填充情况及固定相的颗粒大小对柱效有很大影响。填充柱制备简单,可供选择的固定相种类多,柱容量大,分离效率也足够高,应用较普遍。

毛细管柱又分为填充毛细管柱和空心毛细管柱。它的固定相是通过在内壁涂渍或化学

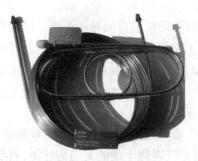
图 6.21 填充柱

图 6.22 毛细管柱

键合的方式固定在毛细管壁上。其分离效率比填充柱要高得多。毛细管柱的柱内径通常小于 1 mm，柱长一般为 25～100 m。柱材料大多用熔融石英，称为弹性石英毛细管柱。毛细管柱效高。

毛细管柱的特点：

①由于毛细管柱涡流扩散不存在，传质阻力小，谱带展宽小，因此一根毛细管柱的理论塔板数可达 10^4～10^6。

②分析速度快。空心毛细管使得载气流速很高，组分在固定相的传质速度极快。

③柱容量小。允许的进样量很小，常采用分流进样。

4）温控系统

温控系统是指对气相色谱的气化室、色谱柱和检测器进行温度控制。在气相色谱测定中，柱温是影响分离的重要因素，是色谱分离条件的重要选择参数。

气化室温度控制是为了保证液体试样瞬间气化而不发生分解。

检测器温度控制是为了保证被分离的组分在此不冷凝，并且检测器的温度变化对检测灵敏度有影响。热导检测室温度的波动对信号影响很大，使用高灵敏度时，要控制在 0.05 ℃ 以内。

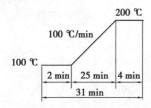
图 6.23 程序升温示意图

色谱柱的温度直接影响组分的分配系数。选择柱温的原则，一般是在保证能使最难分离物质分离的条件下，尽可能采用低柱温，这样选择的原因是可以增加固定相的选择性，减小分子扩散，提高柱效，减少固定液的流失。柱温一般选择接近或略低于组分平均沸点。当样品复杂时，可以利用程序升温，使各组分在最佳温度下分离。色谱柱的温控方式有恒温和程序升温两种。对于沸点很宽的混合物，往往采用程序升温法进行分析，如图 6.23 所示。程序升温是指在一个分析周期内，炉温连续地随时间由低温到高温线性或非线性地变化，使沸点不同的组分在其最佳柱温时流出，从而改善分离效果缩短分析时间。程序升温方式具有改进分离、使峰变窄、检测限下降及省时等优点。

5）检测系统

检测系统通常由检测元件、放大元件和显示记录元件组成。经色谱柱分离后的组分依次进入检测器，按其浓度或质量随时间的变化，转化成相应的电信号，经放大后记录和显示，得到色谱流出曲线。气相色谱分析常用的检测器包括氢焰离子化检测器、热导池检测器、电子捕获检测器、火焰光度检测器等几十种。

根据检测原理不同,可将检测器分为浓度型检测器和质量型检测器两大类。浓度型检测器的响应值与组分的浓度成正比,如热导检测器和电子捕获检测器等。质量型检测器的响应值与单位时间内进入检测器某组分的质量成正比,如氢火焰离子化检测器和火焰光度检测器等。

(1)氢焰离子化检测器(Flame Ionization Detector,FID)

①检测原理。氢焰离子化检测器简称氢焰检测器,是气相色谱中最常用的检测器,是典型的质量型检测器。氢火焰离子化检测器是以氢气与空气燃烧生成的火焰为能源,利用含碳有机物在火焰中燃烧产生离子,极化电压将这些离子吸收到吸收极上,产生的电流与样品量成正比。

②基本构造。该检测器主要是由离子室、离子头和气体供应3部分组成,其结构如图6.24所示。离子室一般用不锈钢制成,包括气体入口、石英火焰喷嘴、一对电极(发射极和收集极)和外罩。在离子室下部,被测组分被载气携带,从色谱柱中流出,与氢气混合后通过喷嘴,再与空气混合后点火燃烧,形成氢火焰。燃烧所产生的高温使被测有机物组分电离成正、负离子。在火焰上方收集极和发射极所形成的静电场作用下,离子流定向运动形成电流,经放大、记录即得到色谱峰。

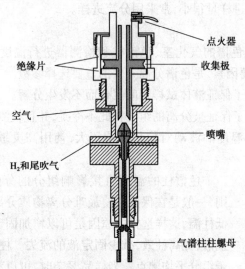

图 6.24 氢焰离子化检测器结构示意图

③特点。氢焰检测器对有机化合物具有很高的灵敏度,但对无机气体、水、四氯化碳等含氢少或不含氢的物质灵敏度低或不响应。氢焰检测器具有结构简单、稳定性好、灵敏度高、响应迅速等特点。

(2)热导池检测器

①检测原理。热导检测器(Thermal Conductivity Detector,TCD)是根据不同的物质具有不同的热导率这一原理制成的。属于浓度敏感型检测器,即检测器的响应值与组分在载气中的浓度成正比。它是基于不同物质具有不同的热导系数的原理设计的,是目前应用最广泛的通用型检测器。

②基本构造(见图6.25)。热导池由池体和热敏元件构成,热敏元件为金属丝。目前普遍使用的是四臂热导池,其两臂为参比臂(参比),另两臂为测量臂(样品)。热导池检测工作时,接通载气并保持池体恒温,此时流经的载气成分和流量都是稳定的。流经热敏元件电流也是稳定的,由热敏元件组成的电桥处于平衡状态。当经色谱柱分离后的组分被载气带入热导池中由于组分和载气的热传导率不同,因而使热敏元件温度发生变化,并导致电阻发生变化,从而导致电桥不平衡,输出电压信号,此信号的大小与被测组分的浓度成函数关系,再由记录仪或色谱数据处理机进行换算并记录下来。选择的载气与组分间的热导系数差越大,检测也就越灵敏。最理想的载气是相对分子质量小的氦气,但价格昂贵,所以常用的是氢气和氮气。

③特点。热导池检测器具有结构简单,性能稳定,灵敏度适宜等特点,对各种能作色谱分析的物质都有响应,最适合作常量分析,应用范围广泛。

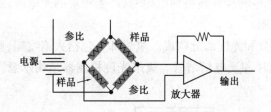

图6.25 热导检测器基本构造

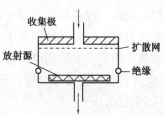

图6.26 电子捕获检测器基本构造

(3)电子捕获检测器

①检测原理。电子捕获检测器(Electron Capture Detector,ECD)是一种离子化检测器,它是一个有选择性的高灵敏度的检测器,它只对具有电负性的物质,如含卤素、硫、磷、氮的物质有信号,物质的电负性越强,也就是电子吸收系数越大,检测器的灵敏度越高,而对电中性(无电负性)的物质,如烷烃等则无输出信号。

②基本构造。ECD基本构造如图6.26所示。检测器内有一个圆筒状β放射源(^{63}N 或 ^3H)作为阴极,不锈钢棒作为阳极,池上下有载气入口和出口,在两极间施加一直流或脉冲电压。当载气(氩或氮)进入内腔时,受到放射源发射的β粒轰击被离子化,形成次级电子和正离子。在电场作用下,正离子和电子分别向阴极和阳极移动形成基流(背景电流)。当电负性物质进入检测器时,立即捕获自由电子,从而使基流下降,在记录仪上得到倒峰,如图6.27所示。

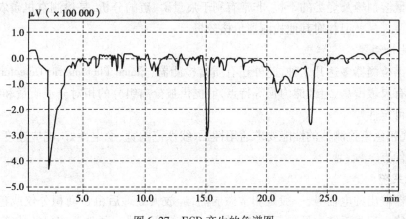

图6.27 ECD产生的色谱图

在一定浓度范围内,响应值与电负性物质浓度成比例。被测组分浓度越大,倒峰越大,组分中电负性元素的电负性越强,捕获电子的能力越大,倒峰也越大。在实际工作中,可通过改变极性使负峰变为正峰。

③特点。电子捕获检测器是应用广泛的一种高选择性、高灵敏度的浓度型检测器,对含有卤素、氧、氮等基团的物质具有很高的选择性和灵敏度,检出限可达 10^{-14} g/mL。载气的纯度要求大于 99.99%,因为纯度影响基流,所以氮气要除氧等电负性物质。广泛应用于食品、农副产品中农药残留、大气及水质污染分析。电负性越强,灵敏度越高。

(4) 火焰光度检测器

①检测原理。火焰光度检测器(Flame Photometric Detector,FPD)对含磷或硫的有机化合物具有高选择性和灵敏度的质量型检测器。在富氢火焰中燃烧时,硫、磷被激发而发射出特征波长的光谱。这些特征光谱通过分光,由光电转换器转换为电信号,产生相应的光电流,经放大器放大后由记录系统记录下相应的色谱图。

②基本构造。火焰光度检测器由氢焰部分和光度部分构成。氢焰部分包括火焰喷嘴、遮光罩、点火器等。光度部分包括石英片、滤光片和光电倍增管。火焰光度检测器结构示意图如图 6.28 所示。

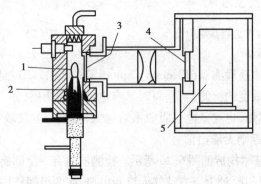

图 6.28　火焰光度检测器结构示意图
1—火焰;2—火焰喷嘴;3—窗口;4—滤光片;5—光电倍增管

③特点。这种检测器对有机磷、有机硫的响应值与碳氢化合物的响应值之比可达 10^4,因此可排除大量溶剂峰及烃类的干扰,非常有利于痕量磷、硫的分析,是检测有机磷农药和含硫污染物的主要工具。但相对其他检测器价格较贵。

(5) 其他检测器

气相色谱检测器多达几十种,此外还有质谱检测器(Flame Photometric Detector,FPD)等,该检测器具有灵敏度高、定性能力强等特点,能提供被分离组分的相对分子质量和结果信息,既可定量也可定性。

总之,气相色谱检测器的性能要求通用性强、线性范围宽、稳定性好、响应速度快、检测限尽可能小等优点。

6) 记录系统

由检测器输出的电信号,一般是非常微弱的,经放大处理后由自动积分仪或色谱工作站来记录色谱峰。记录系统由硬件系统和软件系统两部分组成。硬件系统包括计算机、数据采集卡或打印机。如果要对仪器的操作进行控制,包括程序升温、自动进样、流路切换、阀控制操作等,则需要相应的色谱仪控制卡。软件系统包括数据采集、数据变换、色谱图储存、谱图处理、分析参数的设定、时间程序、定性分析、定量分析结果计算、分析报告打印等。

近年来,气相色谱仪主要采用色谱数据处理机。色谱数据处理机可打印记录色谱图,并能在同一张记录纸上打印出处理后的结果,如保留时间、被测组分质量分数等。

任务6.3 气相色谱实验技术

气相色谱根据使用的固定相状态不同,可分为气固色谱和气液色谱。气固色谱固定相为吸附剂,分离对象主要是一些在常温常压下为气体和低沸点的化合物;气液色谱是用高沸点的有机化合物涂渍在载体上作为固定相,由于可供选择的固定液种类很多,故选择性较好,应用广泛。分离效果主要取决于柱中的固定相性质。分离对象的多样性决定了没有一种固定相能够满足所有试样的需要,因此对于不同的分离对象需要采用不同的固定相。

6.3.1 气固色谱的固定相

固体固定相一般采用固体吸附剂,主要用于分离和分析永久性气体及气态烃类物质。常用的固体吸附剂主要有强极性的硅胶、弱极性的氧化铝、非极性的活性炭和具有特殊吸附作用的分子筛等,根据它们对各种气体的吸附能力的不同来选择最合适的吸附剂。常用的吸附剂见表6.2。

表6.2 气固色谱常用的几种吸附剂及其性能

吸附剂	主要化学成分	温度上限/℃	极性	分离特征
活性炭	C	<300	非极性	永久性气体、低沸点烃类
石墨化炭黑	C	>500	非极性	分离气体及烃类,对高沸点有机化合物
硅胶	SiO_2	<400	极性	永久性气体及低级烃
氧化铝	Al_2O_3	<400	弱极性	烃类及有机异构物
分子筛	$x(MO) \cdot y(Al_2O_3) \cdot z(SiO_2) \cdot H_2O$	<400	极性	特别适宜分离永久气体
GDX	多孔聚合物	温度不同	极性不同	不同型号,分离物质不同

高分子多孔微球(国产商品GDX),国外(Porapark)是以苯乙烯和二乙烯苯作为单体,经悬浮共聚所得到的交联多孔聚合物,由于GDX系列不仅具有各种极性,而且具有耐腐蚀、耐辐射等性能,故成为应用较多的固定相。

载体大致可分为两大类,即硅藻土类和非硅藻土类。

6.3.2 气液色谱的固定相

液体固定相由载体和固定液组成,是气相色谱中应用最广泛的固定相。

1）载体

（1）载体的作用和要求

载体是固定液的支持骨架，是一种多孔性的、化学惰性的固体颗粒，固定液可在其表面上形成一层薄而均匀的液膜，以加大与流动相接触的表面积。载体的基本要求如下：

①载体表面孔径应分布均匀，具有较大的比表面积，使固定液具有较大的分布表面，提高气液分配速率。

②载体的化学和物理稳定性好，无吸附作用，不直接参与色谱分离，无催化活性，不与试样起化学反应。

③热稳定性好，不易在色谱条件下发生热分解。

④机械强度高，不易变形。

⑤表面有较好的浸润性，便于固定液的涂渍。

⑥具有一定的粒度和规则的形状，最好是球形。

（2）载体的种类和性能

气相色谱用的载体按化学成分分为硅藻土载体和非硅藻土载体两大类。硅藻土载体由天然硅藻土煅烧而成，主要成分为无机盐。

根据制造工艺和助剂不同，分为红色与白色硅藻土两类。红色载体因含有少量氧化铁颗粒呈红色而得名，如国产的 6201、201 等，国外的 chromosorb P 型载体等。白色载体在煅烧时加入少量碳酸钠、氧化钠、氧化钾脂类的助溶剂，使氧化铁转变为白色的铁硅酸钠而得名，如国产的 101、102、405，国外的 chromosorb W、celite-545 等。

红色载体表面空穴密集，孔径小，比表面积大，表面吸附力强，有催化活性，易引起色谱峰拖尾；由于表面积大，因而可涂渍高含量固定液，质地较坚硬，机械强度高。

白色载体孔径体积大，比表面积小，吸附力弱，在固定含量低时仍可洗出对称色谱峰；比表面积小，涂渍固定液含量也较低，质地较松脆，极性强度差些。

非硅藻土载体主要有氟载体、玻璃载体、高分子多孔微球、无机盐、海沙、素瓷等，其应用范围不如硅藻土载体广泛和普遍，通常是利用其特殊性能作一些特殊的分析，如聚四氟乙烯载体可分析强极性和腐蚀性气体。

普通的硅藻土载体的表面并非惰性，而是具有硅醇基，并有少量金属氧化物，如氧化铝、氧化铁等。因此，在它的表面上既有吸附活性，又有催化活性，因此使用前要对硅藻土载体表面进行化学处理，以改善孔隙结构，屏蔽活性中心。处理方法包括：

①酸洗、碱洗。用浓盐酸、氢氧化钾的甲醇溶液分别浸泡，以除去铁等金属氧化物杂质及表面的氧化铝等酸性作用点。

②硅烷化。用硅烷化试剂与担体表面的硅醇、硅醚基团反应，以消除担体表面的氢键结合能力。常用的硅烷化试剂的二甲氧基二氯硅烷和六甲基二硅烷胺。

（3）载体的选择

载体的选择一要考虑载体本身的物理特性，二是要考虑试样的化学性质。

2）固定液

固定液一般为高沸点的有机物，均匀地涂在载体表面，呈液膜状态。

（1）对固定液的要求

化学惰性好，热稳定性好，在操作条件下固定液的蒸气压很低；对不同的物质具有较高的选择性;黏度小、凝固点低,使其对载体表面具有良好浸润性,易涂布均匀,对试样中各组分有适当的溶解能力。

(2)固定液的种类

固定液种类众多,其组成、性质和用途各不相同。主要依据固定液的极性和化学类型来进行分类。固定液的极性可用相对极性 P 来表示。相对极性的确定方法如下:规定非极性固定液角鲨烷的极性 $P=0$,强极性固定液 β,β'-氧二丙腈的极性 $P=100$。其他固定液以此为标准通过实验测出它们的相对极性均为 0~100。通常将相对极性分为5级,相对极性在 0~+1 的为非极性固定液;+2 为弱极性固定液;+3 为中等极性固定液;+4、+5 为强极性固定液。常用固定液的相对极性数据见表6.3。

表6.3 常用固定液的相对极性数据

固定液	极性	温度上限/℃	溶 剂	分析对象
角鲨烷	非	150	乙醚	分析烃类和非极性化合物
阿皮松 L	非	250	苯、氯仿	高沸点、非极性和弱极性化合物
甲基硅酮(OV-1)	非	220	丙酮、氯仿	高沸点、非极性和弱极性化合物
甲基硅橡胶(SE-30)	非	300	氯仿	高沸点、非极性和弱极性化合物
苯基(50%)甲基硅酮(OV-17)	非	350	丙酮	高沸点、非极性和弱极性化合物
邻苯二甲酸二壬酯(DNP)	弱	150	乙醚、丙酮	烃、酮、酯及弱极性化合物
聚苯醚	弱	200	氯仿	芳烃、脂肪烃
β,β'-氧二丙腈	强	100	甲醇、丙酮	芳烃、脂肪烃、含氧化合物等极性物质
聚丁二酸二乙二醇酯(DBDS)	强	240	丙酮	醇、酮、脂肪酸、甲酯
聚乙二醇(PEG-20M)	氢键型	225	丙酮、氯仿	极性化合物如醇、酮、脂肪酸、甲酯等含 O、N 官能团及 O、N 杂环化合物
1,2,3-三(2-氰乙氧基)丙烷	氢键型	175	氯仿	极性化合物

(3)固定液的选择

一般可按"相似相溶"原则来选择固定液。此时分子间的作用力强,选择性高,分离效果好。

分离非极性物质,一般选用非极性固定液。试样中各组分按沸点次序流出,沸点低的先流出,沸点高的后流出。如果非极性混合物中含有极性组分,当沸点接近时,极性组分先出峰。

分离极性物质,宜选用极性固定液。试样中各组分按极性由小到大的次序流出。对于非极性和极性的混合物的分离,一般选用极性固定液。这时非极性组分先流出,极性组分后流出。

能形成氢键的试样,如醇、酚、胺和水等,则应选用氢键型固定液,如腈醚和多元醇固定液等,此时各组分将按与固定液形成氢键能力的大小顺序流出。

对于复杂组分,往往通过实验,选择合适的固定液。在两个分子之间,往往不仅存在一种作用力,而是几种作用力兼而有之,只是基于组分和固定液的性质不同,起主要作用的力不同而已。在色谱分析中,只有当组分与固定液分子间作用力大于组分分子之间的作用力时,组分才能在固定液中进行分配,达到分离的目的。

6.3.3 分离操作条件的选择

在气相色谱分析中,要使被测组分在短时间内得以分离,除了要选择合适的固定相之外还要选择分离的最佳操作条件,以提高柱效,增大分离度,满足分离需要。下面根据色谱理论讨论最佳色谱条件选择的选择。

1) 载气及其最佳流速的选择

载气的种类主要影响峰展宽和检测器的灵敏度。气相色谱中载气种类的选择应考虑载气对柱效的影响、检测器的要求及载气的性质。

(1) 载气种类的选择

典型的载气包括氦气、氮气、氩气、氢气和空气。当对气体样品进行分析时,有时载气是根据样品的母体选择的。例如,当对氩气中的混合物进行分析时,最好用氩气作载气,因为这样做可以避免色谱图中出现氩的峰。安全性与可获得性也会影响载气的选择。

另外,选用何种载气还取决于检测器的类型。例如,TCD 常用 H_2 和 He 作载气,可获得较高的灵敏度;FID 和 FPD 常用 N_2 作载气;ECD 常用 N_2 作载气。很多时候,检测器不仅仅决定了载气的种类,还决定了载气的纯度,通常来说,气相色谱中所用的载气,纯度应在 99.995% 以上。

(2) 载气流速的选择

载气的流速主要影响分离效率和分离时间。为获得高柱效,应选择最佳流速。根据速率方程式

$$H = A + \frac{B}{u} + Cu$$

用在不同流速下测定的塔板高度 H 对流速 u 作图,得 H-u 曲线图。在曲线的最低点,塔板高度最低,此时柱效能最高,该点对应的流速即为最佳流速,但在实际工作中,为了缩短分析时间,往往使载气流速高于最佳流速。通常,当载气流速较小时,纵向扩散 B/u 称为色谱峰扩展的主要因素,此时应采用相对分子质量较大的 N_2、Ar 等作载气,使组分在其中有较小的扩散系数,有利于降低组分分子的扩散,减小塔板高度 H。而当流速较大时,传质阻力项 Cu 称为主要的影响因素,此时宜采用相对分子质量较小的 H_2、He 等作载气,有利于降低气相传质阻力,提高柱效。对于填充柱来说,一般氮气的最佳实用线速度为 10~12 cm/s,氢气为 15~20 cm/s。

现代的气相色谱仪已经能用电路自动测定气体流速,并通过自动控制柱前压来控制流速。因此,载气压强与流速可以在运行过程中调整。

2) 温度的控制

在气相色谱测定中,温度的控制是重要的指标,它直接影响柱的分离效能、检测器的灵敏度和稳定性。控制温度主要指对色谱柱、气化室、检测器 3 处的温度控制,尤其是对色谱柱的控温精度要求很高。

(1) 柱温

柱温影响固定液的选择性和色谱组的分离效率,因此,色谱柱的温度要准确控制以保证

组分有较好的扩散能力和适当的溶解性(吸附作用),以利分离。柱温的选择要综合考虑诸多因素,既要获得高的分离度,又要缩短分析时间。因为提高柱温有以下效应:

①可以加速组分分子在气相和液相中的传质速率,减小传质阻力,有利于提高柱效。

②加剧了分子的纵向扩散,导致柱效下降。

③缩短分析时间。

④降低柱的选择性,r_{21}变小,k值减小,导致分离度下降。

此外,柱温不能高于固定液的最高使用温度,否则会造成固定液大量挥发流失。

实际工作中,柱温的选择原则,一般是在保证能使最难分离物质分离的条件下,尽可能采用低柱温,这样选择的原因是可增加固定相的选择性,减小分子扩散,提高柱效,减少固定液的流失。柱温一般选择接近或略低于组分平均沸点。当样品复杂时,可利用程序升温,使各组分在最佳温度下分离。

程序升温的起始温度、维持起始温度的时间、升温速率、最终温度和维持最终温度的时间通常都要经过反复实验加以选择。起始温度要足够低,以保证混合物中的低沸点组分能够得到满意的分离。对于含有一组低沸点组分的混合物,起始温度还需维持一定的时间,使低沸点组分之间分离良好。如果色谱峰挨得很近,则应选择低的升温速率。

正构烷烃的恒温分析和程序升温的比较,如图6.29所示。

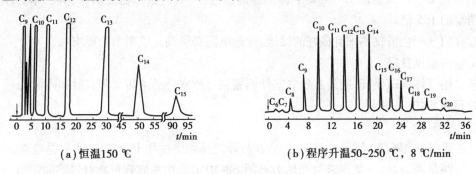

图6.29 正构烷烃的恒温分析和程序升温的比较

(2)气化温度和检测器

气化室的结构及温度设定要使样品瞬间气化而不分解。气化室温度可以从室温到350~400 ℃,气化室的温度一般应比柱温高30~70 ℃。一般热导检测室的温度要求高于或接近柱温。检测器的温度控制原则是要保证被分离后的组分通过检测器时不冷凝。

3)进样量和进样时间的控制

进样时间长短对柱效率影响很大,若进样时间过长,使色谱区域加宽而降低柱效率,增加了纵向扩散。因此,对于色谱而言,进样时间越短越好,利用微量注射器或进样阀进样,一般尽量做到进样小于1 s。

进样量随柱内径、柱长及固定液用量的不同而异。实际工作中,进样量应控制在峰面积或峰高与进样量是线性关系范围内。一般液体试样在0.1~10 μL,气体试样为0.1~10 mL。进样量太少,会使微量组分因检测器灵敏度不够而无法检出;进样量太多,会使色谱峰重叠而影响分离。具体进样量多少还应根据试样种类、检测器的灵敏度等确定。在定量分析中,应注意进样量读数准确。

在气相色谱分析中,一般是采用注射器或六通阀门进样,在考虑进样技术时,主要是以注射器进样为对象。用微量注射器抽取液体样品时,注意不能有空气。每次取到样品后,垂直拿起注射器,针尖朝上,使注射器里的空气跑到针管顶部,推进注射器塞子,空气就会被排掉,保证进样量的准确。

6.3.4 气相色谱仪的使用注意事项及日常维护

为了提高气相色谱仪的工作质量和延长仪器的使用寿命,应安装在合适的工作场所。

1) 安装环境及要求

①室内环境温度应在 15~35 ℃。

②相对湿度<85%。

③室内应无腐蚀性气体,仪器及气瓶 3 m 以内不得有电炉和火种。

④仪器应平放在稳定可靠的工作台上,周围不得有强震动源及放射源,工作台应有 1 m 以上的空间位置。

⑤电网电源应为 220 V(进口仪器必须根据说明书的要求提供合适的电压),电源电压的变化应为 5%~10%,电网电压的瞬间波动不得超过 5 V。电频率的变化不得超过 50 Hz 的 1%(进口仪器必须根据说明书的要求提供合适的电频率)。采用稳压器时,其功率必须大于使用功率的 1.5 倍。

⑥有的气相色谱仪要求有良好的接地,接地电阻必须满足说明书的要求。

⑦室内通风良好。

⑧采用气体钢瓶供气,应设有独立室外钢瓶室。放室外必须防太阳直射和雨淋。

2) 日常维护

(1) 气路

气路系统如图 6.30 所示,气路的检查在故障的排除中往往十分有效,主要是检查:

①气源是否充足(一般要求气瓶压力必须≥3 MPa,以防瓶底残留物对气路的污染)。

②阀件是否有堵塞、气路是否有泄漏(采用分段憋压试漏或用皂液试漏)。

③净化器是否失效(看净化器的颜色及色谱基流稳定情况)。

④阀件是否失效或堵塞(看压力表及阀出口流量)。

⑤气化室内衬管是否有样品残留物及隔垫和密封圈的颗粒物(看色谱基流稳定情况)。

⑥喷口是否堵塞(看点火是否正常)。

⑦对敏感化合物的分析,气化室的衬管和石英玻璃毛还必须经过失活处理。

(2) 色谱柱系统

①新制备或新安装的色谱柱使用时必须在进样前进行老化处理。

②色谱柱暂时不使用,应将其从仪器上拆下,在柱两端套上不锈钢螺帽,以免柱头被污染。

③每次关机前应将柱温度降到 50 ℃ 以下,一般为室温,然后再关电源和载气。

④对于毛细管柱,使用一段时间后,柱效往往会大幅度降低,表明固定液流失太多,有时也可能只是由于一些高沸点的极性化合物的吸附而使色谱柱失去分离能。这时可以在高温下老化,用载体将污染物冲洗出来。

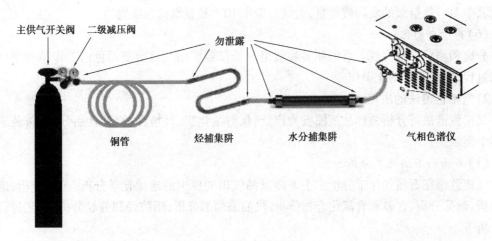

图 6.30 气路连接

(3)检测器的维护

以 FID 为例,日常维护基本应做到:

①尽量采用高纯气源,空气必须经过充分净化。

②在一定范围内增大空气和氢气流量可以提高灵敏度,但 H_2 流量过大反而会降低灵敏度,空气流量过大会增加噪声,一般参考最佳流量比为:氮气:氢气:空气=1:1:10。

③长期使用会使喷嘴堵塞,应经常对喷嘴进行清洗。用无水乙醇等有机溶剂清洗离子气化室。

6.3.5 气相色谱法的特点及应用

气相色谱法效率高、分析速度快、操作方便、结果准确,一般来说,只要沸点在 500 ℃ 以下,热稳定性好,相对分子质量在 400 以下的物质,原则上都可采用气相色谱法。因此,在石油化工、医药、食品、环境等领域有着广泛的应用。

1)气相色谱法的特点

(1)高效能

高效能是指色谱柱具有较高的理论塔板数,因而可以分析沸点十分接近的组分或组分极为复杂的混合物。

(2)高选择性

高选择性是指固定相的性质极为相似的组分,如同位素、烃类异构体等有较强的分离能力。气相色谱法主要是通过选用高选择性的固定液,使各组分间的分配系数存在差别而实现分离的。

(3)分析速度快

气相色谱法一般在几分钟到几十分钟就可以完成一次复杂样品的分离和分析。

(4)应用范围广

气体、液体、固体样品,有机物、部分无机物都可用气相色谱法进行分析。

(5)高灵敏度高

目前,气相色谱法可分析 10^{-11} g 的物质,有的可达 $10^{-18} \sim 10^{-12}$ g 的物质。例如,它可以检

测食品中 10^{-9} 数量级的农药残留量，大气污染中 10^{-12} 数量级的污染物等。

(6) 易于自动化

分离和测定一次完成。可以和多种波谱分析仪器联用。目前使用色谱工作站控制整个分析过程，实现了自动化操作。

2) 气相色谱法的应用

气相色谱法可分析的样品范围极为广泛，从石油化工、环境保护，到食品分析、医药卫生等多个领域。

(1) 石油和石油化工分析

气相色谱在石油和化工分析中主要涉及油气田勘探中的地球化学分析、原油分析、炼厂气分析、油品分析、含硫和含氮化合物分析、汽油添加剂分析、脂肪烃和芳烃分析、工艺过程色谱分析等。

(2) 环境分析

随着社会经济和科学技术的发展，环境污染问题已日益凸显，已成为 21 世纪人类所面临的最大挑战之一。世界各国都在努力控制和治理各种环境污染。如废水中的卤代烃的分析就采用的气相色谱法。

(3) 在药物分析中的应用

气相色谱在药物分析中的应用主要体现在顶空气相色谱法、气质联用技术、气相-红外联用技术，如镇静催眠药、镇痛药、兴奋剂、抗生素、磺胺类药以及中药中常见的中萜烯类化合物、雌三醇测定，尿中孕二醇和孕三醇的测定，尿中胆甾醇的测定等。

(4) 食品分析

气相色谱在食品分析中的主要应用涉及食品成分分析、食品添加剂分析、食品中的农药残留分析、食品包装材料分析等。

(5) 在农药分析中的应用

气相色谱在农药分析中有着广泛的用途。农药是一类复杂的有机化合物，根据其用途可以分为杀虫剂、杀菌剂、杀鼠剂等。尤其是蔬菜水果中农药残留的分析，如有机磷农药的检测。

知识链接

气相色谱法在食品分析中的应用

随着人们生活水平的不断提高，食品安全备受政府和老百姓的关注。人们熟知的蔬菜、茶叶等农产品中的农药残留、油炸食品中的丙烯酰胺、猪肉中的瘦肉精与三甲胺、白酒中的甲醇和杂醇油含量超标，特别是近期在奶粉和鸡蛋中检出的三聚氰胺等严重危害人民生命安全的问题，暴露了我国食品安全领域存在的隐患。人们越来越认识到食品安全问题对人类生存的影响，在加强食品生产源头控制管理的同时，如何提高食品安全监控能力和防范能力也成为工作的重点，而在整个食品安全监控过程中，食品安全检测至关重要。气相色谱法可用于测定食品中的污染物，尤其是农药残留量、有害色素等。下图为食品中农药的色谱图。

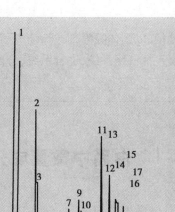

蔬菜农药残留的色谱图
1—2.062 甲胺磷;2—3.775 乙酰甲胺磷;3—4.097 敌百虫;4—5.058 叶蝉散;
5—6.163 仲丁威;6—6.5 甲基内吸磷;7—7.688 甲拌磷;8—7.797 久效磷;
9—8.41 乐果;10—8.575 甲基对硫磷;11—12.288 马拉氧磷;12—12.745 毒死蜱;
13—13.367 甲萘威;14—14.18 甲基嘧啶磷;15—14.353 倍硫磷;16—14.827 马拉硫磷;
17—15.027 对硫磷;18—18.28 杀扑磷;19—19.412 乙硫磷;20—21.293 克线磷

在食品安全检测方法中,气相色谱技术是十分重要的检测技术之一。由于气相色谱技术具有技术成熟、易掌握、灵敏度高、分离效能高、选择性高、方便快捷以及特别适合易挥发的物质检测等特点和优势,已被广泛应用于食品和酿酒发酵工业。因大多数食品中对人体有毒有害物质的组分复杂且是易挥发的有机化合物,因此,气相色谱技术在食品安全检测中有着非常广泛的应用前景。

利用气相色谱法分析对食品生产具有指导意义。白酒原来是靠品尝和常规化学分析成品酒中的总酸、总酯、杂醇油、甲醇等来衡量酒质的好坏,但实际上醇、酸、酯总量并不能完全反映酒的品质。采用毛细管气相色谱法对酒样进行分析,得到酒中各微量成分的定量数据,明确了哪些成分对香味影响大,哪些对口感影响较大,使勾兑人员基本掌握各单体酒微量成分组成并根据这些可靠数据,结合其风味特征,进行组合、调香、调味,合理勾兑。

• 项目小结 •

色谱法是一种用来分离、分析多组分混合物质的极有效方法。它的分离原理是基于混合物各组分在互不相容的两相间进行反复多次的分配,由于组分性质和结构上的差异,在色谱柱中的前进速度有所不同,从而按不同的次序先后流出。色谱法有分离效能高、灵敏度高、分析速度快、应用范围广等优点,缺点是为未知物的定性分析比较困难。

> 气相色谱时以气体为流动相、以固体吸附剂或涂渍有固定液的固体担体为固定相的柱色谱分离技术。气相色谱仪包括气路系统、进样系统、分离系统、温控系统以及检测和记录系统。

实训项目6.1　白酒中微量成分含量分析

【实训目的】
1. 了解毛细管色谱法在复杂样品分析中的应用。
2. 掌握程序升温色谱法的操作特点。

【基本原理】
白酒的主要成分有乙醇和水,微量的主要成分有醇类、酯类、酸类和醛酮类物质。由于白酒是供人们直接引用的,微量成分的多少直接影响了人们的身体健康,因此,我国对白酒的质量制定了严格的质量标准。

在实际分析中,可采用单点校正。单点校正操作要求定量进样或已知进样体积。只需配制一个与测定组分浓度相近的标样,根据物质含量与峰面积成线性关系,当测定试样与标样体积相等时,其表达式为

$$m_i = m_s \cdot \frac{A_i}{A_s}$$

式中　m_i 和 m_s——试样和标样中测定化合物的质量(或浓度);
　　　A_i 和 A_s——相应峰面积(也可用峰高代替)。

【仪器与试剂】
1. 仪器:带程序升温的气相色谱仪,氢火焰离子化检测器,色谱 Econo Cap Caxbowax (30 m×0.25 mm,0.25 μm)或其他中强极性毛细管柱,微量注射器。

色谱条件:进样口温度250 ℃;检测器温度250 ℃;气化室温度250 ℃;载气(N_2)流速20 mL/min,氢气(H_2)流速30 mL/min,空气流速300 mL/min;进样量0.5 mL;柱温起始温度60 ℃,保持2 min,然后以5 ℃/min 升温至180 ℃,保持3 min;柱流速2 mL/min,恒流,分流比1:50。

2. 试剂:异戊醇、乙酸乙酯、正丙醇、正丁醇、异戊醇、己酸乙酯、乙酸正戊酯和乙醇乙醛、甲醇、己醛(均为色谱纯或分析纯)。

【实训内容】
1) 标准溶液制备
溶液的配制:在10 mL 容量瓶中,用体积分数为60%的乙醇水溶液为溶剂,分别加入4 μL 的异戊醇、乙酸乙酯、正丙醇、正丁醇、异戊醇、己酸乙酯、乙酸正戊酯和乙醇乙醛、甲醇、己醛,用乙醇水溶液稀释至刻度,混匀。

2) 进混样标样

注入 1 μL 标准溶液至色谱仪，以得到混合标样的色谱图。

3) 色谱峰定性

注入各标准物质，记录各标准物质的保留时间，用标准物质对照，确定所测物质在色谱图上的位置。

4) 样品测定

注入 1.0 μL 白酒样品至色谱仪，记录色谱图，并重复 3 次。

【结果处理】

1. 利用工作站对标准溶液的色谱图进行图谱优化和积分，编辑一级校正表，并输入各色谱峰的名称和含量，并注明内标物及含量，求出分组分对内标物的相对校正因子。

2. 调出白酒样品的色谱图，进行图谱优化和积分，利用标准溶液的各组分对内标物的相对校正因子和色谱峰面积，计算白酒样品中各组分的含量。

按下式计算白酒样品中各组分的含量：

$$w = w_s \cdot \frac{h}{h_s}$$

式中　w——白酒样品中各组分的质量浓度，g/L；

　　　w_s——标准溶液中各组分的质量浓度，g/L；

　　　h——白酒样品中各组分的峰高；

　　　h_s——标准溶液中各组分的峰高。

比较 h 和 h_s 的大小即可判断白酒中各组分是否超标。

【注意事项】

1. 必须先通入载气，再开电源，实验结束时应先关掉电源，再关载气。
2. 色谱峰过大过小，应利用"衰减"键调整。

【思考题】

1. 本实训中是否需要准确进样？为什么？
2. FID 检测器是否对任何物质都有响应？

实训项目 6.2　气相色谱法分析苯系物

【实训目的】

1. 掌握气相色谱仪的操作规程及使用方法。
2. 学习色谱法分析苯、甲苯、二甲苯混合物的实训方法。
3. 学习相对校正因子的测定方法及用归一化法定量的原理、操作及数据处理方法。

【基本原理】

苯系混合物包含苯、甲苯、乙苯和二甲苯异构体等。用气液色谱法以邻苯二甲酸二壬酯作固定液，可分离苯、甲苯、乙苯等，但二甲苯的 3 种异构体难以分离。若用有机皂土与邻苯二甲酸二壬酯混合固定液,则可将这些组分完全分离。

以氮气作载气,采用上述混合固定液,涂渍在101白色硅藻土载体上作固定相,使用氢检测器,按照归一化法进行定量分析。被分析的试样可以是工业二甲苯,或用分析试剂配成的苯、甲苯、乙苯等的混合物。

【仪器与试剂】

1. 仪器:气相色谱仪,氢火焰检测器,微量注射器,秒表。

色谱条件:柱温70 ℃,气化室150 ℃,检测器150 ℃,载气(N_2)流速:40 mL/min,氢气流速40 mL/min,空气流速400 mL/min,进样量0.1 μL。

2. 试剂:邻苯二甲酸二壬酯,有机皂土,101白色载体,60~80目,苯、甲苯、乙苯、对二甲苯、间二甲苯、邻二甲苯等。

【实训内容】

1) 色谱柱的制备

称取0.5 g有机皂土与磨口烧瓶中,加入60 mL苯,接上磨口回流冷凝管,在90 ℃水浴上回流2 h。回流期间要摇动烧瓶3~4次,使有机皂土分散为淡黄色半透明乳浊液。冷却,再将0.8 g邻苯二甲酸二壬酯倒入烧瓶中,并以5 mL苯冲洗烧瓶内壁,继续回流1 h。趁热加入17 g 101白色载体,充分摇匀后倒入蒸发皿中,在红外灯下烘烤,直至无苯气味为止。然后装入内径3~4 mm、长3 m的不锈钢柱管中,将柱子接入仪器,在100 ℃温度下通载气老化,直至基线稳定。

2) 初试

启动仪器,按规定的操作条件调试、点火。待基线稳定后,用微量注射器进试样0.1 μL,记下各色谱峰的保留时间,根据色谱峰的大小选定氢焰检测器的灵敏度和衰减倍数。

3) 定性

根据试样来源,估计出峰组分。在相同的操作条件下,依次进入有关组分醇品0.05 μL,记录保留时间,与试样中各组分的保留时间一一对照定性。

4) 定量

在稳定的仪器操作条件下,重复进样0.1 μL,准确测量峰面积。或者根据初试情况列出峰鉴定表,并输入色谱数据处理机,进样后利用数据处理机打印出分析结果。

【结果处理】

试样中各组分的质量分数按下式计算为

$$w_i = \frac{f_i A_i}{\sum A f_i} \times 100\%$$

式中　A——各组分的峰面积;

　　　f_i——各组分在氢焰检测器上的相对质量校正因子。

【注意事项】

1. 注意事微量注射器要保持清洁,吸取液体试样之前,应先用少量试样洗涤几次,再缓慢吸入试样,并稍多于需要量。如内有气泡,可将针头朝上排出气泡,再将过量试样排出,用滤纸吸去针头处所蘸试样。取样后应立即进样。

2.各组分的相对校正因子,本实训需要查到在氢焰检测器上,苯系物各组分的相对质量校正因子,以求出试样中各组分的质量分数。

【思考题】
色谱归一化法定量有何特点,使用该法应具备什么条件?

实训项目6.3 血液中乙醇含量的测定

【实训目的】
1.了解并掌握气相色谱法的分离原理。
2.学习并掌握气相色谱仪的操作。
3.内标法定量的基本原理及测定方法。

【基本原理】
酒后驾驶机动车辆的驾驶员血液中的乙醇进行定量分析的结果成为行政执法的重要依据。利用蛋白沉淀剂使血液中的蛋白凝固,经离心后取含乙醇的上清液,然后用气相色谱法进行检测,同时在空白血样中添加无水乙醇作为标准品进行对照,用内标法以乙醇对内标物叔丁醇的峰面积比进行定量。

【仪器与试剂】
1.仪器:气相色谱仪:HP-6890Plus型,配FID检测器及HP-3398色谱数据工作站,美国安捷伦公司;微量注射器。
2.试剂:无水乙醇、叔丁醇,均为分析纯。

【实训内容】
1)标准溶液的制备
取空白血样20 mL,添加20 μL无水乙醇和20 μL叔丁醇,沉淀蛋白,配制成标准溶液,另取空白血样作对照。

2)色谱条件
填充柱或毛细管柱,以直径为0.25~0.18 mm的二乙烯苯-乙基乙烯苯型高分子多孔小球作为载体,柱温为120~150 ℃,氮为流动相。

3)测定
①校正因子的测定:取标准溶液2 μL,连续注样3次。
②样品溶液的测定:取供试品溶液2 μL,连续注样3次。

【结果处理】
1.记录对照品无水乙醇和内标物质正丁醇的峰面积,按下式计算校正因子:

$$校正因子 f = \frac{A_S/c_S}{A_R/c_R}$$

式中 A_S——内标物质正丙醇的峰面积;

A_R——对照品无水乙醇的峰面积；

c_S——内标物质正丙醇的浓度；

c_R——对照品无水乙醇的浓度。

取 3 次计算的平均值作为结果。

2. 记录供试品中待测组分乙醇和内标物质正丁醇的峰面积,按下式计算含量:

$$含量\ c_x = f \times \frac{A_x}{A_S/c_S}$$

式中　A_x——供试品溶液峰面积；

　　　c_x——供试品的浓度。

取 3 次计算的平均值作为结果。

【注意事项】

1. 在不含内标物质的供试品溶液的色谱图中,与内标物质峰相应的位置处不得出现杂质峰。

2. 标准溶液和供试品溶液各连续 3 次注样所得各次校正因子和乙醇含量与其相应的平均值的相对偏差,均不得大于 1.5%,否则应重新测定。

【思考题】

1. 内标物应符合哪些条件？
2. 实验过程中可能引入误差的机会有哪些？

实训项目 6.4　饮料中挥发有机物的测定

【实训目的】

1. 了解氢火焰离子化检测器的检测原理。
2. 了解影响分离效果的因素。
3. 掌握气相色谱法对挥发性有机化合物分离分析的基本原理。
4. 掌握定量分析挥发性有机化合物混合物。

【基本原理】

气相色谱分离是利用试样中各组分在色谱柱中的气相和固定相的分配系数不同,当气后的式样被载气带入色谱柱时,组分就在其中的两相中进行反复多次的分配,由于固定相对各个组分的吸附或溶解能力不同,因此,各组分在色谱柱中的运行速度就不同,经过一定的柱长使彼此分离,按顺序离开色谱柱进入检测器。检测器将各组分的浓度或质量的变化转换成一定的电信号,经放大后在记录仪上记录下来,即可得到各组分的色谱峰。根据峰高或峰面积便可进行定量分析。

【仪器与试剂】

1. 仪器:气相色谱仪(岛津 GC-2010),SPB-3 全自动空气泵(北京中惠普分析技术研究所),SPN-300 氮气发生器,SPN-300 氢气发生器,微量注射器,5 mL 容量瓶,SPB-5 毛细管柱

(0.32 mm×30 m,0.25 μm)。

2.试剂:体积比为7∶3、3∶7、5∶5 的乙酸乙酯和二氯甲烷的混合液,试剂均为分析纯。

【实训内容】

1.样品及标准溶液的配制。实验室已准备好的乙酸乙酯和二氯甲烷的混合液1、2、3 共3个样品。

2.开机。依次打开空气泵、氮气发生器、氢气发生器,排出仪器中的剩余空气。打开氢火焰离子化检测器,打开"GC Read Time Analysis"软件,预热仪器打开计算机。在软件上选择系统配置,选择FID检测器。

3.色谱条件。进样口温度为100 ℃,检测器温度为200 ℃,柱箱温度为50 ℃(保持5 min),分流比为100,停止时间5 min,尾吹流量30 mL/min,氢气流量40 mL/min,空气流量400 mL/min。

4.选择"数据采集"→"下载仪器参数",待柱箱、检测器的温度达到设定值,打开氢气,打开火焰,等GC状态显示"准备就绪",单击"单次分析""样品记录",输入保存路径和文件名。

5.单击"开始",用5 μL 微量注射器进样,进样前用待测液润洗10 次,用微量注射器依次进样体积比为7∶3、3∶7、5∶5 的乙酸乙酯和二氯甲烷的混合液进行分析。之后按下面板的START,拔出针。

6.将图表复制到word 文档打印,根据各峰的保留时间确定峰的归属,根据各峰的峰面积并用归一化法计算溶液中各组分的质量分数。

7 关机。关软件上的氢气按钮、火焰按钮,关氢气源,将SPL、柱箱、FID 温度设到80 ℃,等温度达到设定值,点系统关闭按钮、关软件、关主机、关氮气发生器并旋松右边的旋钮、关空气源。

【结果处理】

记录混合液1、2、3 的峰号、保留时间、面积、面积%和峰高,见下表。

混合液1				
峰号	保留时间	面积	面积%	峰高
1				
2				
混合液2				
峰号	保留时间	面积	面积%	峰高
1				
2				
混合液3				
峰号	保留时间	面积	面积%	峰高
1				
2				

【注意事项】

1. 每次进样要用甲醇或者丙酮润洗 20 次,之后用待测液润洗 3~5 次。

2. 样品中如果含有固形物,会造成对气化室、检测器的污染及堵塞毛细管柱;样品中含有气泡会出现多余的峰;因此在制作样品时必须小心,防止固体污染物和气泡的存在。

3. 色谱仪每次开机后必须检查稳定性,进样操作前必须保证基线的稳定。

4. 当针孔插入色谱仪后,要快速注入并同时开始测量,以避免液体在气化室内时间过长使部分液体先气化进入色谱柱造成谱图混乱。

【思考题】

1. 气相色谱中,载气的作用是什么?
2. 定量方法还有哪些?面积归一法定量有什么特点?

实训项目 6.5 气相色谱法测无水乙醇中水的含量

【实训目的】

1. 学习气相色谱仪(TCD)的基本原理及构造。
2. 熟悉内标法分析无水乙醇中水的含量的原理,初步了解柱子的选择和检测参数设置。
3. 学会计算无水乙醇中水的含量的方法。

【基本原理】

内标法是色谱分析法中一种常用的、准确度较高的定量方法。该方法是向一定量的样品 m 中准确加入一定量的内标物 m_s,混匀后进行气相色谱分析,然后根据色谱图上待测组分的峰面积 A_i 和内标物的峰面积 A_s 与其对应的质量之间的关系,便可求出待测组分的含量。内标法的特点是不要求样品中所有组分都出峰,定量结果比较准确,不必准确进样。该法适合微量组分,特别是微量杂质的含量测定。无水乙醇中的微量水分的测定便是一例,由于杂质水分与主成分乙醇含量相差悬殊,用归一化无法测定,单用内标法则很方便。只需在样品中加入一种与杂质量相当的内标物甲醇,增加进样量,突出杂质峰,根据杂质峰与内标物峰面积之比,便可求出杂质水分的含量。

$$m_i = f_i A_i, m_s = f_s A_s$$

$$\frac{m_i}{m_s} = \frac{f_i A_i}{f_s A_s},$$

$$m_i = m_s \times \frac{f_i A_i}{f_s A_s}$$

$$w_i = \frac{m_i}{m_{s试样}} \times 100\% = \frac{m_s}{m_{s试样}} \times \frac{f_i A_i}{f_s A_s} \times 100\%$$

本实验根据水和乙醇的沸点等性质不同将它们分离,选用甲醇作为内标物,通过热导检测器检测,由色谱图提供的峰面积计算无水乙醇中水的含量。

【仪器与试剂】

1. 仪器:气相色谱仪(TCD)及辅助设备,不锈钢色谱柱(GDX-203,3 mm×2 m),1 μL 微量注射器,电子分析天平,100 mL 容量瓶。

2. 试剂:无水甲醇(色谱纯,内标物),普通乙醇样品(CR,待测物),超纯水,无水乙醇(先用无水硫酸镁去除无水乙醇(分析纯)中的水,得到纯的无水乙醇,作溶剂用)。

3. 色谱参考条件:柱温 120 ℃,气化温度 150 ℃,检测器温度 140 ℃,桥电流 150 mA。

【实训内容】

1)水和甲醇相对校正因子的测定

分别称取超纯水及内标物甲醇各 0.25 g(精确至 0.000 1),混合后,用无水乙醇作溶剂,稀释、定容于 100 mL 容量瓶中,密封并摇匀。待基线平稳后,吸取 1 μL 上述溶液注入气化室进行分离和分析。平行测量 3 次,将色谱图上水、甲醇的保留时间和峰面积记录下来。

2)样品溶液的配制和测定

准确量取 100 mL 待测普通乙醇样品,在分析天平上精确称取其质量(精确至 0.000 1 g)。再精确称取无水甲醇 0.25 g(精确至 0.000 1 g),加入已称重的普通乙醇样品中混合均匀,供分析使用。在与测定水和甲醇相对校正因子相同的色谱条件下,用制备的上述溶液清洗注射器 3～4 次,然后吸取 1 μL 进行色谱分析。平行测定 3 次,将色谱图上水、甲醇的保留时间和峰面积记录在下表中。依照内标法计算公式,求出普通乙醇样品中水的含量。

3)结束工作

分析结束后,先关掉桥电流开关,等检测器温度降至 100 ℃ 以下后,关闭载气开关。最后关闭色谱仪电源开关。

【结果处理】

1. 相对校正因子测定数据。

组 分	t/min				A				$f_水/f_{甲醇}$
	1	2	3	平均值	1	2	3	平均值	
甲醇									
水									

2. 样品测定数据。

组 分	t/min				A				$f_水/f_{甲醇}$
	1	2	3	平均值	1	2	3	平均值	
甲醇(内标物)									
水(待测物)									

3. 计算结果。

$$w_水 = \frac{m_{甲醇}}{m_{普通乙醇样品}} \times \frac{f_水 A_水}{f_{甲醇} A_{甲醇}} \times 100\%$$

式中　$w_水$——水的质量分数；

　　　$f_水, A_水$——样品中水的相对校正因子和峰面积；

　　　$f_{甲醇}, A_{甲醇}$——样品中甲醇的相对校正因子和峰面积；

　　　$m_{普通乙醇样品}$——准确称量的普通乙醇样品的质量，g。

【注意事项】

注意试剂的沸点，正确判断哪个峰是水，哪个峰是无水乙醇。

【思考题】

气相色谱(TCD)仪器包括哪几大部分？它们是怎样工作的？

练习题 6

1. 在色谱分析中，组分在固定相中停留的时间为(　　)。

　 A. 死时间　　　　B. 保留时间　　　C. 调整保留时间　　　D. 分配系数

2. 在色谱分析中，要使两个组分完全分离，分离度应是(　　)。

　 A. 0.1　　　　　B. 0.5　　　　　　C. 1.0　　　　　　　D. >1.5

3. 衡量色谱柱柱效能的指标是(　　)。

　 A. 相对保留值　　B. 分离度　　　　C. 容量比　　　　　D. 塔板数

4. 柱效率用理论塔板数 n 或理论塔板高度 h 表示，柱效率越高，则(　　)。

　 A. n 越大，h 越小　　　　　　　B. n 越小，h 越大

　 C. n 越大，h 越大　　　　　　　D. n 越小，h 越小

5. 色谱法中，对组分定性的参数为(　　)。

　 A. 保留值　　　　B. 峰面积　　　　C. 峰高　　　　　　D. 峰数

6. 色谱法中，对组分定量的参数为(　　)。

　 A. 保留值　　　　B. 峰面积　　　　C. 峰宽　　　　　　D. 峰数

7. 选择程序升温方法进行分离的样品主要是(　　)。

　 A. 同分异构体　　　　　　　　　　B. 同系物

　 C. 沸点差异大的混合物　　　　　　D. 极性差异大的混合物

8. 载体填充的均匀程度主要影响(　　)。

　 A. 涡流扩散　　　B. 分子扩散　　　C. 气相传质阻力　　D. 液相传质阻力

9. 相对校正因子与(　　)无关。

　 A. 基准物　　　　B. 检测器类型　　C. 被测试样　　　　D. 载气流速

10. 气相色谱仪由哪几部分组成，各部分的作用是什么？

11. 什么是色谱法？其分离的原理是什么？

12. 色谱法按照两项状态可分为哪些类？

13. 色谱法按照分离机理可分为哪些类？各自原理是什么？

14. 塔板理论的假设包括哪些内容?
15. 何为分配系数,其作用是什么?
16. 从色谱流出曲线上可以得到哪些信息?
17. 什么是分离度?通过色谱分离基本方程式简要分析控制哪些条件可提高分离度?
18. 什么是容量因子?其与分配系数的关系是什么?
19. 一个组分的色谱峰可用哪些参数描述?各参数的意义是什么?
20. 试述氢焰电离检测器的工作原理。如何考虑其操作条件?
21. 组分在 A、B 在 2 m 长的色谱柱上,保留时间依次为 17.63 min,19.40 min,峰底宽依次为 1.11 min、1.21 min,试计算两物质的分离度为多少?
22. 在测定苯、甲苯、乙苯和邻二甲苯的峰高校正因子时,称取各组分的纯物质,以及在一定色谱条件下所得的色谱图上各组分色谱峰的峰高分别如下:

项 目	苯	甲苯	乙苯	邻二甲苯
m/g	0.596 7	0.547 8	0.612 0	0.668 0
h/mm	180.1	84.4	45.2	49.0

以苯为基准,求各组分的峰高校正因子。

23. 用内标法测定乙醇中微量水分,称取 2.538 4 g 乙醇样品,加入 0.015 3 g 甲醇,测得 $h_{水}=175$ mm,$h_{甲醇}=190$ mm,已知峰高相对校正因子 $f_{水/甲醇}=0.55$,求水的质量分数。

项目 7　液相色谱分析技术

📖【项目描述】

高效液相色谱法(High Performance Liquid Chromatography, HPLC)是一种以液体为流动相的现代柱色谱分离分析的方法。它在经典的液体柱色谱法基础上,引用了气相色谱法的理论,在技术上采用了高压泵、高效固定相和灵敏度检测器实现了分析速度快、分离效率高和操作自动化。

📖【学习目标】

1. 熟悉高效液相色谱法的原理及应用;
2. 掌握高效液相色谱法的定量分析方法。

📖【能力目标】

1. 能熟练对样品进行定量、定性分析;
2. 能熟练、规范选择样品分离条件;
3. 掌握仪器操作技术;
4. 能对高效液相色谱仪进行日常维护。

任务 7.1 高效液相色谱分析技术概述

高效液相色谱技术又称"高压液相色谱技术""高速液相色谱技术""现代液相色谱技术"等。高效液相色谱技术是色谱技术的一个重要分支,以液体为流动相,采用高压输液系统,将具有不同极性的单一溶剂或不同比例的混合溶剂、缓冲液等流动相泵入装有固定相的色谱柱,在柱内各成分被分离后,进入检测器进行检测,从而实现对试样的分析。

高效液相色谱自20世纪60年代开始发展起来的一项新颖快速的分离分析技术。它是在经典液相色谱技术的基础上,引入了气相色谱的理论,在技术上采用了高压、高效固定相和高灵敏度的检测器及先进的数据处理及设备控制软件,使高效液相色谱技术迅速发展成为一项高分离速度、高分辨率、高效率、高检测灵敏度的液相色谱技术。目前,该技术广泛应用于化工、生物、医学、工业、农学、商检和法检等学科领域中,世界上约有80%的有机化合物可用HPLC来分析测定。

7.1.1 高效液相色谱技术与气相色谱技术的差别

HPLC是在GC高速发展的情况下发展起来的。它们之间在理论上和技术上有许多共同点,两种色谱的基本理论相同,定性定量方法相同。而在分析对象、流动相和操作条件上有以下差别:

1) 分析对象

GC虽然具有分辨能力强、灵敏度高、分析速度快的特点,但是一般只能分析沸点低于450 ℃、相对分子质量较小的物质,而对于热稳定差、沸点较高的物质,都难用气相色谱分析。因此,GC只能分析占有机物总数约20%的物质。而HPLC只要求试样制成溶液,不受试样挥发性的限制,所以对于高沸点、热稳定性差、相对分子质量大的有机物原则上都可以分析。

2) 流动相

GC用气体作流动相,可做流动相的种类较少,主要起携带组分流经色谱柱的作用。HPLC用液体作流动相,液体分子与样品分子之间的作用力不能忽略,由于流动相对被分离组分可产生一定的亲和力,流动相的种类对分离起各自不同的作用,因此,液相色谱分析除了进行固定相的选择外,还可通过调节流动相的极性、pH值等来改变分离条件,比GC增加了一个可供选择的重要参数。

3) 操作条件

GC通常采用程序升温或恒温加热的操作方式来实现不同物质的分离,而HPLC则通过在常温下采取高压的操作方式,配备梯度洗脱装置,提高分离效能。

7.1.2 液相色谱技术的主要类型

根据分离机制(固定相)的不同,高效液相色谱技术可分为下列几种类型:液-固吸附色谱技术、液-液分配色谱技术、离子交换色谱技术、离子色谱技术、空间排阻色谱技术和离子对色谱技术等。根据仪器类型不同,又可分为高效液相色谱仪、超高效液相色谱仪、离子色谱仪和凝胶色谱仪等。

1) 液-固吸附色谱技术

液-固吸附色谱技术就是使用固体吸附剂作为固定相,利用不同组分在固定相上吸附能力不同而分离。分离过程是吸附-解吸附的平衡过程,是溶质分子 X 和溶剂分子 S 对吸附剂表面的竞争吸附。

$$X_m + nS_a \rightleftharpoons X_a + nS_m \tag{7.1}$$

式中　m, a——流动相和固定相;
　　　n——吸附的溶剂分子数。

这种竞争达到平衡时,就有

$$K = \frac{[X_a][S_m]^n}{[X_m][S_a]^n} \tag{7.2}$$

式中　K——吸附平衡常数,K 值大表示组分在吸附剂上保留的能力强,难于洗脱。

K 值可通过吸附等温线数据求出。硅胶如吸水,一部分硅羟基因会与水形成氢键而失去活性,致使吸附能力下降。其分离过程如图 7.1 所示。

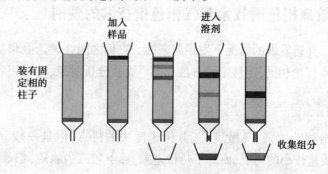

图 7.1　液-固吸附色谱技术的基本过程

液-固吸附色谱技术适用于分离相对分子质量为 200～1 000、且能溶于非极性或中等极性溶剂的脂溶性样品的分离,特别适用于分离同分异构体。

2) 液-液分配色谱技术

液-液分配色谱技术的流动相和固定相都是液体,并且是互不相溶的,对于亲水性固定液,宜采用疏水性流动相。作为固定相的液体是涂在或化学键合在惰性载体上,涂渍在载体上的固定液易被流动相逐渐溶解而流失,所以目前多用化学键合固定相。

化学键合固定相是利用化学反应将有机分子以化学键的方式固定到载体表面,形成均一、牢固的单分子薄层。但当固定液分子不能完全覆盖载体表面时,其载体表面的活性吸附点也会吸附组分。这样对于这种固定相来说,具有吸附色谱和分配色谱两种功能。所以,键合液-液色谱的分离原理,既不是完全的吸附过程,也不是完全的液-液分配过程,两种机理兼而有之,只是按键合量的多少而各有侧重。

液-液分配色谱中不仅固定相的性质对分配系数有影响,而且流动相的性质也对分配系数有较大影响,因此,在液-液分配色谱中通常采用改变流动相的手段来改变分离效果。

根据固定相和流动相的相对极性不同,液-液分配色谱法又可分为正相色谱法和反相色谱法。正相色谱法的固定相极性大于流动相极性,适合分离非极性和极性较弱的化合物,极性小的组分先流出;反相色谱法的固定相极性小于流动相极性,适合分离非极性和极性较弱的化合物,极性大的组分先流出。因此,液-液色谱技术可用于极性、非极性、水溶性、油溶性、离子型和非离子型等几乎所有物质的分离和分析。反相色谱法是目前液相色谱分离模式中使用最为广泛的一种模式。

3) 离子交换色谱技术

离子交换色谱技术中使用的固定相为阴离子交换树脂或阳离子交换树脂,大多数也是键合固定相。离子交换色谱法是基于离子交换树脂上可解离的离子与流动相中具有相同电荷的溶质离子进行可逆交换。凡是在溶剂中能够解离的物质通常都可用离子交换色谱法来进行分析。被分析物质解离后产生的离子与树脂上带相同电荷的离子进行交换而达到平衡,其过程可用下式表示为

阳离子交换: $R\text{-}SO_3^-H(树脂) + M^+ \longrightarrow R\text{-}SO_3^- M(树脂) + H^+(溶剂中)$

阴离子交换: $R\text{-}NR_3^+Cl^-(树脂) + X^- \longrightarrow R\text{-}NR_3^+ X^-(树脂) + Cl^-(溶剂中)$

其过程可用图 7.2 表示。

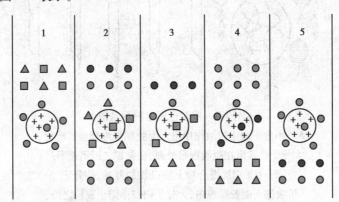

图 7.2 离子交换色谱原理示意图
1—平衡阶段;2—吸附阶段;3,4—解吸阶段;5—再生阶段

一般离子在交换树脂上的保留时间较长,需要用浓度较大的淋洗液洗脱。

4) 离子色谱法

离子色谱(IC)技术是利用离子交换树脂为固定相,以电解质溶液为流动相,以电导检测器为通用检测器的技术。

离子色谱技术又分为抑制性和非抑制性。抑制性(称双柱离子色谱)离子色谱系统中,为了消除流动相中强电解质背景离子对被测物电导检测的干扰,在分离柱后设置了抑制柱,以此降低洗脱液本身的电导,同时提高被测离子的检测灵敏度。单柱型离子色谱只能采用低浓度、低电导率的洗脱液,灵敏度比双柱型离子色谱低。离子色谱技术是目前离子型化合物的阴离子分析的首选方法。

5) 空间排阻色谱技术

溶质分子在多孔填料表面受到的排斥作用称为排阻。该方法中被测组分受到的排斥作用是由于分子的大小而引起的,故称为空间排阻色谱,还可称为体积排阻、尺寸排阻、凝胶渗

透、凝胶色谱等。

空间排阻是以具有一定大小孔径分布的凝胶为固定相。根据被分离物质的分子大小不同来进行分离。其基本原理是,含有尺寸大小不同分子的样品进入色谱柱后,较大的分子不能通过孔道扩散进入凝胶内部,而与流动相一起先流出色谱柱,较小的分子可通过部分孔道、更小的分子可通过任意孔道扩散进入凝胶内部,这种颗粒内部扩散的结果,使得大分子向下移动的速度较快,小分子物质移动速度落后于大分子物质,使得样品中分子大小不同的物质顺序地流出柱外而得到分离,如图7.3所示。

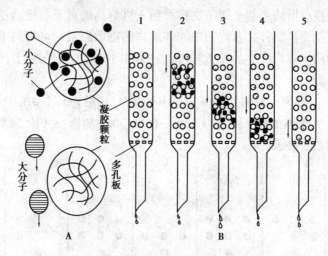

图7.3 凝胶色谱过程示意图

A—小分子由于扩散作用进入凝胶颗粒内部而被滞留,
大分子被排阻在凝胶颗粒外面,在颗粒之间迅速通过;
B—1 蛋白质混合物上柱;2 洗脱开始,小分子
扩散进入凝胶颗粒内,大分子则被排阻于颗粒之外;
3 小分子被滞留,大分子向下移动,大小分子开始分开;
4 大小分子完全分开;5 大分子行程较短,已洗脱出层析柱,小分子尚在行进中

该方法的特点是样品在柱内停留时间短,全部组分在溶剂分子洗脱之前洗脱下来,可预测洗脱时间,便于自动化,色谱峰窄,易检测,可采用灵敏度较大的检测器,一般没有强保留的分子积累在色谱柱上,柱寿命长。主要缺点是不能分离相对分子质量接近的组分,适用于分离相对分子质量大于100、差别大于10%、能溶解于流动相中的任何类型化合物,特别适用于高分子聚合物的相对分子质量分布测定。

6) 离子对色谱技术

分离分析强极性有机酸和有机碱时,直接采用正相或反相色谱存在困难,因为大多数可离解的有机化合物在正相色谱的固定相上作用力太强,致使被测物质保留值太大、出现拖尾峰,有时甚至不能被洗脱;而反相色谱的非极性(或弱极性)固定相中的保留又太小。在这种情况下,比较合适的方法是采用离子对色谱技术。

离子对色谱法是将一种(或数种)与溶质离子 X 电荷相反的反离子 Y 加到流动相或固定相中,使其与溶质离子结合形成疏水型离子对化合物,从而用反相色谱柱实现分离的方法。其分离过程如图7.4所示。

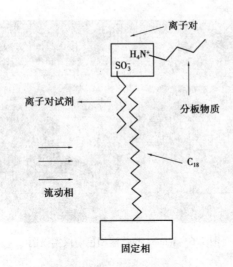

图 7.4 离子对色谱过程

流动相中的反离子浓度的大小,会影响分配系数,反离子浓度越大,分配系数越大。因此,分离性能取决于反离子的性质、浓度和流动相的选择。常用的反离子试剂有烷基磺酸钠和季铵盐两大类。前者适用于分离有机碱类和有机阳离子,后者适用于有机酸类和有机阳离子。

任务 7.2 高效液相色谱仪

近年来,高效液使相色谱技术得到了迅猛的发展。高效液相色谱仪种类繁多,仪器的结构和流程也是多种多样的。高效液相色谱仪一般可分为4个主要部分:高压输液系统、进样系统、分离系统和检测系统。此外,还配有辅助装置,如自动进样系统、预柱、流动相在线脱气装置和自动控制系统等装置。如图 7.5 所示为高效液相色谱仪流程图,图 7.6 是 Waters 高效液相色谱仪实物图。

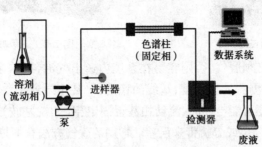

图 7.5 高效液相色谱仪流程图

从图 7.5 可知,流动相经过滤后以稳定的流速(或压力)由高压泵输送至分析体系,样品由进样器注入流动相,而后依次带入预柱、色谱柱,在色谱柱中各组分被分离,并依次随流动相流至检测器,检测到的信号送至工作站记录、处理和保存。

图 7.6　Waters 高效液相色谱仪实物图

7.2.1　高压输液系统

高压输液系统一般包括储液器、高压输液泵、过滤器、梯度洗脱装置等。

1) 储液器

储液器一般是以不锈钢、玻璃、聚四氟乙烯等为材料的用来盛装足够数量的符合要求的流动相。所有放入储液器的溶剂在进入色谱系统前必须经过 0.45 μm 滤膜过滤，除去溶剂中的机械杂质及细菌，如图 7.7 所示，以防输液管道或进样阀产生阻塞现象及细菌滋生。滤膜分有机系和无机系，过滤有机溶剂必须采用有机系滤膜，过滤无机溶剂必须采用无机系滤膜。

图 7.7　溶剂过滤器　　　　　　　　图 7.8　超声波脱气机

所有溶剂在使用前必须脱气，否则容易在系统内逸出气泡，影响泵的工作。气泡还会影响柱的分离效率，影响检测器的灵敏度，基线的稳定性，甚至导致无法检测。此外，溶解在流动相或其他溶剂中的氧还可能与样品、流动相甚至固定相（如烷基胺）反应，溶解气体还会引起溶剂 pH 值的变化，给分离或分析带来误差。常用的脱气方法有加热煮沸、抽真空、超声、吹氦等。对于溶剂来说，超声波处理比较好，如图 7.8 所示。

2) 高压输液泵

高压输液泵是液相色谱仪的关键部件，其作用是将流动相以稳定的流速或压力输送到色谱系统。对于带在线脱气装置的色谱仪，流动相先经过脱气装置再输送到色谱柱。输液泵的稳定性直接关系到结果的重复性和稳定性。所以高压输液泵要求流量稳定、输出流量范围宽、输出压力高、密封性能好、耐腐蚀性好、泵的死体积小，以利于洗脱液的更换。

泵的结构材料应耐化学腐蚀。使用腐蚀性较大的流动相时要有清洗装置能对泵头及时进行清洗。泵的种类很多,按输液性质可分为恒压泵和恒流泵,使用较多的是恒流泵。恒流泵按结构又可分为螺旋注射泵、柱塞往复泵和隔膜往复泵。柱塞往复泵的液缸容积小,易于清洗和更换流动相,特别适合再循环和梯度洗脱,柱塞往复泵的缺点是由输液脉冲,因此,目前采用双柱塞或双泵系统来克服。有些恒流泵带有恒压输液的功能,可以方便地满足多种需要。因此,应用更广泛。

输液泵必须能精确地调节流动相流量,输液泵的流量控制精度通常要求小于 ±0.5%,一些商品的指标更好。对液相色谱分析来说,输液泵的流量稳定性更为重要,这是因为流速的变化会引起溶质的保留值的变化,而保留值是色谱定性的主要依据之一。流量范围一般在 0.1 ~ 10 mL/min 连续可调。制备型仪器最大流量可达 100 mL/min 以上。一般工作流量范围为 25 ~ 40 MPa。泵的死体积要小,通常要求小于 0.5 mL。更好地适应于更换溶剂和梯度洗脱。

3) 梯度洗脱装置

(1) 等度洗脱

在气相色谱中可通过控制柱温来改善分离条件,调整出峰时间。而在液相色谱中,可通过改变流动相的组成和极性来同样达到改变分配系数和选择因子、提高分离效率的目的。等度洗脱(恒组成溶剂洗脱)以固定配比的溶剂系统洗脱组分(一个泵),类似 GC 的等温度洗脱。

(2) 梯度洗脱

梯度洗脱也称溶剂程序,指在分离过程中,随时间按一定程序连续地改变流动相的组成,即改变流动相的强度、pH 值、离子等,即在一定分析周期内不断变换流动相的种类和比例,通过不断改变其极性,(两个泵、4 个泵等)适于分析极性差别较大的复杂组分,类似 GC 的程序升温(沸程较长样品)。

在工作状态下改变流动相组成的装置就是梯度洗脱装置。依据溶液的混合方式梯度洗脱装置可分为高压梯度和低压梯度,如图 7.9 所示。

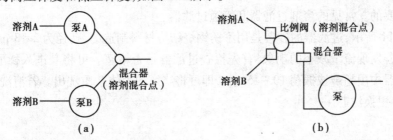

图 7.9 梯度洗脱模式

①低压梯度装置。低压梯度是采用比例调节阀,在常压下预先按一定的程序将溶剂混合后,再用泵输入色谱柱系统,也称为泵前混合。低压梯度的特点是采用一台高压输液泵结合电磁比例阀即可完成多元梯度操作,适用性强,成本较低,但流动相脱气要求高,需要配备在线脱气机。

②高压梯度装置。由两台(或多台)高压输液泵、梯度程序控制器(或计算机及接口板控制)、混合器等部件所组成。两台(或多台)泵分别将两种(或多种)极性不同的溶剂输入混合

器,经充分混合后进入色谱柱系统。其特点是输液精度高,对流动相的脱气要求低,但需要多台高压泵,成本较高。

根据洗脱装置所能提供的流路个数可分为二元梯度、四元梯度等,如图 7.10 所示。目前生产的高效液相还有八元泵,分离效率极高。

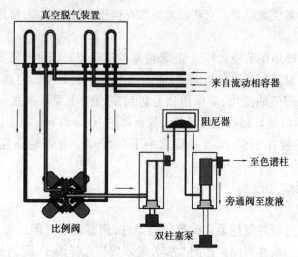

图 7.10　四元泵的梯度洗脱系统

梯度淋洗的特点是提高柱效,改善检测器的灵敏度。当样品中的一个峰的 k 值和最后一个峰的 k 值相差几十倍至几百倍时,使用梯度洗脱效果特别好。梯度洗脱中为保证流速的稳定,必须使用恒流泵,否则难获重复结果。梯度洗脱常用一个弱极性的溶剂 A 和一个强极性的溶剂 B。

4)过滤器

在高压输液泵的进口与它的出口与进样阀之间,应设置过滤器。高压输液泵的柱塞和进样阀阀芯的机械加工精密度非常高,微小的机械杂质进入流动相,会导致上述部件的损坏。同时机械杂质在柱头积累,会造成柱压升高,是色谱柱不能正常工作。因此,管道过滤器的安装是十分必要的。常见的溶剂过滤器和管道过滤器。

如图 7.11 所示,过滤器的砂芯是用不锈钢烧结构材料制造的,孔径为 2 ~ 3 μm,耐有机溶剂的侵蚀。若发现流量减小的现象,首先检查过滤器是否堵塞。可将其进入稀酸溶液中,在超声波清洗器中用超声波振荡 10 ~ 15 min,即可将堵塞的固体杂质洗出。若清洗后仍不能达到要求,则应更换滤芯。

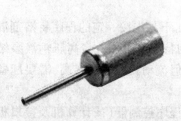
图 7.11　溶剂过滤器

图 7.12　进样系统

5)在线脱气装置

流动相因溶解有氧气或空气而形成气泡,气泡进入检测器会干扰测定;进入色谱柱,会使流动相的流速减慢或流速不稳定,导致基线起伏;还可能与流动相、固定相、样品组分发生化学反应,影响分离和分析结果。常用的脱气方法是在线真空脱气或抽吸脱气。

7.2.2 进样系统

进样系统是将待分析样品准确送入色谱系统的装置。进样装置要求密封性好、死体积小、重复性好、进样时对色谱系统的压力和流量影响小。进样器早期使用隔膜和停流进样器,装在色谱柱入口处。现在大都使用六通进样阀或自动进样器。

常用的进样装置有以下两种:

1)六通进样阀

目前的液相色谱仪所采用的手动进样器几乎都是阀进样器,因为进样阀是一种较常用、较理想的进样装置,其具有进样体积可变、耐高压、重复性好、操作简便等优点。进样体积由定量管确定,常规高效液相色谱仪中通常使用的是 10 μL 和 20 μL 体积的定量管。进样系统如图 7.12 所示,装载样品时在 LOAD 处,进入时在 INJECT 处。

操作时先将阀柄置于如图 7.13(a)所示的采样位置,这时进样口只与定量管接通,处于常压状态。用平头微量注射器(体积应为定量管体积的 4~5 倍)注入样品溶液,样品停留在定量管中,多余的样品溶液从 6 处溢出。将进样装置阀柄顺时针转动 60°至如图 7.13(b)所示的进柱位置时,流动相与定量管接通,样品被流动相带到色谱柱中进行分离分析。

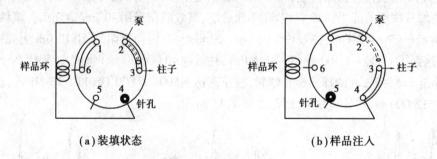

图 7.13 六通进样阀结构

2)自动进样器

自动进样器是由计算机自动控制定量阀,按预先编制的注射样品的操作程序工作。取样、进样、复位、样品管路清洗和样品盘的转动,全部按预定程序自动进行,一次进行几十个或上百个样品的分析。自动进样器的进样量可连续调节,进样重复性高,适合于大量样品的分析,节省人力,可实现自动化操作。

7.2.3 分离系统

色谱是一种分离分析手段,分离是核心,色谱柱是色谱系统完成分离的部件,因此,色谱柱是高效液相色谱的心脏部件,如图 7.14 所示,柱效高、选择性好、分析速度快是对色谱柱的一般要求。色谱分离系统包括色谱柱、恒温器和连接管等部件。

色谱柱是装填有固定相用以分离混合组分的柱管。多为金属或玻璃制作。有直管形、盘管形、U形管等形状。色谱柱可分为填充柱和开管柱两大类。液相色谱通常均采用填充柱。

图7.14　色谱柱

1) 色谱柱的规格

色谱柱包括柱管和固定相两部分,柱管材料有玻璃、不锈钢、铝、铜及内衬光滑的聚合材料的其他金属。玻璃管耐压有限,故金属管用得较多。目前,液相色谱常用的标准柱型是内径为4.6 mm或3.9 mm、长度为10～50 cm的直形不锈钢柱。填料粒度5～10 μm,其柱效的理论值可达5 000～10 000块/m理论塔板数。使用3～5 μm填料,柱长可减至5～10 cm。当使用内径为0.5～1.0 mm的微孔填充柱或内径为30～50 μm的毛细管柱时,柱长为15～50 cm。柱效理论值可达5万～16万/m。对于一般的分析只需5 000塔板数的柱效;对于同系物分析,只要500即可;对于较难分离物质对则可采用高达2万/m的柱子,因此一般为10～30 cm的柱长就能满足复杂混合物分析的需要。

2) 颗粒度

色谱柱的分离效果取决于所选择的固定相,以及色谱柱的制备和操作条件。市售的用于HPLC的各种微粒填料,如多孔硅胶以及以硅胶为基质的键合相、氧化铝、有机聚合物微球(包括离子交换树脂)、多孔碳等,其粒度一般为3 μm、5 μm、7 μm、10 μm等,颗粒度控制着分离的质量。小颗粒填料可增加柱效,在很宽的线速度范围内保持高柱效,提供在增加分离速度的同时增加分离度的能力。20世纪60年代后期,高效液相采用40 μm薄壳无孔填料,柱压是100～500磅(0.7～4 MPa),柱效约5 000 m。20世纪70年代早期,采用10 μm无规则微孔填料,柱压达到了1 000～2 500磅(7～18 MPa),柱效约40 000 m。20世纪80年代至今,采用颗粒直径小至3.5～5 μm的球形微孔填料,柱压高达1 500～4 000磅(11～28 MPa),柱效达到80 000～115 000 m,其分离效果比较,如图7.15所示。

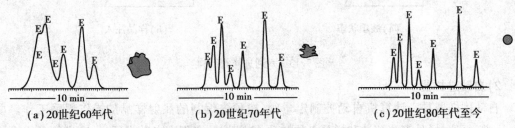

(a) 20世纪60年代　　(b) 20世纪70年代　　(c) 20世纪80年代至今

图7.15　填料颗粒尺寸的演变

3) 颗粒材料

随着高效液相色谱技术的提高,创造了一种杂化的材料,即杂化(乙基硅氧烷/硅胶)颗粒技术。该技术以无机硅和聚合物碳为原料,其具体比较特点见表7.1。

表 7.1　杂化(乙基硅氧烷/硅胶)颗粒技术

材　料	优　点	缺　点
无机(硅)	机械强度高	有限的 pH 值范围
	柱效高	将星化合物的拖尾
	可预测的保留	化学不稳定
聚合物(碳)	宽 pH 值范围	机械强度"软"
	没有离子间相互作用	低柱效
	化学稳定	保留不可预测

4)色谱柱种类

目前,高效液相色谱技术色谱柱有很多,常用的有以下 5 种:

①反相色谱柱:C_{18}、C_8、氰基、氨基、苯基。

②正相色谱柱:硅胶、氰基、氨基。

③离子交换色谱柱:SCX、SAX。

④手性色谱柱:牛血清蛋白、AGP、环糊精等。

⑤凝胶色谱柱:凝胶。

5)填充技术

填充色谱柱的方法,根据固定相微粒的大小有干法和湿法两种。

(1)干法

干法一般适用于颗粒直径大于 20 μm 的填料,将柱的出口装好筛板,上端与漏斗连接,填料分次小量倒入柱中,倒入后,即在靠近填料表面柱壁处敲打、撞实,以得到填充紧密而均匀的色谱柱。

(2)湿法

湿法也称匀浆法,适用于直径小于 20 μm 的填料。具体的方法是:以一种或数种溶剂配制成密度与固定相相近的溶液,经超声处理使填料颗粒在此溶液中高度分散,呈现乳浊液状态,即制成匀浆。用高压泵将顶替液打入匀浆罐,把匀浆顶入色谱柱中,可制成均匀、紧密填充的高效柱。

柱效受柱内外因素影响,为使色谱柱达到最佳效率,除柱外死体积要小外,还要有合理的柱结构(尽可能减少填充床以外的死体积)及装填技术。即使最好的装填技术,在柱中心部位和沿管壁部位的填充情况总是不一样的,靠近管壁的部位比较疏松,易产生沟流,流速较快,影响冲洗剂的流形,使谱带加宽,这就是管壁效应。这种管壁区大约是从管壁向内算起 30 倍粒径的厚度。在一般的液相色谱系统中,柱外效应对柱效的影响远远大于管壁效应。

色谱柱装填料之前是没有方向性的,但填充完毕后的色谱柱是有方向的,即流动相的方向应与柱的填充方向一致。色谱柱的管外都以箭头显著地标示了该柱的使用方向,安装和更换色谱柱时一定要使流动相能按箭头所指方向流动,如图 7.16 所示。

6)预柱

为了保护分析柱不被污染,有时需要在分析柱前加一短柱。短柱连接在进样器和色谱柱之间称为预柱或保护柱,可防止来自流动相和样品中不溶性微粒堵塞色谱柱。一般柱长为 30~50 mm,柱内装有填料和孔径为 0.2 μm 的过滤片。预柱可提高色谱柱使用寿命和不使柱效下降,缺点在于增加峰的保留时间,会降低保留值较小组分的分离效率,如图 7.17 所示。

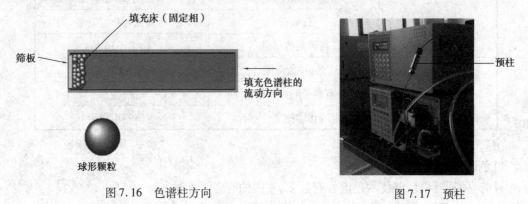

图 7.16　色谱柱方向　　　　　　　　　图 7.17　预柱

7) 柱温箱

有些物质的分离条件要求有一定的温度,因此,给色谱柱配置了柱温箱。

7.2.4　检测系统

检测系统主要监测经色谱柱分离后的组分浓度的变化,并由记录仪绘出图谱来进行定性、定量分析。一个理想的检测器应具有灵敏度高、重现性好、相应快、线性范围宽、适用范围广、对流动相流量和温度不敏度、死体积小等特性。实际过程中很难找到满足上述全部要求的 HPLC 检测器,但可根据不同的分离目的对这些要求予以取舍,选择合适的检测器。

1) HPLC 检测器的分类

HPLC 的检测器分为两类,即通用型检测器和专用型检测器。

通用型检测器可连续测量色谱柱的流出物的全部特性变化,通常采用差分测量法,这类检测器包括示差折光检测器、介电常数检测器、电导检测器等,通用检测器适用范围广,但由于对流动相有响应,因此易受温度变化、流动相和组分的变化的影响,噪声和漂移都比较大,灵敏度较低,不能用梯度洗脱。

专用型检测器用以测量被分离样品组分某种特性的变化。这类检测器对样品中组分的某种物理或化学性质敏感,而这一性质是流动相所不具备的,或至少在操作条件下不显示。这类检测器包括紫外检测器、荧光检测器、放射性检测器等。

高效液相色谱常用的检测器有紫外吸收、示差折光率、荧光检测器、电化学检测器、蒸发光散射检测器、二极管阵列检测器等。

2) 几种常见的检测器

(1) 紫外吸收检测器(UVD)

紫外吸收检测器简称紫外检测器,是基于溶质分子吸收紫外光的原理设计的检测器,其工作原理是 Lambert-Beer 定律,即当一束单色光透过流动池时,若流动相不吸收光,则吸收度 A 与吸光组分的浓度 c 和流动池的光径长度 L 成正比。物理上测得物质的透光率,然后取负对数得到吸收度。优点:使用面广,灵敏度高,对温度和流速变化不敏感,线性范围宽,可检测梯度溶液洗脱的样品。缺点:仅适用于测定有紫外吸收的物质。大部分常见有机物质和部分无机物质都具有紫外或可见光吸收基团,因而有较强的紫外或可见光吸收能力,因此,UVD 既有较高的灵敏度,也有很广泛的应用范围,是液相色谱中应用最广泛的检测器。

目前,如岛津 VP 系列紫外检测器功能还包括:设定时间程序(切换检测波长等)、双波长检测(见图 7.18),比例色谱(见图 7.19)、初步判断峰的纯度,停泵扫描、确定组分最大吸收波长等。

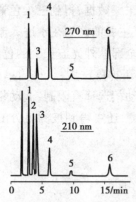

图 7.18 水溶维生素的双波长检测
1—烟酰胺;2—泛酸;3—吡哆醇;
4—硫胺素;5—叶酸;6—核黄素

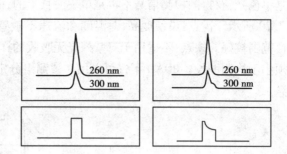

图 7.19 比例色谱

(2)示差折光检测器(RID)

连续测定流通池中溶液折射率来测定试样中各组分浓度。凡具有与流动相折光率不同的样品组分,均可使用示差折光检测器检测。这一系统通用性强,操作简单;对温度变化敏感;对溶剂组成变化敏感,不能用于梯度检测;属于中等灵敏度的检测器。目前,糖类化合物的检测大多数使用此检测系统。

(3)荧光检测器(FD)

荧光检测器检测原理是凡具有荧光的物质,在一定条件下,其发射光的荧光强度与物质的浓度成正比。优点:灵敏度极高,是非常灵敏的检测器之一;选择性好;对温度和流速不敏感,可用于梯度洗脱。缺点:只适用于具有荧光的有机化合物的测定。可检测物质:多环芳烃、霉菌毒素、酪氨酸、色氨酸、卟啉、儿茶酚胺等(具有对称共轭体系)。

(4)电化学检测器(ECD)

电化学检测器的原理是测量电活性分子在工作电极表面氧化或还原反应时所产生电流变化的检测。优点:灵敏度高,选择性好,只有容易氧化或还原的电活性物质才可被检测。例如,即便有高含量的氯化物、硫酸盐共存时,其他离子的检测也不受干扰,因为这两种离子不被电化学检测器所检测。缺点:不适用于梯度洗脱,对温度、压力变化敏感。一般在特殊情况下使用,主要用来测定化学性质不稳定的离子,如容易被氧化或还原的离子。灵敏度极高的电化学(安培)检测器,可用于离子色谱和高效液相色谱。

(5)电导检测器

电导检测器检测原理是根据物质在某些介质中电离后所产生的电导变化来测定电离物

质含量。优点:对流动相流速和压力的改变不敏感,可用于梯度洗脱。缺点:对温度变化敏感(每升高1 ℃,电导率增加2%~2.5%)。广泛应用于离子色谱。主要用于检测水溶性无机和有机离子。

(6)光电二极管阵列检测器(PDAD)

光电二极管阵列检测器由光源发出的紫外或可见光通过检测池,所得组分特征吸收的全部波长经光栅分光、聚焦到阵列上同时被检测,计算机快速采集数据,所得组分特征吸收的全部波长经光栅分光、聚焦到阵列上同时被检测,计算机快速采集数据,得到三维色谱——光谱图,即每一个峰的在线紫外光谱图。与普通紫外检测器相比主要的区别在于进入流通池的不再是单色光,获得的检测信号不再是单一波长上的,而是在全部紫外光波长上的色谱信号,如图7.20所示。优点:灵敏度高,对温度和流速不敏感,可用于梯度洗脱,结构简单,精密度和线性范围较好。缺点:不适用于对紫外光无吸收的样品,流动相选择有限制,流动相截止波长必须小于检测波长。PDAD不仅可以用在被测组分定性检测,还可得到被测组分的光谱定性信息。

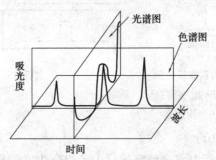

图7.20 光电二极管阵列检测结果

7.2.5 显示系统

高效液相色谱的显示系统又称工作站,也称色谱专家系统,它是色谱技术智能化的基础。工作站的配置可使所有分析过程均可在线模拟显示,数据自动采集、处理和存储,整个分析过程实现了自动控制。在分析样品前,可以设置相关的分析条件及测定参数。目前,每个厂家生产的液相色谱仪都配有相应的工作站。对于分离分析大部分的样品,建立一个适合的分析方法很关键,色谱工作站正是很好地建立一套适合的分析方法以完成实际样品的分析任务而建立的,它是色谱理论的研究成果与计算机完美结合的产物。

任务7.3 液相色谱实验技术

高效液相色谱仪的心脏是高效色谱柱,其中固定相的选择和填充技术是保证色谱柱的高柱效和高分离度的关键。当固定相选定时,流动相的种类、配比能显著地影响分离效果,因此,流动相的选择也非常重要。

7.3.1 固定相和流动相的选择

固定相的选择对样品的分离起着重要的作用,有时甚至是决定性的作用。不同类型的色谱采用不同的固定相。按照固定相承受高压的能力来分类,可分为刚性固体和硬胶两大类。刚性固体以二氧化硅为基质,制成直径、形状、孔隙度不同的颗粒。如果在二氧化硅表面键合各种官能团,就是键合固定相,可扩大应用范围,是目前最广泛使用的一种固定相。硬胶主要用于离子交换和尺寸排阻色谱中,它是由聚苯乙烯和二乙烯苯基交联而成。

固定相按孔隙深度不同分为表面多孔型和全多孔型固定相两类。表面多孔型固定相的基体是实心玻璃珠,在玻璃珠外表面覆盖一层多孔活性材料,如硅胶、氧化铝、离子交换剂、分子筛、聚酰胺等,其厚度为 1~2 μm,以形成无数向外开放的浅孔。这类固定相的多孔层厚度小、孔浅,相对死体积小,出峰快,柱效高,颗粒较大,渗透性好,装柱容易。梯度淋洗能迅速达平衡,较适合作常规分析。

全多孔性固定相是由直径为 10 nm 的硅胶微粒凝聚而成,这类固定相由于颗粒很细,孔仍然较浅,传质速率快,易实现高效、高速,特别适合复杂混合物的分离及痕量分析。其最大允许进样量比表面多孔型大 5 倍,因此,通常采用此类固定相。

7.3.2 流动相

1) 流动相的基本要求

由于高效液相色谱中流动相是不同极性的液体,它对组分有亲和力,并参与固定相对组分的竞争。因此,正确选择流动相将直接影响组分的分离度。对流动相溶剂的基本要求:

①高纯度:由于高效液相色谱法的灵敏度高,对流动相溶剂的纯度也要求高,不纯的溶剂会引起基线不稳,或产生"伪峰"。

②应与检测器相匹配:例如,如果检测器是紫外吸收检测器,不能用对紫外光有吸收的溶剂作流动相。

③对试样要有适宜的溶解度:否则,在柱头易产生部分沉淀。

④化学稳定性好:不能选用与样品发生反应或聚合的溶剂。

⑤低黏度:若使用高黏度溶剂,势必增高 HPLC 的流动压力,不利于分离。常用的低黏度溶剂有丙酮、甲醇、乙腈等。但黏度过低的溶剂也不宜采用,如戊烷、乙醚等,它们易在色谱柱或检测器形成气泡,影响分离。

⑥毒性小,安全性好。

⑦极性。

2) 流动相的选择与配制

液相色谱有正相和反相之分。正相色谱和反相色谱还有吸附色谱和极性化学键键合色谱之分。如果采用固定相的极性大于流动相的极性,就称为正相色谱;如果固定相的极性小于流动相的极性,则称为反相色谱。由于极性化合物更容易被极性固定相所保留,因此,正相色谱系统一般适用于分离极性化合物,极性小的组分先流出。相反,反相色谱系统一般适用于分离非极性或弱极性化合物,极性大的组分先流出。例如,在正相液-液色谱中,可先选中等极性的溶剂为流动相,如组分的保留时间太短,表示溶剂的极性太大;若改用极性较弱的溶剂,若组分的保留时间太长,则再选择极性在上述两种溶剂之间的溶剂,如此多次实验,以选得最适宜的溶剂。

在选用溶剂时,溶剂的极性很重要。常用溶剂的极性顺序排列为:水、甲酰胺、乙腈、甲醇、乙醇、丙醇、丙酮、二氧六环、四氢呋喃、正丁醇、醋酸乙酯、乙醚、异丙醚、二氯甲烷、氯仿、苯、甲苯、四氯化碳、已烷、庚烷、煤油等。

常见的流动相主要有乙腈-水溶液、乙腈-醋酸水溶液、甲醇-水溶液、乙腈-磷酸水溶液等。实际使用中,一般采用甲醇-水体系能满足多数样品的分离要求。由于甲醇的毒性为乙腈的1/5,且价格便宜6~7倍,因此,反相键合色谱法中应用最广泛的流动相是甲醇-水体系。液相色谱法常用的固定相和流动相见表7.2。

表7.2 液相色谱法常用的固定相和流动相

样品种类	色谱类型	固定相	流动相
低极性不溶于水	反相色谱	—C_{18}	甲醇-水 乙腈-水 乙腈-四氢呋喃
	液固色谱	硅胶	己烷、二氯甲烷
中等极性可溶于醇	正相色谱	—CN —NH_2	己烷、氯仿、异丙醇
	反相色谱	—C_{18} —C_8	甲醇、水、乙腈
强极性可溶于水	反相色谱	—C_{18}、—C_8 —CN	甲醇、水、乙腈 缓冲溶液
	反相离子对色谱	—C_{18}	甲醇、水、乙腈 反离子缓冲溶液
	阳离子交换色谱 阴离子交换色谱	—SO_3 —NR_3^+	水和缓冲溶液 磷酸缓冲溶液
高分子化合物	凝胶色谱	多孔硅胶、有机凝胶	水、四氢呋喃

流动相使用过程中需要注意的是:

①含水流动相最好在实验前配制,尤其是夏天使用缓冲溶液作为流动相不要过夜。最好加入叠氮化钠,防止细菌生长。

②流动相要求使用0.45 μm滤膜过滤,除去微粒杂质。

③使用HPLC级溶剂配制流动相,使用合适的流动相可延长色谱柱的使用寿命,提高柱性能。

7.3.3 样品前处理

最好使用流动相溶解样品。使用预处理柱除去样品中的强极性或与柱填料产生不可逆吸附的杂质。样品进样前需使用 0.45 μm 的过滤膜过滤除去微粒杂质。

色谱分析样品的采集和制备是一个非常重要和复杂的过程，通常将样品的采集和样品的制备统称为样品的前处理。所以一般样品的前处理过程包括取样、萃取、净化、浓缩、定容，其中萃取是很重要的步骤。由于色谱分析技术涉及的样品种类繁多，样品组成及其浓度复杂多变，样品物理形态范围广泛，对色谱分析方法的直接分析测定构成的干扰因素特别多，所以需要选择科学有效地处理方法和技术。

近年来，研究并应用于各领域样品前处理的新技术有固相萃取、固相微萃取、膜萃取、超临界流体萃取、微波萃取技术等。其中在色谱分析中应用较多的是固相萃取、固相微萃取技术。

1) 固相萃取

固相萃取(Solid Phase Extraction, SPE)是一种用途广泛而且越来越受欢迎的样品前处理技术，它建立在液固萃取和液相柱色谱基础之上，是美国环保局作为环境分析的标准前处理法。SPE 的优点在于分析物回收率高；与干扰组分分离效果好；不需要使用超纯溶剂，且用量少；能处理小体积试样；操作简单。

SPE 实际也是一个柱色谱分离过程，分离机理、固定相及溶剂的选择方法等于高效液相色谱有许多相同之处，只是 SPE 柱的柱效较低。固相萃取的原理是依据萃取剂，样品在通过填充了各类填料的一次性萃取柱后，分析物和杂质被保留在柱上，然后分别用选择性溶剂去除杂质，洗脱出分析物，从而达到分离目的。

固相萃取仪主要由萃取小柱和负压系统组成，目前，商品化的固相萃取小柱种类较多。一般的固相萃取操作步骤为：

①活化。除去小柱内的杂质并创造一定的溶剂环境。
②上样。将溶剂溶解的样品转移到固相萃取小柱，并使其保留在柱上。
③淋洗。最大限度地除去干扰物。
④洗脱。用小体积的溶剂将被测物质洗脱下来并收集。

2) 固相微萃取

固相微萃取(Solid Phase Micro-extraction, SPME)是一种无溶剂的样品萃取或浓缩技术，操作简单、快速，所需的样品量较少。固相微萃取不是将样品中的目标化合物全部提取出来，而是通过目标化合物在样品盒固相涂层之间的平衡来达到提取或浓缩的目的。

固相微萃取的装置是一个 SPME 手柄。固相微萃取的关键是吸附材料即固相涂层，目前已有的吸附材料有：聚二甲基硅氧烷、聚丙烯酸酯、聚乙二醇-二乙烯基苯等。

SPME 的使用成本相对于固相萃取来说较低，因为一般吸附材料可重复使用多次。但由于固相微萃取是一种不完全提取的方法，适合作半定量分析，所以在一般的定量分析时，最好使用内标法，以便于精确定量。

3) 基质固相分散萃取

与经典的固相萃取装置不同，基质固相分散萃取(Matrix Solid Phase Dispersion, MSPD)是将样品(固态或者液态)与固相吸附剂(C_{18}、硅胶)等一起研磨之后，使样品成为微小的碎片分散在固相吸附剂表面。然后将此混合物装入空的 SPE 柱或注射针筒,用适当的溶剂将目标化合物洗脱下来。

基质固相分散萃取的主要优点是:适用于固体、半固体及黏稠样品的萃取;萃取溶剂与目标化合物的接触面增大,有利于目标化合物的萃取;溶剂完全渗入样品基质中,提高了萃取效率;所需样品量小,萃取速度也比液-液萃取提高约 90%。

4)衍生化技术

所谓衍生化,就是将用通常检测方法不能直接检测或检测灵敏度比较低的物质与某种试剂(即衍生化试剂)反应,使之生成易于检测的化合物。按衍生化的方法可分为柱前衍生化和柱后衍生化两种。

柱前衍生化是指将被检测物转变成可检测的衍生物后,再通过色谱柱分离。这种衍生化可以是在线衍生化,即将被测物和衍生化试剂分别通过两个输液泵送到混合器中混合并使之立即反应完成,随之进入色谱柱;也可先将被测物和衍生化试剂反应,再将衍生化产物作为样品进样;或在流动相中加入衍生化试剂,进样后,让被测物与流动相直接发生衍生化反应。

柱后衍生化是指先将被测物分离,再将从色谱柱流出的溶液与反应试剂在线混合,生成可检测的衍生物,然后导入检测器。按生成衍生物的类型又可分为紫外-可见光衍生化、荧光衍生化、拉曼衍生化和电化学衍生化。

衍生化技术不仅使高效液相色谱分析体系复杂化,而且需要消耗时间,增加分析成本,有的衍生化反应还需要控制严格的反应条件。因此,只有在找不到方便而灵敏的检测方法,或为了提高分离和检测的选择性时才考虑用衍生化技术。常见的衍生化技术有:

(1)紫外-可见光衍生化

紫外衍生化是指将紫外吸收弱或无紫外吸收的有机化合物与带有紫外吸收基团的衍生化试剂反应,使之生成可用紫外检测的化合物。如胺类化合物容易与卤代烃、羰基、酰基类衍生试剂反应。

可见光衍生化有两个主要应用:一是用于过渡金属离子的检测,将过渡金属离子与显色剂反应,生成有色的配合物、螯合物或离子缔合物后用可见光检测;二是用于有机离子的检测,在流动相中加入被测离子的反离子,使之生成有色的离子对化合物后,分离、检测。

表 7.3 为常用衍生化试剂。

表 7.3 常用衍生化试剂

化合物类型	衍生化试剂	$\varepsilon_{254}/L/(mol \cdot cm^{-1})$	最大吸收波长/nm
ROH	对甲氧基苯甲酰氯	$>10^4$	262
RNH_2 或 $RR'NH$	2,4-二硝基氟苯	$>10^4$	350
	对甲基苯磺酰氯	10^4	224
	对硝基苯甲酰氯	$>10^4$	254
$RCH(COOH)NH_2$	异硫氰酸苯酯	10^4	244
RCOOH	对硝基苄基溴	6 200	265
RCOOR'	对硝基苯甲氧胺盐酸盐	6 200	254

(2) 荧光衍生化

荧光衍生化是指将被测物质与荧光衍生化试剂反应后生成具有荧光的物质进行检测。有的荧光衍生化试剂本身没有荧光,而其衍生物却有很强的荧光。

(3) 电化学衍生化

电化学衍生化是将无电活性的被测物质与具有电活性的衍生化试剂发生衍生化反应,生成一种可在电极上发生电极反应的电活性衍生物,以便在电化学检测器上有较高的响应。常用的电化学衍生化试剂包括还原衍生化试剂和氧化衍生化试剂,如带硝基的芳香化物可作为羟基、氨基、羧基、羰基的还原性衍生化试剂。

(4) 手性衍生化

用手性试剂与外消旋体反应,在分子内导入另一手性中心,柱前衍生反应生成一对非对映异构体,两者间无镜相关系,物理化学性质不同可用常规的色谱分离条件进行分离。

7.3.4 联用技术

1) 液质联用技术

液质联用(HPLC-MS)又称液相色谱-质谱联用技术,它以液相色谱作为分离系统,质谱为检测系统。样品在质谱部分和流动相分离,被离子化后,经质谱的质量分析器将离子碎片按质量数分开,经检测器得到质谱图。液质联用体现了色谱和质谱优势的互补,将色谱对复杂样品的高分离能力,与MS具有高选择性、高灵敏度及能够提供相对分子质量与结构信息的优点结合起来,在药物分析、食品分析和环境分析等许多领域得到了广泛的应用。

2) 液相色谱-傅里叶变换红外光谱联用

红外光谱在有机化合物的结构分析中有着很重要的作用,而色谱又是有机化合物分离纯化的最好方法,因此,色谱与红外光谱的联用一直是有机分析化学家十分关注的问题。由于液相色谱仪不受样品挥发度和热稳定性的限制,因此特别适合于那些沸点高、极性强、热稳定性差、大分子试样的分离,对大多数已知化合物,尤其是生化活性物质均能被较好地分离、分析。液相色谱对多种化合物的高效分离特点及红外光谱定性鉴别的有效结合,使复杂物质的定性分析、定量分析得以实现,成为与气相色谱-傅里叶变换红外光谱(GC-FTIR)互补的分离鉴定手段。

3) 色谱-色谱联用

色谱-色谱联用技术是将不同分离模式的色谱通过接口联结起来,用于单一分离模式不能完全分离的样品的分离和分析。

液相-液相色谱联用是 Hube 于20世纪70年代首先提出的,其原理与气相色谱-气相色谱联用技术类似,关键技术是柱切换。利用多通阀切换,可改变色谱柱与色谱组、进样器与色谱柱、色谱柱与检测器之间的连接,改变流动相的流向,这样就可以实现样品的净化、痕量组分的富集和制备、组分的切割、流动相的选择和梯度洗脱、色谱柱的选择、再循环和复杂样品的分离以及检测器的选择。由于液相色谱具有多种分离模式,如吸附色谱,正、反相分配色谱,离子交换色谱等,因此可用同一分离模式、不同类型的色谱柱组合成液相色谱-液相色谱联用系统,其对选择性的调节远远大于气相色谱-气相色谱联用,具有更强的分离能力。

在用气相色谱分离和分析复杂样品中的某些组分时,有些样品不能直接进入气相色谱进行分离分析,必须将与分析组分从样品的主体中分离出来后在用气相色谱去分离分析。液相色谱-气相色谱联用是解决这一问题的方法之一,用液相色谱分离提纯复杂样品中的预测组分,样品主体将排空,预测组分在线的转入气相色谱中进行分离和分析。特别是复杂样品中的痕量组分,在经液相色谱分离纯化和富集后,可转移到高灵敏度和高分辨的毛细管气相色谱上进行分离和分析。

任务7.4　液相色谱仪的日常维护与使用技术

7.4.1　色谱柱

1)色谱柱的选择与使用

液相色谱的柱子通常分为正相柱和反相柱。正相柱大多以硅胶为柱,或是在硅胶表面键合—CN、—NH$_3$等官能团的键合相硅胶柱;反相柱填料主要以硅胶为基质,在其表面键合非极性的十八烷基官能团(ODS)称为C_{18}柱,其他常用的反相柱还有C_8、C_4、C_2和苯基柱等。另外还有离子交换柱、GPC柱、聚合物填料柱等。

2)柱子的pH值使用范围

反相柱优点是固定相稳定,应用广泛,可使用多种溶剂。但硅胶为基质的填料,使用时一定要注意流动相的pH值范围。一般的C_{18}柱pH值范围都在2~8,流动相的pH值小于2时,会导致键合相的水解;当pH值大于7时硅胶易溶解;经常使用缓冲液固定相要降解。一旦发生上述情况,色谱柱入口处会塌陷。同样填料各种不同牌号的色谱柱不尽相同。如果流动相pH值较高或经常使用缓冲液时,建议选择pH值范围大的柱子,例如,戴安公司的Acclaim柱pH值为2~9或Zorbax的pH值为2~11.5的柱子。

3)填料的端基封尾(或称封口)

把填料的残余硅羟基采用封口技术进行端基封尾,可改善对极性化合物的吸附或拖尾;含碳量增高了,有利于不易保留化合物的分离;填料稳定性好了,组分的保留时间重现性就好。如果待分析的样品属酸性或碱性的化合物,最好选用填料经端基封尾的色谱柱。

4)液相色谱柱的性能测试

色谱柱在使用前,最好进行柱的性能测试,并将结果保存起来,作为今后评价柱性能变化的参考。在做柱性能测试时要按照色谱柱出厂报告中的条件进行(出厂测试所使用的条件是最佳条件),只有这样,测得的结果才有可比性。但要注意的是柱性能可能由于所使用的样品、流动相、柱温等条件的差异而有所不同。

5)色谱柱的维护

(1)色谱柱的平衡

反相色谱柱由工厂测试后是保存在乙腈/水中的。新柱应先使用10~20倍柱体积的甲醇或乙腈冲洗色谱柱。请一定确保你分析的样品所使用的流动相和乙腈/水互溶。每天用足够的时间以流动相来平衡色谱柱,这样色谱柱的寿命才会变得更长。

具体操作步骤:首先,平衡开始时将流速缓慢地提高,用流动相平衡色谱柱直到获得稳定的基线(缓冲盐或离子对试剂流速如果较低,则需要较长的时间来平衡);其次,如果使用的流动相中含有缓冲盐,应注意用纯水"过渡"即每天分析开始前必须先用纯水冲洗 30 min 以上再用缓冲盐流动相平衡,分析结束后必须先用纯水冲洗 30 min 以上除去缓冲盐之后再用甲醇冲洗 30 min 保护柱子。

(2)色谱柱的再生

长期使用的色谱柱,往往柱效会下降(柱子的理论塔板数减低)。可以对色谱柱进行再生,在有条件的实验室应使用一个廉价的泵进行柱子的再生。用来冲洗柱子的溶剂体积见表7.4。

表7.4 用来冲洗柱子的溶剂体积

色谱柱尺寸/mm	柱体积/mL	所用溶剂的体积/mL
125-4	1.6	30
250-4	3.2	60
250-10	20	400

极性固定相的再生采用正庚烷→氯仿→乙酸乙酯→丙酮→乙醇→水依次进行冲洗。非极性固定相(如反相色谱填料 RP-18、RP-8、CN 等)的再生则采用水→乙腈→氯仿(或异丙醇)→乙腈→水的顺序冲洗。0.05 mol/L 稀硫酸可用来清洗已污染的色谱柱,如果简单地用有机溶剂/水的处理不能够完全洗去硅胶表面吸附的杂质,在水洗后加用 0.05 mol/L 稀硫酸冲洗非常有效。

(3)色谱柱的维护

色谱分析柱前需使用预柱保护分析柱(硅胶在极性流动相/离子性流动相中有一定的溶解度)。大多数反相色谱柱的 pH 值稳定范围是 2~7.5,尽量不超过该色谱柱的 pH 值范围。避免流动相组成及极性的剧烈变化。动相使用前必须经脱气和过滤处理。氯化物的溶剂对其有一定的腐蚀性,故使用时要注意,柱及连接管内不能长时间存留此类溶剂,以避免腐蚀。如果使用极性或离子性的缓冲溶液作流动相,应在实验完毕柱子冲洗干净,并保存于有机溶剂甲醇或乙腈中。

7.4.2 流动相

1)流动相的纯化

溶剂最好选择色谱纯,目前专供色谱分析用的"色谱纯"溶剂除最常用的甲醇外,其余多为分析纯。分析纯纯溶液在很多情况下可以满足色谱分析的要求,但不同的色谱柱和检测方法对溶剂的要求不同,如用紫外检测器检测时溶剂中就不能含有在检测波长下有吸收的杂质,有时要进行除去紫外杂质、脱水、重蒸等纯化操作。

乙腈也是常用的溶剂,分析纯乙腈中还含有少量的丙酮、丙烯腈、丙烯醇等化合物,产生较大的背景吸收。可采用活性炭或酸性氧化铝吸附纯化,也可采用高锰酸钾/氢氧化钠氧化裂解与甲醇共沸的方法进行纯化。

四氢呋喃在使用前应蒸馏,长时间放置又会被氧化,因此最好在使用前先检查有无过氧化物。方法是取 10 mL 四氢呋喃和 1 mL 新配制的 10% 碘化钾溶液,混合 1 min 后,不出现黄色即可使用。

2) 流动相的储存及脱气

储液瓶应使用棕色瓶以避免生长藻类,要定期(至多 3 个月)清洗储液瓶和溶剂过滤器。砂芯玻璃过滤头可用 35% 的硝酸浸泡 1 h 后用二次蒸馏水洗净。烧结不锈钢过滤头可用 5%~20% 的硝酸溶液超声清洗后用超纯水洗净。

除色谱级的溶剂及超纯水外,其他流动相必须在使用前用 0.45 μm 的滤膜过滤。应使用新鲜配制的流动相,特别是含水溶剂和盐类缓冲溶液,存放时间不可超过 2 d。过滤后的流动相在使用前必须进行脱气。

3) 流动相的更换

在分析过程中,有时流动相在分析过程中由于量不够使用等原因必须要更换流动相,一定要注意前一种使用的流动相和所更换的流动相是否能够相溶。如果前一种使用的流动相和所更换的流动相不能够相溶,那就要特别注意了。要采用一种与这两种需更换的流动相都能够相溶的流动相进行过滤、清洗。较为常用的过滤流动相为异丙醇,但实际操作中要看具体情况而定,原则就是采用与这两种需更换的流动相都能够相溶的流动相。一般清洗的时间为 30~40 min,直至系统完全稳定。

7.4.3 高压泵

高压泵使用常规注意事项有:每天开始使用时排气。工作结束后,先用超纯水洗去系统中的盐,然后逐渐加大有机溶剂如甲醇的比例,最后用纯甲醇冲洗。不让水或腐蚀性溶剂滞留泵中。定期更换垫圈,平时应常备泵密封垫、单向阀、泵头装置、各式接头、保险丝等部件和工具。

7.4.4 进样器

对六通进样阀,保持清洁是进样阀使用寿命和进样量准确度的重要影响因素。不进样时,套上安全帽。进样前应使样品混合均匀,以保证结果的精确度。样品瓶应清洗干净,无可溶解的污染物。样品要求无微粒、去除能阻塞针头和进样阀的物质,故样品进样前必须用 0.45 μm 的无机滤膜或有机滤膜过滤。

自动进样器的针头应有钝化斜面,侧面开孔;针头一旦弯曲应换上新针头,不能弄直了继续使用;吸液时针头应没入样品溶液中,但不能碰到样品底瓶底。为了防止缓冲液和其他残留物在进样系统中,每次工作结束后应冲洗整个系统。手动进样器为确保进样量的重现性,用部分注入方式进样的样品量应在定量环管体积的一半以下,全量注入的样品量应是 3 倍定量环的体积。

7.4.5 检测器

检测器的光源都有一定的寿命,最好检测时提前 30 min 左右打开。检测是在常压下进行,试样和流动相要完全脱气后进入液相色谱系统和检测器,以此保证流量稳定和检测数据准确。水性流动相长时间留在检测池中会有藻类生长,藻类能产生荧光,干扰荧光检测器的检测,检测后需要用含乙腈或甲醇的流动相冲洗净。

根据维护说明书,定期拆开检测池和色谱柱的连接管路,用强溶剂直接清洗检测池。如果污染严重,就需要依次采用 1 mol/L 硝酸、水或新鲜溶剂冲洗,或取出池体进行清洗、更换窗口。

> **知识链接**
>
> **氨基酸自动分析仪**
>
> 全自动氨基酸分析仪是利用样品各种氨基酸组分的结构不同、酸碱性、极性及分子大小不同,在阳离子交换柱上将它们分离,采用不同 pH 值离子浓度的缓冲液将各氨基酸组分依次洗脱下来,再逐个以另一流路的茚酮试剂混合,然后共同流至螺旋反应管中,于一定温度下(通常为 115~120 ℃)进行显色反应,形成在 570 nm 有最大吸收的蓝紫色产物。其中的羟脯氨酸与茚三酮反应生成黄色产物,其最大吸收为 440 nm。氨基酸自动分析仪色谱图如下图所示。
>
>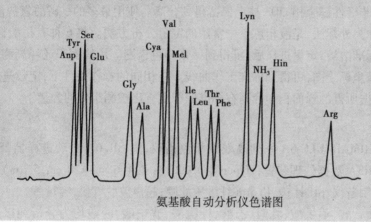
>
> 氨基酸自动分析仪色谱图

• **项目小结** •

高效液相色谱仪由高压输液系统、进样系统、分离系统、检测系统和记录系统组成。在液相色谱中,存在组分与固定相和流动相三者之间的作用力,因此固定相和流动相的选择是完成分离的重要因素。

实训项目 7.1　葡萄酒中有机酸的定性定量分析

【实训目的】
1.熟悉高效液相色谱仪的使用方法。

2. 掌握有机酸的 HPLC 测定方法。

【方法原理】

葡萄酒中的酸度主要由有机酸决定,有机酸的种类、浓度与葡萄酒的类型、品质优劣有很大关系,调节着酸碱的平衡,影响葡萄酒的口感、色泽及生物稳定性。葡萄酒中的有机酸主要包括酒石酸、苹果酸、柠檬酸、琥珀酸、乳酸、乙酸等。其中乙酸是葡萄酒酿造、储存过程中的晴雨表,其含量过高表明已感染杂菌。酒石酸又名葡萄酸,是葡萄酒中含量较大的酸,是抗葡萄呼吸氧化作用和抗酒中细菌作用的酸类,对葡萄着色与抗病有重要作用。酒石酸大部分以酒石酸钾、酒石酸氢钾形式存在,在发酵过程中以结晶形式析出,减少了酒石酸浓度,其溶解度随温度降低而减小。由于有机酸在葡萄酒中的重要性质,所以有机酸的检测是十分重要且必要的。建立高效、快速的 HPLC 有机酸检测方法,可为葡萄酒生产企业提供良好的技术支撑和质量控制。

用反相色谱分析有机酸时,由于酸的极性较大,流动相中以水为主,易发生弱酸的解离而不能在固定相上保留。为了使有机酸尽可能地以分子形式存在,通常使用酸性流相来抑制有机酸的解离,使其在非极性键合相 ODS 柱上保留得到分离。使用最多的是磷酸氢盐洗脱液。

标准曲线法又称为外标法,是液相色谱中常用的定量分析方法。将 6 种有机酸标准品配成不同浓度的系列标准溶液,定量进样后,可得到一系列色谱图。用峰面积或峰高为纵坐标,与之对应的浓度为横坐标绘图,可得到标准工作曲线。在相同的操作条件下,定量进试样,得到样品的色谱图,根据所得的峰面积和峰高在标准曲线上查出被测组分的含量。

【仪器与试剂】

1. 仪器:日本 SHIMADZU LC-6A 系列高效液相色谱仪,附 SIL-6A 自动进样器,SPD-6AV 紫外可见检测器,C-R3A 数据处理装置;Hypersil-ODS2 柱(Φ 4.6 mm×20 cm,5 μm);PT-C_{18} 预处理小柱;超纯水制备仪;pH 计;0.45 μm 纤维素滤膜;超声波脱气机;容量瓶。

2. 试剂:草酸、酒石酸、苹果酸、乳酸、乙酸、柠檬酸、琥珀酸、丙酸均为分析纯以上,甲醇(色谱级),超纯水。

【实训内容】

1. 将实验使用的流动相进行过滤和脱气处理。

2. 开机,依次打开高压泵、检测器、工作站。调整色谱条件如下:

①流动相:5% CH_3OH^- 0.10 mol/L KH_2PO_4(pH 3.0)缓冲溶液(V/V),使用前用 0.45 μm 纤维素滤膜过滤,超声波脱气 10 min。

②流速:0.6 mL/min。

③柱箱温度:55 ℃。

④检测波长:210 nm。

⑤进样量:20 μL。

3. 溶液的配制:

①有机酸标准储备液的配制:草酸、酒石酸、苹果酸、乳酸、乙酸、柠檬酸、琥珀酸、丙酸分别配成 1 mg/mL 的标准储备液,每周配一次,用时稀释至所需浓度。

②有机酸标准母液的配制:取标准有机酸混合储备液稀释 10 倍后待用。

③有机酸标准系列溶液的配制:分别取 0.2 mL、0.4 mL、0.6 mL、0.8 mL 和 1.0 mL 的混合酸溶液,用去离子水定溶于 10 mL 容量瓶中,摇匀。此系列标准溶液的浓度为 2 μg/mL、4 μg/mL、6 μg/mL、8 μg/mL 及 10 μg/mL。用 0.45 μm 微滤膜过滤后,在 HPLC 最佳色谱条件下进样。

4. 标准曲线的绘制。待基线走平后,取各浓度标准溶液各 20 μL,浓度由低到高顺序进样,记录峰面积和保留时间。

5. 样品的测定。在同样的色谱条件下,将葡萄酒试样经 0.45 μm 滤膜过滤,然后取 20 μL 进样,记录峰面积和保留时间。

6. 结束工作。实验完毕后,先用流动相清洗色谱系统,然后用色谱级甲醇清洗后,关机。

【结果处理】

1. 将标准溶液及试样溶液中各有机酸的峰面积及保留时间列于表。

测试项目 /(μg·mL^{-1})	柠檬酸 A	酒石酸 A	苹果酸 A	琥珀酸 A	乳酸 A	乙酸 A
2						
4						
6						
8						
10						
待测样品						

2. 用软件绘制出各种有机酸峰面积-浓度标准曲线,并计算回归方程和相关系数,填入下表。

有机酸	回归方程	相关系数
柠檬酸		
酒石酸		
苹果酸		
琥珀酸		
乳酸		
乙酸		

3. 根据试样中各有机酸的峰面积,计算葡萄酒中各有机酸的含量,分别用 μg/mL 表示。

【注意事项】

1. 各实验室的仪器不可能完全一样,操作时一定要参照仪器的操作规程。

2. 色谱柱的个体差异大,即使同一厂家的同型号色谱柱,柱能也会有差异,因此色谱条件应根据所用色谱柱的试剂情况作适当的调整。

【思考题】
1. 假设用50%的甲醇或乙醇作流动相,你认为有机酸的保留值是变大还是变小,分离效果会变好还是变坏？说明理由。
2. 如果用内标定量苹果酸和柠檬酸,写出内标法的操作步骤和分析结果的计算方法。

实训项目7.2 高效液相色谱法测定饮料中的咖啡因

【实训目的】
1. 学习高效液相色谱仪的操作。
2. 了解高效液相色谱法测定咖啡因的基本原理。
3. 掌握高效液相色谱法进行定性及定量分析的基本方法。

【方法原理】
咖啡因又称咖啡碱,是由茶叶或咖啡中提取而得的一种生物碱,是一种黄嘌呤生物碱化合物,又名三甲基黄嘌呤、三甲基黄嘌呤、咖啡碱、茶毒、马黛因、瓜拉纳因子、甲基可可碱,分子式为 $C_8H_{10}N_4O_2$,结构式为

咖啡因是一种中枢神经兴奋剂,能暂时驱走睡意并恢复精力,但易上瘾。为此,各国制定了咖啡因在饮料中的食品卫生标准,美国、加拿大、阿根廷、日本、菲律宾规定饮料中咖啡因的含量不得超过200 mg/kg,我国到目前为止咖啡因仅允许加入可乐型饮料,其含量不得超过150 mg/kg,为了加强食品卫生监督管理,建立咖啡因的标准测定方法十分必要。高效液相色谱法(HPLC)是可乐型饮料、咖啡和茶叶以及制成品中咖啡因含量的测定方法,简单、快速、准确。

咖啡因的甲醇液在286 nm波长下有最大吸收,其吸收值的大小与咖啡因浓度成正比,从而可进行定量。

【仪器与试剂】
1. 仪器:高效液相色谱仪(配有紫外-可见光检测器),正十八烷基键合色谱柱(4.6 mm×150 mm,5 μm);微量注射器(10 μL或25 μL);超声波清洗器;流动相过滤器;无油真空泵。
2. 试剂:咖啡因标准品(优级纯或分析纯),甲醇(色谱纯),二次蒸馏水,待测饮料试液。

【实训内容】
1. 流动相的预处理。配制甲醇:水=20:80的流动相1 000 mL,过滤,脱气备用。
2. 标准溶液配制。
①配制浓度为0.25 mg/mL的咖啡因标准储备液100 mL,用流动相溶解。

②标准使用液:用上述标准储备液配制质量浓度分别为 25 μg/mL、50 μg/mL、75 μg/mL、100 μg/mL、125 μg/mL。

3.试样的预处理。市售饮料用 0.45 μm 水相滤膜减压过滤后,4 ℃保存备用。

4.色谱柱的安装和流动相的更换。将正十八烷色谱柱安装在色谱仪上,将流动相更换成甲醇:水=20:80 的溶液。

5.开机,按照使用说明书操作仪器,设置流速为 1.0 mL/min;检测器波长 286 nm,打开工作站。

6.标样的分析:

①待基线稳定后,用平头微量注射器分别进标准系列溶液 20 μL,记录色谱图和分析结果。

②每个样品平行测定 2~3 次。

7.饮料样品的分析。重复注射饮料样品 20 μL 2~3 次,记录色谱图和分析结果。如果样品中咖啡因的色谱峰面积超出曲线范围,可用流动相适当稀释饮料样品。

8.结束工作。所有样品分析完毕后,清洗系统,关机。

【结果处理】

序号	标样浓度/(μg·mL^{-1})	保留时间 t_R	色谱峰面积 A	色谱峰高度 H
1				
2				
3				
4				
5				
6				

【注意事项】

1.品牌的饮料咖啡因含量不大相同,称取的样品量可根据样品调节,或改变标准使用液浓度。

2.获得良好的结果,标准和样品的进样量要严格保持一致。

【思考题】

1.用标准曲线法定量的优缺点是什么?

2.若标准曲线用咖啡因浓度对峰高作图,能给出准确结果吗?

实训项目 7.3 奶粉中三聚氰胺的分析检测

【实训目的】

1.掌握测定三聚氰胺时奶粉试样的前处理方法。

2. 掌握奶粉中三聚氰胺快速、准确的检测方法。

【方法原理】

三聚氰胺简称三胺，分子式 $C_3N_6H_6$，是一种重要的氮杂环有机化工原料。由于三聚氰胺分子中含有大量氮元素，而普通的全氮测定法测奶粉和食品中的蛋白质含量时不能排除这类伪蛋白氮的干扰，因而一些厂商为了降低成本而添加这种化工原料，以提高产品中蛋白质含量。《国际化学品安全手册》第三卷和国际化学品安全卡片说明：长期或反复大量摄入三聚氰胺可能对肾与膀胱产生影响，导致产生结石。2008年，"三鹿奶粉"事件，就是因为不法分子掺卖混有三聚氰胺的奶粉，导致许多婴儿肾结石，造成了严重的后果。本实验采用 Waters 公司生产的高效液相色谱仪建立奶粉中三聚氰胺快速、准确的检测方法。

奶粉试样用三氯醋酸-乙腈提取，再经阳离子交换固相萃取柱净化后，用高效液相色谱测定，外标法进行定量。外标法又称为标准曲线法，是液相色谱中常用的定量分析方法。将6种有机酸标准品配成不同浓度的系列标准溶液，定量进样后，可得到一系列色谱图。用峰面积或峰高为纵坐标，与之对应的浓度为横坐标绘图，可得到标准工作曲线。在相同的操作条件下，定量进行试样，得到样品的色谱图，根据所得的峰面积和峰高在标准曲线上查出被测组分的含量。

【仪器与试剂】

1. 仪器：高效液相色谱仪（配有紫外检测器），高速离心机，超声波震荡仪，涡旋混合器，分析天平（万分之一）。

2. 试剂：微孔滤膜（带 0.45 μm 有机、水系过滤膜和真空泵），乙腈（HPLC 级），三聚氰胺标准品（≥99.0%），柠檬酸（分析纯），庚烷磺酸钠（色谱级），超纯水，阳离子交换萃取柱，氮气（高纯）。

3. 色谱条件：色谱柱 C_{18} 柱（6 mm×250 mm，5 μm）；流动相乙腈：10 mM/L 柠檬酸+10 mM/L 庚烷磺酸钠缓冲液 = 15∶85（pH = 3）；检测波长 240 nm；柱温 30 ℃；流速 1 mL/min；进样量 20 μL。

【实训内容】

1）标样测定

三聚氰胺标准溶液：称取三聚氰胺标样 10.0 mg，加稀释液（稀释液为乙腈∶水=76∶24）溶解定容 100 mL，即得浓度为 100 mg/L 三聚氰胺标样溶液，于 4 ℃下避光保存备用。

2）标准系列溶液的配制

将浓度为 100 mg/L 的三聚氰胺标准溶液分别用水稀释成浓度为 1 mg/L、5 mg/L、10 mg/L、15 mg/L、20 mg/L、50 mg/L 的标准工作液，经 0.45 μm 微孔滤膜过滤后，保存备用。

3）样品的前处理

称取液态或奶粉试样称取 0.1 g（精确至 0.000 1 g）于 10 mL 具旋盖的塑料离心管中，加入 5 mL 乙腈-水溶液（1∶1），在旋涡混合器上混匀 5 min，超声波震荡 30 min，再在旋涡混合器上混匀 5 min，离心 20 min（10 000 r/min），取出上清液过滤，移取 2.0 mL，加入 6 mL 0.1 mol/L 盐酸，混匀待净化。

4) 固相萃取柱的活化

使用前依次用 3 mL 甲醇、5 mL 水活化。

5) 净化

将带净化液转移至固相萃取柱中。依次用 3 mL 水和 3 mL 甲醇洗涤,抽至近干,用 6 mL 氨化甲醇溶液进行洗脱。整个固相萃取过程流速不应超过 1 mL/min。洗脱液于 50 ℃下用氮气吹干,残留物用 1 mL 流动相定容,旋涡振荡混合 1 min 后,经微孔滤膜过滤,待测。

6) 线性实验

取浓度为 1 mg/L、5 mg/L、10 mg/L、15 mg/L、20 mg/L、50 mg/L 的标准品分别作样,并计算线性范围。

7) 样品测定

取待测样品在同样的色谱条件下进行测定,记录数据。

8) 结束工作

样品分析完毕后,让流动相继续运行 10~20 min,然后分别用超纯水和乙腈冲洗柱子 30 min 以上。

【结果处理】

1. 记录实验数据于下表。

样品浓度/(mg·L^{-1})	1	5	10	15	20	50	待测样品
峰面积/(mV·s^{-1})							

2. 以峰面积-浓度作图,得到标准曲线回归方程。计算待测样品溶液的浓度。

3. 用下式计算样品中三聚氰胺的含量,用 mg/kg 表示。

$$X = \frac{c \times V}{m \times f}$$

式中　X——试样中三聚氰胺的含量,mg/kg;

　　　c——待测样品溶液中三聚氰胺的浓度,mg/L;

　　　V——试样最终定容体积,L;

　　　m——试样质量,g;

　　　f——稀释倍数。

【注意事项】

1. 若样品中脂肪含量较高,可用三氯醋酸饱和的正乙烷液-液分配除脂。
2. 固相萃取柱使用前必须活化。
3. 本方法的定量限于 2 mg/kg。

【思考题】

1. 若样品中脂肪含量较低时,查找资料该法与其他测定三聚氰胺的含量方法作比较。
2. 本方法的定量范围是多少?

实训项目 7.4　HPLC 法测定食品中苏丹红染料

【实训目的】
1. 学习食品中苏丹红染料 HPLC 测定的原理及方法。
2. 学习不同食品样品的预处理方法。

【方法原理】
苏丹红色素是应用于油彩蜡、地板蜡和香皂等化工产品中的一种非生物合成的着色剂，非食用色素，长期食用具有致癌致畸作用。苏丹红色素一般不溶于水易溶于有机溶剂，待测样品经有机溶剂提取，经浓缩及氧化铝柱层析萃取净化，用反相高效液相色谱（RPHLPC）——紫外可见光检测器进行色谱分析，采用外标法定量。苏丹红色素色谱分离图如下图所示。

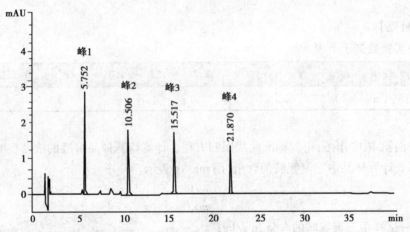

峰1—苏丹红Ⅰ；峰2—苏丹红Ⅱ；峰3—苏丹红Ⅲ；峰4—苏丹红Ⅳ

标准曲线法又称为外标法，是液相色谱中常用的定量分析方法。将6种有机酸标准品配成不同浓度的系列标准溶液，定量进样后，可得到一系列色谱图。用峰面积或峰高为纵坐标，与之对应的浓度为横坐标绘图，可得到标准工作曲线。在相同的操作条件下，定量进试样，得到样品的色谱图，根据所得的峰面积和峰高在标准曲线上查出被测组分的含量。

【仪器与试剂】
1. 仪器：高效液相色谱仪（配有紫外可见光检测器），层析柱管 Φ 1 cm×5 cm 的注射器管，分析天平（感量 0.1 mg），旋转蒸发仪，均质机或匀浆机，粉碎机，离心机，0.45 μm 有机滤膜。
2. 试剂：乙腈（色谱纯），丙酮（色谱纯），甲酸（分析纯），乙醚（分析纯），正己烷（分析纯），无水硫酸钠（分析纯）。

①层析用氧化铝（中性 100～200 目）：105 ℃干燥 2 h，于干燥器中冷至室温，每 100 g 中加入 2 mL 水降活，均匀后密封，放置 12 h 后使用。不同厂家和不同批号氧化铝的活度有差异，须根据具体购置的氧化铝产品略作调整，活度的调整采用标准溶液过柱，将 1 μg/mL 的苏

丹红的混合标准溶液 1 mL 加到柱中,用 5% 丙酮正己烷溶液 60 mL 完全洗脱为准。

②氧化铝层析柱:在层析柱管底部塞入一薄层脱脂棉,干法装入处理过的氧化铝至 3 cm 高,经敲实后加一薄层脱脂棉,用 10 mL 正己烷预淋洗,洗净柱杂质后,备用。

③5% 丙酮的正己烷溶液:吸取 50 mL 丙酮用正己烷定容至 1 L。

④标准物质:苏丹红Ⅰ、苏丹红Ⅱ、苏丹红Ⅲ、苏丹红Ⅳ;纯度≥99%。

⑤标准贮备液:分别称取苏丹红Ⅰ、苏丹红Ⅱ、苏丹红Ⅲ及苏丹红Ⅳ各 10.0 mg(按实际含量折算),用乙醚溶解后用正己烷定容至 250 mL。

【实训内容】

1)样品制备

将液体、浆状样品混合均匀,固体样品需粉碎磨细。

2)样品前处理

(1)红辣椒粉等粉状样品

称取 1~2 g(准确至 0.001 g)样品于三角瓶中,加入 10~20 mL 正己烷,超声处理 5 min,过滤,用 10 mL 正己烷洗涤残渣数次,至洗出液无色,合并正己烷液,用旋转蒸发仪浓缩至 5 mL 以下,慢慢加入氧化铝层析柱中,为保证层析效果,在柱中保持正己烷液面为 2 mm 左右时上样,在全程的层析过程中不应使柱干涸,用正己烷少量多次淋洗浓缩瓶,一并注入层析柱。控制氧化铝表面吸附的色素带宽宜小于 0.5 cm,待样液完全流出后,试样品中含油类杂质的多少用 10~30 mL 正己烷洗柱,直至流出液无色,弃去全部正己烷淋洗液,用含 5% 丙酮的正己烷液 60 mL 洗脱,收集、浓缩后,用丙酮转移并定容至 5 mL,经 0.45 μm 有机滤膜过滤后待测。

(2)红辣椒油、火锅料、奶油等油状样品

称取 0.5~2 g(准确至 0.001 g)样品于小烧杯中,加入 1~10 mL 正己烷溶解,难溶解的样品可于正己烷中加温溶解。然后按步骤(1)中的方法处理后待测。

(3)辣椒酱、番茄沙司等含水量较大的样品

称取 10~20 g(准确至 0.01 g)样品于离心管中,加 10~20 mL 水将其分散成糊状,含增稠剂的样品多加水,加入 30 mL 正己烷:丙酮=3:1,匀浆 5 min,3 000 r/min 离心 10 min,吸出正己烷层,于下层再加入 20 mL×2 次正己烷匀浆,过滤。合并 3 次正己烷,加入无水硫酸钠 5 g 脱水,过滤后于旋转蒸发仪上蒸干并保持 5 min,用 5 mL 正己烷溶解残渣后,然后按步骤(1)中的方法处理后待测。

(4)香肠等肉制品

称取粉碎样品 10~20 g(准确至 0.01 g)于三角瓶中,加入 60 mL 正己烷充分匀浆 5 min,滤出清液,再以 20 mL×2 次正己烷匀浆,过滤。合并 3 次滤液,加入 5 g 无水硫酸钠脱水,过滤后于旋转蒸发仪上蒸至 5 mL 以下,然后按步骤(1)中的方法处理后待测。

3)色谱检测条件

①色谱柱:Zorbax SB-C_{18}(4.6 mm×150 mm,3.5 μm 或相当型号色谱柱)。

②流动相:

溶剂 A 为 0.1% 甲酸的水溶液:乙腈=85:15;溶剂 B 为 0.1% 甲酸的乙腈溶液:丙酮=80:20。

③梯度洗脱条件见下表。

流速/(mL·min⁻¹)	时间/min	流动相 A/%	流动相 B/%	曲线
1.0	0	25	75	线性
1.0	10.0	25	75	线性
1.0	25.0	0	100	线性
1.0	32.0	0	100	线性
1.0	35.0	25	75	线性
1.0	40.0	25	75	线性

④柱温:30 ℃。

⑤检测波长:苏丹红Ⅰ 478 nm;苏丹红Ⅱ、苏丹红Ⅲ、苏丹红Ⅳ 520 nm;于苏丹红Ⅰ出峰后切换。

4)标准曲线制备

吸取标准贮备液 0 mL、0.1 mL、0.2 mL、0.4 mL、0.8 mL、1.6 mL,用正己烷定容至 25 mL,此标准系列浓度为 0 μg/mL、0.16 μg/mL、0.32 μg/mL、0.64 μg/mL、1.28 μg/mL、2.56 μg/mL,各进样量 10 μL,绘制标准曲线。

5)样品测定

吸取 10 μL 样品处理液,按标准曲线制备检测色谱条件对样品进行测定。与标样对照,根据峰保留时间定性以及相应峰面积定量。

6)结束工作

样品分析完毕后,先用蒸馏水清洗色谱系统 30 min 以上,然后用 100% 的乙腈清洗色谱系统 20~30 min,再按正常的步骤关机。清理试样台面,填写仪器使用记录。

【结果处理】

$$X = \frac{c \times V}{m}$$

式中　X——样品中苏丹红含量,mg/kg;
　　　c——由标准曲线得出的样液中苏丹红的浓度,μg/mL;
　　　V——样液定容体积,mL;
　　　m——样品质量,g。

【注意事项】

不同厂家和不同批号氧化铝的活度有差异,应根据具体购置的氧化铝产品略作调整。

【思考题】

样品前处理时,色素提取液过氧化铝柱可除去哪些杂质?

实训项目 7.5　高效液相色谱法分析果汁中苯甲酸和山梨酸

【实训目的】
1. 掌握高效液相色谱法测定果汁中山梨酸和苯甲酸含量的方法。
2. 加深对色谱分离原理的理解,掌握分离条件的选择。
3. 掌握液相色谱定性定量分析技术。

【基本原理】
苯甲酸和山梨酸都是我国目前最常用的食品防腐剂,广泛应用于各种果汁饮料中。但如果防腐剂的含量超过标准限度,或者长期饮用含有防腐剂的饮料,则会对人体健康造成不良影响,因此,检测果汁中的苯甲酸和山梨酸含量是非常有必要的。

果汁样品以氨水调 pH 至近中性后,过滤,滤液经反相高效液相色谱分离后,以紫外检测器测定,通过与标准品比较,根据峰保留时间和峰面积实现定性和定量分析。

【仪器与试剂】
1. 仪器:高效液相色谱仪,配有紫外吸收检测器;色谱柱,YGW-C_{18} 不锈钢柱(4.6 mm×250 mm,10 μm);微量注射器;超声波水浴振荡器;食品粉碎机;旋涡混合器;pH 计;离心机。
2. 试剂:甲醇(色谱级),NH_4Ac(0.02 mol/L,0.45 μm 滤膜过滤),氨水溶液(1+1,体积比),水为超纯水,$NaHCO_3$ 溶液(20 g/L),苯甲酸标准储备溶液,山梨酸标准储备溶液,苯甲酸与山梨酸标准混合使用溶液。

①苯甲酸标准储备溶液(1 mg/mL):称取 0.100 0 g 苯甲酸,加 20 g/L $NaHCO_3$ 溶液 5 mL,加热溶解后,移入 100 mL 容量瓶中,加水定容至 100 mL。

②山梨酸标准储备溶液(1 mg/mL):称取 0.100 0 g 山梨酸,加 $NaHCO_3$ 溶液 5 mL,加热溶解后,移入 100 mL 容量瓶中,加水定容至 100 mL。

③苯甲酸、山梨酸标准混合使用溶液:取苯甲酸、山梨酸标准储备溶液各 10.0 mL,置于 100 mL 容量瓶中,加水至刻度。此溶液含苯甲酸、山梨酸各 0.1 mg/mL。经 0.45 μm 滤膜过滤,备用。

3. 实验材料:2~3 种浓缩果汁或果汁饮料各 50 mL。

【实训内容】
1) 样品处理
取 10.00 g 样品,用氨水溶液调 pH 至 7 后,加水定容至 50 mL,以 4 000 r/min 离心 10 min,上清液经微孔滤膜(0.45 μm)过滤,滤液作为样品稀释液,备用。

2) 测定
①分别将苯甲酸、山梨酸标准混合使用溶液和样品稀释液进样至色谱仪,得色谱图。通过与标准品图谱比较,分析样品色谱图峰的保留时间,确定样品中防腐剂的种类,并依据峰高值计算样品中苯甲酸或/和山梨酸的浓度。

②参考色谱条件:色谱柱为 YWG-C_{18} 不锈钢柱(4.6 mm×250 mm,10 μm);流动相为甲醇-NH_4Ac 溶液(5+95,体积比),流速为 1 mL/min,进样量为 10 μL;紫外检测器,波长为230 nm,灵敏度为 0.2AUFS。根据保留时间定性,外标峰面积法定量。

【结果处理】
1. 确定未知样中各组分的出峰次序。
2. 求取各组分的相对定量校正因子。
3. 求取样品中各组分的含量。
果汁中苯甲酸或/和山梨酸的含量按下式计算:

$$x = \frac{m_0}{m \times \frac{V_2}{V_1}}$$

式中　　x——样品中苯甲酸或山梨酸的含量,g/kg;
　　　　m_0——样品稀释液中苯甲酸或山梨酸的质量,mg;
　　　　V_2——进样体积,μL;
　　　　V_1——样品稀释液的总体积,μL;
　　　　m——样品的质量,g。

【注意事项】
1. 实验步骤中的色谱条件仅作参考,在实际的实验过程中应根据仪器种类和实验室条件进行调整。
2. 在样品的处理过程中,样品的稀释倍数应通过预备实验,根据样品中苯甲酸或山梨酸的含量进行调整。

【思考题】
1. 为什么在样品的处理过程中,要以稀氨水调 pH 至7,而不是对样品进行酸化?
2. 假设需要测定碳酸饮料及配制酒中苯甲酸或山梨酸含量,样品应怎样进行前处理?

实训项目 7.6　柱前衍生化反相 HPLC 法测定多维氨基酸片氨基酸的含量

【实训目的】
1. 掌握柱前衍生 RP-HPLC 法测定多维氨基酸片中18种氨基酸含量。
2. 掌握氨基酸的分析方法。

【基本原理】
氨基酸的测定方法很多,经典的氨基酸分析方法是采用柱后衍生、用茚三酮作为衍生试剂的离子交换色谱法。此方法需专门的仪器,分析时间较长。随着 HPLC 技术的发展,用反相柱(C_8、C_{18})柱前衍生化法测定氨基酸取得了很大发展。该法无须特殊反应装置,具有高效、简便、快速和价格低廉的优点。常见方法是采用邻苯二甲醛(OPA)和2-巯基乙醇与氨基酸反应进行柱前衍生,衍生物用 RP-HPLC 法梯度洗脱,检测器可为荧光或紫外检测器。本实验采用 RP-HPLC 法测定多维氨基酸片中 18 种氨基酸含量。

采用异硫氰酸苯酯对样品进行柱前衍生,以反相高效液相色谱法测定,外标法计算含量。色谱柱为 Ultimate AA 氨基酸分析专用柱(4.6 mm×250 mm,5 μm),流动相 A 为三水合醋酸钠缓冲溶液(pH 6.5)-乙腈溶液(93∶7,V/V),B 为 80% 乙腈-水(80∶20,V/V),梯度洗脱,检测波长为 254 nm。

【仪器与试剂】

1. 仪器:Agilent 1100 高效液相色谱仪(四元泵),紫外检测器;色谱柱为 C_{18} 柱(5 mm×250 mm,5 μm,Agilent 公司);超声波脱气装置。

2. 试剂:醋酸钠(分析纯),四氢呋喃(色谱纯),甲醇(色谱纯),乙腈(色谱纯),三乙胺(分析纯),邻苯二甲醛(分析纯),氢氧化钠(分析纯),2-巯基乙醇(分析纯),9-芴基氯甲酸甲酯(分析纯),0.22 μm 滤膜,17 种氨基酸标准品[亮氨酸(Leu)、异亮氨酸(Ile)、赖氨酸(Lys)、组氨酸(His)、丝氨酸(Ser)、甘氨酸(Gly)、谷氨酸(Glu)、精氨酸(Arg)、苏氨酸(Thr)、丙氨酸(Ala)、色氨酸(Trp)、蛋氨酸(Met)、缬氨酸(Val)、脯氨酸(Pro)、苯丙氨酸(Phe)、牛磺酸(Tau)、酪氨酸(Tyr)、天冬氨酸(Asp)]购自 Sigma 公司,多维氨基酸片。

3. RP-HPLC 色谱条件

流动相 A 为 0.02 mol/L 醋酸钠(pH=7.20)-四氢呋喃-三乙胺(99∶1∶0.1)。

流动相 B 为甲醇-乙腈-0.02 mol/L 醋酸钠(pH=7.20)(175∶225∶100)。

梯度洗脱程序见下表:

时间/min	流速/(mL·min^{-1})	流动相 A/%	流动相 B/%
0	1.0	100	0
17	1.0	50	50
21	1.0	0	100
21.1	1.5	0	100
21.5	1.5	0	100
26.5	1.0	0	100
28	1.0	0	100
30	1.0	100	0

柱温:25 ℃。

紫外检测波长:0~21.5 min 为 338 nm,21.6 min 开始为 262 nm。

【实训内容】

1）氨基酸对照品贮备液的制备

精密称取 18 种氨基酸适量，用 0.1 mol/L 的 HCl 制成含每种氨基酸浓度为 0.5 μmol/mL 的混合氨基酸贮备液，置 4 ℃ 冰箱中保存。

2）RP-HPLC 衍生化试液的制备

精密称取邻苯二甲醛 80 mg，加 0.4 mol/L（用 40% 的氢氧化钠调 pH 为 10.2）硼酸缓冲液 7 mL 溶解，乙腈 1 mL，2-巯基乙醇 125 μL，摇匀配成 1% 的邻苯二甲醛溶液备用（-20 ℃ 保存）。称取 9-芴基氯甲酸甲酯 50 mg，用乙腈溶解并稀释至 10 mL，配成 0.5% 的 9-芴基氯甲酸甲酯溶液备用（-20 ℃ 保存）。

3）样品曲线制备

分别吸取混合氨基酸贮备液 0.6 mL、0.8 mL、1.0 mL、1.2 mL、1.4 mL，置 10 mL 量瓶中，用水稀释至刻度，摇匀，按上述色谱条件和测定方法各进样 20 μL，进行测定，证明 18 种氨基酸的浓度 X（μg/mL）与峰面积 Y 之间是否呈良好的线性关系。

4）回收率实验

按处方比例精密称取混合氨基酸对照品，置 1 000 mL 量瓶中，加水适量，超声溶解，并稀释至刻度，摇匀，按含量测定方法测出 18 种氨基酸的含量，并计算回收率和 RSD。

5）进样精密度实验

取混合氨基酸标准品 1.0 mL，按上述色谱条件和测定方法连续进样 5 次，每次 20 μL，测定各氨基酸的峰面积。

6）样品处理

精密称取 115.10 mg 多维氨基酸片粉末溶解在 100 mL 0.1 mol/L HCl 中，0.22 μm 滤膜过滤，10 μL 进样。

7）结束工作

所有样品分析完毕后，让流动相继续运行 10~20 min，以免样品残留在色谱柱上，然后用乙腈清洗系统 30 min。

【结果处理】

各种氨基酸测定采用外标法定量，结果见下表所示。

编号	氨基酸	RSD	样品中氨基酸含量/(mg·g^{-1})
1	Asp		
2	Glu		
3	Ser		
4	His		
5	Gly		
6	Thr		
7	Ala		

续表

编 号	氨基酸	RSD	样品中氨基酸含量/(mg·g^{-1})
8	Arg		
9	Tau		
10	Tyr		
11	Val		
12	Met		
13	Trp		
14	Phe		
15	Ile		
16	Leu		
17	Lys		
18	Pro		

【注意事项】
1. 标准样品和样品衍生化过程要一致。
2. 实验中的水要用超纯水。

【思考题】
1. 样品为何要进行衍生化？衍生化过程需要注意哪些问题？
2. 你对本实验有什么意见和建议？

练习题 7

1. 为什么可用分离度 R 作为色谱柱的总分离效能指标？
2. 能否根据理论塔板数来判断分离的可能性？为什么？
3. 试述色谱分离基本方程式的含义，它对色谱分离有什么指导意义？
4. 色谱定性的依据是什么？主要有哪些定性方法？
5. 有哪些常用的色谱定量方法？试比较它们的优缺点和使用范围？
6. 试述速率方程中 A、B、C 3 项的物理意义，H-u 曲线有何用途？曲线的形状主要受哪些因素的影响？
7. 当下列参数改变时：(1)柱长增加，(2)固定相量增加，(3)流动相流速减小，(4)相比增大是否会引起分配比的变化？为什么？
8. 当下列参数改变时：(1)柱长缩短，(2)固定相改变，(3)流动相流速增加，(4)相比减少是否会引起分配系数的改变？为什么？

9. 何谓梯度洗脱？

10. 何谓保留指数？应用保留指数作定性指标有什么优点？

11. 试述色谱分离基本方程式的含义，它对色谱分离有什么指导意义？

12. 为什么可用分离度 R 作为色谱柱的总分离效能指标？

13. 在液相色谱中，提高柱效的途径有哪些？其中最主要的途径是什么？

14. 高效液相色谱法有何优缺点？当选择高效液相色谱测定方法时，哪些因素是必须考虑的？查阅资料，目前高效液相测定有哪些新技术？

第 4 篇

其他分析技术

项目 8　质谱分析技术

📖【项目描述】

　　质谱法即用电场和磁场将运动的离子(带电荷的原子、分子或分子碎片,如分子离子、同位素离子、碎片离子、重排离子、多电荷离子、亚稳离子、负离子和离子-分子相互作用产生的离子)按它们的质荷比分离后进行检测的方法,通过测出离子准确质量即可确定离子的化合物组成。分析这些离子可获得化合物的分子量、化学结构、裂解规律和由单分子分解形成的某些离子间存在的某种相互关系等信息。质谱是近代发展起来的快速、微量、精确测定相对分子质量的方法。

　　质谱法特别是它与气相、液相色谱仪及计算机联用的方法,已广泛应用在有机化学、生化、药物代谢、临床、毒物学、农药测定、环境保护、石油化学、地球化学、食品化学、植物化学、宇宙化学和国防化学等领域。

📖【知识目标】

　　1. 理解质谱分析原理;
　　2. 掌握离子的类型;
　　3. 学会利用质谱进行定性分析;
　　4. 熟悉谱图解析。

📖【能力目标】

　　1. 能独立操作质谱仪;
　　2. 能对样品进行定性分析及谱图解析;
　　3. 能对样品进行定量分析。

任务 8.1 质谱分析技术概述

世界上第一台质谱仪是由 J. Dempster 和 F. W. Aston 于 1919 年制作成功的,用于测量某些同位素的相对丰度。20 世纪 30 年代,离子光学理论的发展,使得仪器性能在很大程度上得到改善,为精确测定相对原子质量奠定了基础。20 世纪 50 年代初,质谱仪器开始商品化,同时质谱方法与 NMR、IR 等方法结合成为分子结构分析的最有效的手段。近代物理学、真空技术、材料科学、计算机及精密机械等方面的进展,使质谱仪器的应用领域不断地扩展,尤其是质谱仪与其他分析型仪器联用技术,如 GC-MS、HPLC-MS、GC-MS-MS、ICP-MS 等联用技术得到了广泛应用。

质谱分析技术是一种很重要的分析技术,它可以对样品中的有机化合物和无机化合物进行定性定量分析,同时也是唯一能直接获得分子量及分子式的谱学方法。

8.1.1 质谱分析的基本原理

质谱法(Mass Spectrometry,MS)是指在高真空系统中,将样品转化为运动的带电气态离子,通过测定样品的分子离子及碎片离子质量,并在磁场中按质荷比(m/z)大小分离并记录,以确定样品相对分子质量及分子结构的分析方法。

质谱的测定原理与光学原理类似,物质的原子或分子在质谱仪器的离子源中电离后,产生各种带正电荷的离子,在加速电场的作用下,这些离子形成离子束射入质量分析器,在质量分析器中,由于受到磁场的作用,离子的运动轨迹与质荷比(即质量对电荷的比值 m/z)的大小有关。于是,各种离子会按照质荷比的大小得到分离,同样,采用照相的方式或者电学方式即可记录下来按照质量由小到大的顺序排列的质谱图,如图 8.1 所示。

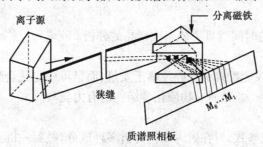

图 8.1 质谱仪原理示意图

8.1.2 质谱学常见术语

1) **棒图**(Bar Graph)

由质谱仪器记录下来的质谱图。一般需要将此峰形图以棒形图的形式表示,其横坐标为质荷比(m/z),纵坐标为离子的相对丰度(又称相对强度),如图 8.2 所示。

2) **质荷比**(m/z)

m 是一个离子的质量数,z 是一个离子的电荷数。一个离子的质量数对其所带的电荷数的比值,称为质荷比,用 m/z 表示。

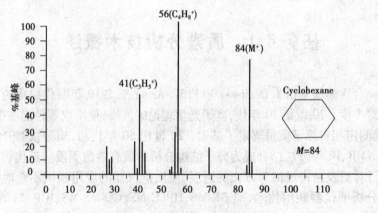

图 8.2 某环烷烃的质谱示意图

3）基峰

谱图中丰度最强的峰称为基峰。

4）相对丰度（又称相对强度）

以谱图中丰度最强的峰为基峰，记作 100%，其他峰按基峰来归一化。即取基峰离子流强度为 100，某一峰的离子流强度与基峰离子流强度之比。

8.1.3 质谱分析技术的特点

在仪器分析领域，质谱与核磁共振、红外光谱技术、紫外光谱技术被认为是结构分析的四大工具。与其他分析技术相比，质谱分析技术具有以下特点：

1）灵敏度高、进样量少

通常只需要微克（μg）级，甚至更少的样品量便可得到一张可供结构分析的质谱图，其所需样品量比红外光谱技术及核磁共振技术要低几个数量级。

2）分析速度快

几秒甚至不到 1 s 的时间就可完成一次样品的分析。

3）特征性强

高分辨率质谱仪不仅能准确测定碎片离子质量，而且可确定化合物的化学式和进行结构分析。质谱仪测定信息量大，是研究物质化学结构的有力工具。

4）分析范围广

改变质谱仪的电、磁参数，可在短时间内分析多种成分，做到一机多用。

5）综合应用技术

质谱仪是一种大型、复杂而精确的仪器，涉及精密机械加工、真空科学技术、电子技术以及物理、化学和数学知识，另外，仪器的操作、维护对工作人员的要求较高。

8.1.4 质谱分析技术的应用

由于质谱分析技术具有灵敏度高，样品用量少，分析速度快，分离和鉴定能够同时进行等优点，质谱分析技术广泛应用于化学、化工、生命科学、环境、食品、材料科学等各个领域。

1）质谱技术在生物科学领域的应用

质谱已成为生命科学研究中非常重要的工具，特别是在蛋白质、医学检测、药物成分分析及核酸等领域的应用,不仅为生命科学研究提供了新方法,同时也促进了质谱技术的发展。

测定蛋白质类生物大分子的分子量对于蛋白质研究具有举足轻重的作用,质谱分析技术以其极高的灵敏度、精确度很快在生物医学领域得到了广泛的应用,特别是在蛋白质分析中的应用,不仅可测定各种亲水性、疏水性及糖蛋白等的分子量,还可直接用来测定蛋白质混合物的分子量,也能被用来测定经酶等降解后的混合物,以确定多肽的氨基酸序列,被认为是蛋白质分析领域的一项重大突破。

2) 质谱分析技术与食品科学领域

丹麦罗斯基斯实验室利用质谱仪可绘制出食品中 60 多种元素的相对含量,并可与农产品标准品的质谱图进行对比,从而可判断这些农产品有无化肥或农药残留物,从而帮助流通领域判断该食品是否为"绿色食品"。

3) 质谱分析技术与临床医学

质谱分析技术还以其高灵敏度和高分辨率的特点,在临床医学检验中得到广泛应用,如对药物代谢产物的动态分析,癌细胞蛋白质的鉴定,同位素标记物的检测等。其中用同位素 ^{14}C 标记的 ^{14}C-尿素呼吸试验和 ^{15}N 标记的 ^{15}N-排泄试验已成为临床检测胃幽门螺杆菌(HP)的有效手段。

4) 质谱分析技术与地球化学

同位素比率质谱仪(Isotope Ratio Mass Spectrometers,IRMS)是近些年发展起来的用于测定某些稳定同位素组成的仪器。由于稳定同位素组成中蕴藏着丰富的地球化学信息,通过研究其组成可揭示地球化学过程中的诸多方面的信息。

任务8.2 质谱仪

质谱仪通常由真空系统、进样系统、离子源、质量分析器、离子检测器及供电系统 6 个部分构成。

8.2.1 质谱仪的结构

1) 真空系统

质谱仪中所有部分均要处高度真空的条件下(离子源的高真空度应达到 $1.3\times10^{-4} \sim 1.3\times10^{-5}$ Pa,质量分析器中应达 1.3×10^{-6} Pa),其作用是减少离子碰撞损失。真空度过低,将会引起大量氧会烧坏离子源灯丝,本底增高使质谱图复杂化,干扰离子源正常调节,加速极放电等现象的发生。

2) 进样系统

进样系统是将被分析的物质送进离子源的装置,常见的进样方式有间歇式进样、直接探针进样及色谱进样。

3) 离子源

电离源是质谱仪的核心部分。电离源的主要作用是将引入的样品转化成为碎片离子,并对离子进行加速使其进入分析器,电离源的种类很多,根据离子化方式的不同,常见的有电子轰击电离源(Electron Bomb Ionization,EI)、化学电离源(Chemical Ionization,CI)、快速轰击电离源(Fast Atom Bombandment,FAB)及大气压电离源(API)。

(1)电子轰击电离源(EI)

气化后的样品分子进入电离源后,受钨灯或铼灯丝发射并加速的电子流的轰击样品分子,从而使样品分子电离或碎裂,变成带正电荷的自由基正离子,称为分子离子。通常以$M \cdot ^+$表示(符号·代表自由基,符号·$^+$代表自由基正离子),即$M + e \longrightarrow M \cdot ^+ + 2e$。

这些具有过剩能量的分子离子$M \cdot ^+$还将继续分离,生成一系列碎片离子。

例如,甲醇的主要碎片离子的形成过程如下:

$CH_3OH + e \longrightarrow CH_3OH \cdot ^+ (m/z\ 32) + 2e$

$CH_3OH \cdot ^+ \longrightarrow CH_2OH \cdot ^+ (m/z\ 32) + H \cdot \longrightarrow CH_3 + (m/z\ 15) + OH \cdot$

$CH_2OH \cdot ^+ \longrightarrow CHO^+ (m/z\ 29) + H_2$

当然,此过程中也会产生一些负离子和中性碎片,但数目极少,因此质谱研究的主要是正离子质谱。

(2)化学电离源(CI)

一定压力的反应气进入电离源后,反应气在具有一定能量的电子流的作用下电离或裂解,生成的离子进一步与样品分子发生反应,通过质子交换使样品分子电离。常用的反应气有甲烷、异丁烷和氮气。

化学电离通常得到准分子离子,若样品分子的质子亲和势大于反应气的质子亲和势,则生成$[M+H]^+$,反之生成$[M-H]^+$。根据反应气压力不同,化学电离源可分为大气压、中气压和低气压3种。大气压化学电离适合于色谱和质谱联用,低气压化学电离源可在较低温度下分析难挥发的样品,但仅适用于傅里叶变换质谱仪。

(3)快速轰击电离源(FAB)

样品分散于由基质(常用甘油等高沸点溶剂)制成的溶液中,涂布于金属靶上送入FAB电离源,将经强电场加速后的惰性气体中性原子束对准靶上样品进行轰击,产生的样品离子一起被溅射进入气相,并在电场作用下进入质量分析器。

在FAB离子化过程中,可同时产生正、负离子,这两种离子均可用于质谱分析。负离子质谱可用于农药残留物的分析。

(4)大气压电离源(API)

API是液相色谱-质谱联用仪最常用的离子化形式。常见的大气压电离源有大气压电喷雾(APESI)、大气压化学电离(APCI)和大气压光电离(APPI)。

大气压电喷雾(APESI)是从去除溶剂后的带电液滴形成离子的过程,适用于容易在溶液在溶液中形成离子的样品或极性化合物。该电离方式分析的分子量范围很大,既可用于小分子分析,又可用于多肽、蛋白质和寡聚核苷酸分析。

大气压化学电离(APCI)是在大气压下利用电晕放电来使气相样品和流动相电离的一种离子化技术,要求样品具有一定的挥发性,适用于非极性或低、中等极性的化合物,此电离方式分析的分子量范围受到质量分析器质量范围的限制。

4)质量分析器

质量分析器是质谱仪中将离子按质荷比分开的装置,离子通过分析器后,按不同质荷比(m/z)分开,将相同的m/z离子聚焦在一起,形成质谱图。常见的质量分析器的类型主要包括磁分析器、四级杆分析器、离子阱分析器、飞行时间分析器。

(1) 磁分析器

离子源中产生的碎片离子经过磁场形成粒子束，不同质荷比的离子在磁场作用下，前进方向具有其特有的运动曲率半径，因此会产生不同角度的偏转，通过改变磁场强度，进而改变通过狭缝出口的离子，从而实现离子的空间分离，形成质谱图，其过程如图8.3所示。

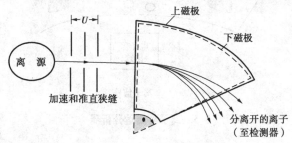

图8.3 磁式质量分析器

(2) 四级杆分析器

四级杆分析器因其由4根平行的棒状电极组成而得名。由一个直流固定电压 U 和一个射频电压 V 作用在棒状电极上，由电离源产生的离子束在与棒状电极平行的轴上聚焦，只有合适的 m/z 离子才会通过稳定的振荡进入检测器。通过改变固定电压 U 和射频电压 V，并保持 U/V 比值恒定时，可实现不同 m/z 的分离检测，其结构如图8.4所示。

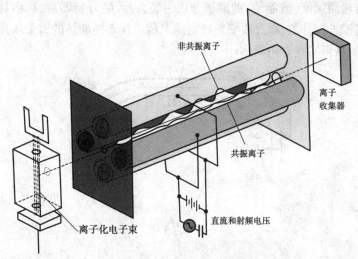

图8.4 四级杆质量分析器

(3) 离子阱分析器

由两个端罩电极和位于它们之间的环电极组成。端罩电极施加直流电压 U 接地，环电极施加射频电压 V，通过施加适当电压形成一个离子阱，根据射频电压 V 的大小，离子阱可捕获某一质量的离子，同时离子阱还可储存离子，待离子累积到一定数量后，升高环电极上的射频电压，离子按质量从高到低的顺序依次离开离子阱，从而进行检测，如图8.5所示。

(4) 飞行时间分析器

从电离源飞出的离子一般都具有相同的动能，不同质量的离子，因其飞行速度不同而得到分离。如果固定离子飞行距离，则不同质量离子的飞行时间不同，质量小的离子飞行时间短而首先到达检测器，各种离子的飞行时间与质荷比的平方根成正比。

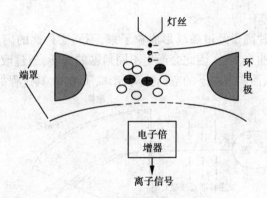

图 8.5　离子阱质量分析器

8.2.2　双聚焦质谱仪

1) 双聚焦质谱仪的基本结构和原理

双聚焦质谱仪因其质量分析器使用的是双聚焦质量分析器而得名。为克服动能或速度"分散"的问题，即实现所谓的"速度(能量)聚焦"，双聚焦质量分析器由静电分析器和磁分析器组成，静电分析器由两个同心圆板组成，两圆板之间保持一定的电位差，如图 8.6 所示。静电分析器将具有相同速度(或能量)的离子分成一类，进入磁分析器后，再将具有相同质荷比而能量不同的离子进行分离，通过改变射频电压 V 值可使不同能量的离子从其"出射狭缝"引出，并进入磁分析器再实现方向聚焦。

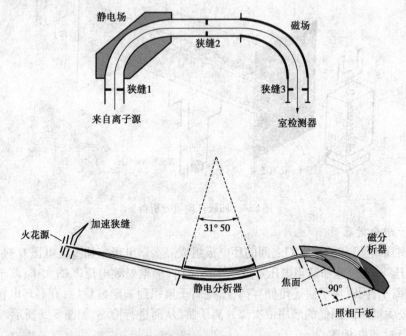

图 8.6　双聚焦分离器示意图

2) 双聚焦质谱仪的特点

相对于单聚焦质谱仪，双聚焦质谱仪的分辨率高，分析速度快，适合与色谱联用，但该种类型的质谱仪扫描速度慢,操作、调整比较困难,体积大,而且仪器造价也比较昂贵。

8.2.3 质谱仪的日常维护技术

1) 高真空系统

高真空系统对于质谱仪来说至关重要,如果达不到高真空度,仪器将无法正常运行。日常维护时要对机械泵的滤网与泵油进行定期观察与更换,泵的油面宜在 2/3 处,泵长期运行时每周需拧开灰色振气旋钮(5~6 圈)进行 30 min 振气,使油内的杂物排出,然后再拧紧该旋钮。如果用 APCI,每天工作结束后应按上述方法对机械泵实施振气。泵油的更换通常是连续使用 3 000 h 更换一次,但如果发现油的颜色变深或液面下降至 1/2 以下,需及时更换。另外,控制室温在 15~28 ℃ 对真空泵也十分重要,温度过高会造成泵油的外溢。

2) 离子源

对质谱仪正常运行影响较大而又常需要进行维护与管理的是真空系统和离子源部分。

(1) 毛细管、电晕放电针

如果毛细管或探头尖出现不可恢复的阻塞、有划痕或遭到损坏时,需及时清洗或更换。另外,当使用 APCI 源时如发现电晕放电针看上去被腐蚀、变黑或信号灵敏度下降时,要对放电针进行清洁,可用钳子将其拔出,用研磨片清洁电晕针并磨尖针尖,然后用浸透甲醇的织物将针擦干净。如果放电针已变形或损坏,可将其换掉。

(2) 一级、二级锥孔

如果发现采样锥孔明显变脏或仪器灵敏度下降,应及时拆卸下采样锥孔和挡板进行清洗。卸载时将离子源温度降至室温,关闭真空隔离阀,取出锥孔滴甲酸数滴,浸润几分钟,在甲醇:水(50:50)溶剂中超声清洗 20 min,然后再用纯甲醇超声清洗。如果清洗后仍不能增加信号强度,而又排出了样品有关因素时,就要拆卸下萃取锥孔(二级锥孔)、整个离子座和六极器进行清洗,萃取锥孔和离子座的清洗方法可参考采样锥孔;六极器的清洗可用一个不锈钢钩子插入装置后支撑环的一个孔中将装置吊入一个 500 mL 量筒中,加入纯甲醇超声清洗 30 min,取出后晾干或氮气吹干再进行安装。

任务 8.3 质谱分析实验技术

8.3.1 离子的类型

利用质谱取得分析数据时,先要识别质谱线是由哪些离子产生的,这些离子又是怎样形成的。有机化合物的分子进入质谱仪的电离室后,受到一定能量电子束的轰击,生成各种不同类型的离子:分子离子、碎片离子、同位素离子、重排离子以及亚稳离子等。

1) 分子离子

(1) 分子离子形成的必要条件

一个分子 M 不论通过何种电离方法,使其丢失一个外层价电子而生成带正电荷的离子,就称为分子离子(Molecular Ion),用符号 M·⁺ 表示(也有的称为母离子,严格称其为母分子离子)。

$$M + e \longrightarrow M\cdot^+ + 2e$$

例如, $CH_4 + e \longrightarrow CH_4\cdot^+ + 2e$

分子离子在质谱图中相应的峰称为分子离子峰。在测定分子结构时,分子离子具有特别重要的意义,它的存在为确定分子量提供了可贵的信息。由于大多数分子易失去一个电子而带一个电荷,分子离子的质荷比是质量数被 1 除,即 $m/1$。因此,分子离子的质荷比值就是它的分子量,利用分子离子峰可测定有机化合物的分子量。

构成分子离子有 3 个必要的条件,但不是充分条件:
①在质谱图中必须是最高质量的离子。
②必须是一个奇电子离子。
③在谱图的高质量区,它能够符合逻辑地丢失中性碎片而产生重要的碎片离子。

若以上 3 个条件中有任何一条不满足,则不会是分子离子;如果以上 3 个条件都满足了,仍有可能不是分子离子,还需要其他方法加以验证。

(2)分子离子丰度与分子结构的关系

分子离子的丰度主要决定于它的稳定性以及电离该分子时所用的能量。一般分子离子的稳定性与分子的化学稳定性是一致的,并反映在 M·⁺ 的相对丰度上,分子离子的相对丰度用符号 [M·⁺] 表示。分子离子的稳定性与分子结构有关,[M·⁺] 一般随不饱和度和环的数目的增加而增大;碳数较多,碳链较长时,[M·⁺] 减小。带有支链的分子,分解的概率较高,其分子离子的稳定性较低,丰度较弱。

(3)氮原则

如果化合物中含有偶数个氮原子(0,2,4,…),则它的分子离子为偶质量数;如果化合物中含有奇数个(1,3,5,…)氮原子,则它的分子离子为奇质量数,这个规则就称为"氮规则"。例如,以下分子产生偶质量分子离子: H_2O m/z 18; CH_4 m/z 16; CH_3OH m/z 32; $C_{17}H_{35}COOH$ m/z 284; $C_5H_6N_2$ m/z 94。含有奇数氮原子的 M·⁺ 具有奇质量数: NH_3 m/z 17; $C_2H_5NH_2$ m/z 45; C_9H_7N m/z 129。因此,如果谱图上离子的最高质量数为奇质量数,若是分子离子,如含氮原子,则必然含有奇数个氮原子。这个规则对于分析含氮化合物是非常有用的。但是,对于出现 $(M+1)^+$ 峰的化合物应注意分子离子峰的鉴别。

2)碎片离子

分子离子进一步断键碎裂所形成的离子,称为碎片离子(Fragment Ions)。质谱图上比分子离子质量低的离子都是碎片离子。由于每一种化合物都有它自己特定的质谱图,而碎片离子又是分子结构信息的提供者,因此,它对于阐明化合物的分子结构具有很重要的意义。

碎片离子的形成,可以是由分子离子进一步简单碎裂产生,也可以是重排产生的,或离子与分子之间碰撞形成的。

3)同位素离子

组成有机化合物的元素,如 C、H、O、N、S、Cl、Br 等。在自然界中大多数是以其稳定同位素的混合物形式存在的。自然界中各元素及其同位素都有其各自的丰度比例,因此,一个化学纯的有机化合物的质谱图,给出的是同位素混合物的质谱。在质谱图中,常在分子离子的右边出现质荷比大于分子离子而丰度却较小的峰 $M+1$、$M+2$ 等。这是由于有天然同位素存在所引起的,这些离子称为同位素离子(Lsotopic Ions)。

(1)常见元素的同位素及其天然丰度

同位素离子在质谱图中相应的峰称为同位素峰。其强度取决于分子中所含元素的原子数目及该原子天然同位素的丰度。一般都以该元素中的最轻同位素,即天然丰度最大的为准,如 ^{12}C、^{14}N、^{16}O、^{35}Cl、^{79}Br、^{32}S 等。

(2)分子中同位素峰相对丰度的计算

在低分辨质谱中,根据分子离子区域的同位素峰的相对丰度,可推测其可能的分子式。例如,由表 8.1、图 8.7 给出的数据及其质谱图,分别确定其化合物的化学式。

表8.1 某化合物的分子离子的相对丰度

m/z	相对丰度
63	10
64	1.9
65	49
66	100
67	5.6
68	0.18

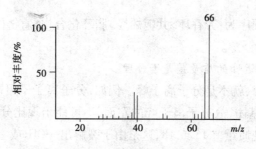

图 8.7 某化合物的质谱

从图 8.7 最高质量区可知,只有 m/z 66 最可能是分子离子,那么($M+1$) m/z 67 的相对丰度相应为 5 个碳原子的贡献,5 个碳的质量数是 60,剩下 6 个质量数只能是 6 个氢原子,所以分子式应为 C_5H_6。

4)亚稳离子

电离室中生成的离子被加速以后,在到达收集器之前发生分解的离子,称为亚稳离子(metastable ions)。由这些亚稳离子发生亚稳跃迁而生成的子离子,在质谱中被记录下来,出现丰度低、宽度跨越几个质量单位的突起、平顶或凹形的峰,而且常常具有非整数的 m/z 值,这种峰称为"亚稳峰"。

8.3.2 质谱定性分析及谱图解析

通过质谱图中分子离子峰和碎片离子峰的解析可提供许多有关分子结构的信息,因而定性能力强是质谱分析的重要特点。

1）相对分子质量的测定

从分子离子峰可准确地测定该物质的相对分子质量,这是质谱分析的独特优点,它比经典的相对分子质量测定方法(如冰点下降法、沸点上升法、渗透压力测定等)快而准确,且所需试样量少(一般0.1 mg)。分子离子是由分子失去一个电子形成的自由基离子,该类离子只带有一个电荷,故m/z就是它的质量m,也就是化合物的相对质量。一般来说,分子离子峰的判断可按照以下规律判断:

①分子离子峰是质谱图中m/z最大的峰(同位素离子除外),它处在质谱的最右端。

②分子离子峰的质量数在有机分子中不含氮或含偶数氮时的相对分子质量为偶数;含奇数氮时的相对分子质量为奇数。

③分子离子分应该有合理地中性丢失,即分子离子峰与邻近峰的质量差值应该是合理的。一般情况下,差值为4~14,21~25,33,37,38等的中性丢失是不可能的。

值得注意的是,在质谱中最高质荷比的离子峰不一定是分子离子峰,这是由于存在同位素和分子离子反应等原因,可能出现$M+1$或$M+2$峰;另一方面,若分子离子不稳定,有时甚至不出现分子离子峰。在判断分子离子峰时,应考虑以下4点:

(1)分子离子稳定性的一般规律

分子离子的稳定性与分子结构有关。碳数较多、碳链较长(也有例外)和有支链的分子,分裂几率较高,其分子离子的稳定性低。而具有π键的芳香族化合物和共轭烯烃分子,分子离子稳定,分子离子峰大。

分子离子稳定性的顺序为:芳香环>共轭烯烃>脂环化合物>直链的烷烃类>硫醇>酮>胺>酯>醚>分支较多的烷烃类>醇。

(2)分子离子峰与邻近峰的质量差是否合理

如有不合理的碎片峰,就不是分子离子峰。例如,分子离子不可能裂解出两个以上的氢原子和小于一个甲基的基团,故分子离子峰的左面,不可能出现比分子离子的质量小3~14个质量单位的峰。若出现质量差15或18,这是由于裂解出—CH_3或一分子H_2O,因此这些质量差都是合理的。

(3)$M+1$峰

某些化合物(如醚、酯、胺、酰胺等)形成的分子离子不稳定,分子离子峰很小,甚至不出现,但$M+1$峰却相当大。这是由于分子离子在离子源中捕获一个H而形成的,例如,

$$R-O-R' \xrightarrow{-e^-} R-\overset{+}{O}-R' \xrightarrow{+\cdot H} R-\overset{+}{\underset{H}{O}}-R'$$

(4)$M-1$峰

有些化合物没有分子离子峰,但$M-1$峰却较大,醛就是一个典型的例子,这是由于发生如下的裂解而形成的。

$$R-\overset{H}{\underset{}{C}}=O \xrightarrow{-e^-} R-\overset{H}{\underset{}{C}}=\overset{+}{O} \xrightarrow{+\cdot H} R-C\equiv \overset{+}{O}$$

因此在判断分子离子峰时,应注意形成$M+1$或$M-1$峰的可能性。

2) 分子式的确定

分子式应具有合理的不饱和度,同时符合氮规则。利用同位素确定分子式。由于存在同位素,质谱图中除了有质量为 M 的分子离子峰外,还有质量为 $M+1$ 和 $M+2$ 等的同位素峰。对于低分辨质谱数据,可选择同位素丰度计算法或通过查 Beynon 表来确定分子式。对于高分辨质谱,可根据分子量的尾数判断分子式。

(1) 低分辨质谱分子式确定

① 同位素相对丰度计算法。各元素具有一定的同位素天然丰度(RI),因此不同的分子式,其 $M+1/M$ 和 $M+2/M$ 的百分数都将不同。若以质谱法测定分子离子峰及其分子离子的同位素峰($M+1$ 和 $M+2$)的相对强度,就能根据 $M+1/M$ 和 $M+2/M$ 的百分数确定分子式。对于 C、H、N、O 组成的化合物,其通式为 $C_xH_yN_zO_w$。

【例 8.1】 化合物的质谱图如下图所示,推到其分子式。

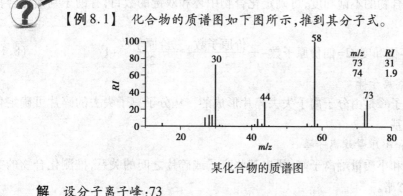

某化合物的质谱图

解 设分子离子峰:73
73-58=15 合理
$(1.9/31)100 = 1.1x + 0.37z$,
$z=1, x=5, y=73-14-60=-1$(不合理)
$z=1, x=4, y=73-14-48=11$(合理)
则分子式为 $C_4H_{11}N$,不饱和度 $\Omega = 0$。

② 查 Beynon 表法。

【例 8.2】 已知某化合物的质谱图中,M 为 166,$M+1$ 为 10.15,$M+2$ 为 1.1。按 Beynon 表可以查到分子量为 166 的一些分子式为

	$M+1$	$M+2$		$M+1$	$M+2$
$C_8H_8NO_3$	9.27	0.98	$C_9H_{10}O_3$	10.00	1.05
$C_8H_{10}N_2O_2$	9.65	0.82	$C_9H_{12}NO_2$	10.38	0.89
$C_8H_{12}N_3O$	10.02	0.65	$C_9H_{14}N_2O$	10.75	0.72
$C_8H_{14}N_4$	10.40	0.49	$C_9H_2N_4$	11.28	0.58

由上述数据可知,$C_9H_{10}O_3$ 最符合上述条件。

(2) 高分辨质谱分子式确定

对于高分辨质谱分子式的确定,可根据精确分子量的尾数进行分子式的判断。精确质量的尾数 $=0.007\,825y+0.003\,074z-0.005\,085w$,其中 y 代表氢,z 代表氮,w 代表氧。

3) 根据裂解模型鉴定化合物和确定结构

化合物生成离子的质量及强度,与该化合物本身的结构是从总体到个体,由主峰到次峰,逐步分析。

(1) 考查谱图特点

主要考查两个方面:分子离子峰的相对强度和谱图全貌特点。根据分子离子峰确定分子量,同时可以初步判断化合物类型及是否含有 Cl、Br、S 等元素。如果分子离子峰为基峰,碎片离子较少而且相对强度较低,可断定是一个高度稳定的分子。

(2) 计算不饱和度

由组成式计算化合物的不饱和度,可确定化合物中环和双键的数目,有助于判断化合物的结构。计算方法为

$$不饱和度\ \Omega = 四价原子数 - \frac{一价原子数}{2} + \frac{三价原子数}{2} + 1 \tag{8.1}$$

(3) 研究高质量端离子峰

质谱高质量端离子峰是由分子离子失去碎片形成的。从分子离子失去的碎片可确定化合物中含有哪些取代基。

(4) 亚稳离子峰和小质量端离子峰

研究亚稳离子峰和小质量端离子峰,找出某些离子或碎片之间的关系,推测化合物的类型,这一步一般也可省略。

(5) 推测可能结构

通过上述各方面的研究,提出化合物的结构单元。再根据化合物的分子量、分子式、样品来源、物理化学性质等,提出一种或几种最有可能的结构。

(6) 裂解判断

最后为确保结果的准确性,将所得结构式按质谱断裂规律分解,看所得离子和所给未知物谱图是否一致。

8.3.3 质谱定量分析

利用质谱进行定量分析时,根据扫描特定的质量范围,可将 LC/MS 数据模式分为总离子流(TIC)、选择离子监测(SIM)及多反应监测(MRM)。

1) 总离子流(TIC)

在全扫描分析中,质量扫描范围较宽,把每个质量扫描的离子流信息叠加,画出随时间变化的总离子流,横轴是时间,纵轴是强度。总离子流图与 HPLC 的紫外图外表非常相似,但与 HPLC 相比,质谱能检测到更多的化合物,尤其是没有紫外吸收的化合物。总离子流是一个叠加图,叠加了每个质量扫描的离子流。当一个小分子或小肽流出 HPLC 色谱柱时,相对强度上升,在 TIC 图上出现了一个峰,横轴是时间。每个质量的化合物都被记录在 TIC 图上。找出感兴趣的化合物可能是困难的,因为许多化合物有相同的质量。化合物的天然质量不是鉴定的唯一性数据。设置一个确定的质量,可画出一个提取离子流图,如图 8.8 所示。

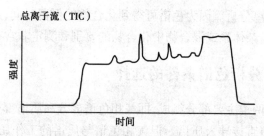

图 8.8　某化合物的总离子流(TIC)图

2) 选择离子监测(SIM)

在选择离子监测中,质谱被设置为扫描一个非常小的质量范围,典型的是一个质量数的宽度。选择的质量宽度越窄,SIM 的确定度越高。SIM 图就是从非常窄的质量范围中得到的离子流图。只有被该质量范围选择的化合物才会被画在 SIM 图中,如图 8.9 所示。图 8.8 和图 8.9 是同一个样品的谱图,而它们看起来很不相同。原因是在 SIM 图中,画的是 TIC 图中较少的组分,SIM 图是比 TIC 图更确定的图。

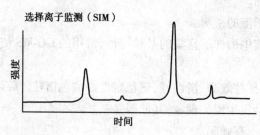

图 8.9　某化合物的选择离子流(SIM)图

然而,SIM 图仍显示了许多峰,不能唯一地确认我们感兴趣的化合物。许多化合物有同样的质量,在 ESI 中还有多电荷峰也和我们感兴趣的化合物有同样的 m/z 值。

3) 多反应监测(MRM)

MRM 被大多数科学家在质谱定量中使用,这种方式可监测一个特征的唯一的碎片离子,在很多非常复杂的基质中进行定量。MRM 图非常简单,通常只包含一个峰。这种特征性使 MRM 图成为灵敏度高且特异性强的理想的定量工具,如图 8.10 所示。

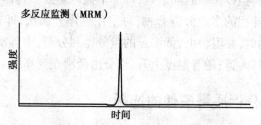

图 8.10　多反应监测离子流(MRM)图

任务 8.4　GC-MS 分析技术

色谱可作为质谱的样品导入装置,并对样品进行初步分离纯化,因此,色谱/质谱联用技术可对复杂体系进行分离分析。因为色谱可得到化合物的保留时间,质谱可给出化合物的分子量和结构信息,故对复杂体系或混合物中化合物的鉴别和测定非常有效。

8.4.1 GC-MS 分析色谱条件的选择

气质联用色谱是由两个主要部分组成,即气相色谱部分和质谱部分。由于气相色谱的流出物已经是气相状态,可直接导入质谱。但气相色谱与质谱的工作压力相差几个数量级,开始联用时在它们之间使用了各种气体分离器以解决工作压力的差异。随着毛细管气相色谱的应用和高速真空泵的使用,现在气相色谱流出物已可直接导入质谱。对于气相色谱部分,应考虑以下色谱条件的选择与控制。

1) 载气的选择

对于 GC-MS 仪器的联用,注意载气必须满足以下 4 个条件:

①必须是化学惰性的。
②必须不干扰质谱图。
③必须不干扰总离子流的检测。
④应具有使载气气流中的样品富集的某种特性,常用的 GC-MS 使用的载气是氦气。

2) 色谱柱的选择

选择色谱柱时,应选择柱效高、惰性好、热稳定性好的色谱柱。GC-MS 常用的色谱柱是毛细管柱,在使用时,经常会发生流失现象,其原因是:

①固定液涂渍不均匀,有缺陷。
②交联键合不完全,有小分子物质。
③老化不当,损失液膜。
④使用不当发生催化降解。
⑤柱子插入离子源的一头,外涂层(聚酰亚胺)也会进入离子源。

3) 柱温的选择

选择柱温要兼顾几方面的因素。一般原则是:在使最难分离的组分有尽可能好的分离前提下,采取适当低的柱温,但以保留时间适宜,峰形不拖尾为度。具体操作条件的选择应根据实际情况而定。对于宽沸程的多组分混合物,可采用程序升温法,即在分析过程中按一定速度提高柱温,在程序开始时,柱温较低,低沸点的组分得到分离,中等沸点的组分移动很慢,高沸点的组分还停留于柱口附近;随着温度上升,组分由低沸点到高沸点依次分离出来。

8.4.2 GC-MS 分析质谱条件的选择

GC-MS 在分析测定时,对于质谱部分应考虑以下两个方面:

1) 扫描模式

质谱的扫描方式常见的有两种,即全扫描(TIC)方式和选择离子扫描(SIM)方式,其中,全扫描方式用于定性分析,选择离子扫描方式用于定量分析。

(1) 全扫描模式

进行全扫描时,应注意扫描质量起点和终点的选择,取决于待测化合物的分子量和低质量的特征碎片。每个色谱峰的扫描次数越多,峰形越好,对建立 TIC 有利。阈值的设置不仅影响质谱峰数多少,而且影响色谱图的基线和峰的分离,倍增器工作电压影响全质量范围离子丰度。

(2) 选择离子监测模式

不是连续扫描某一质量范围,而是跳跃式的扫描某几个选定的质量。可应用于痕量分析及复杂基质的分析。

2) 离子源

(1) EI 源

该种电离方式可提供丰富的结构信息,轰击电压 50~70 eV,有机分子的电离电位一般为 7~15 eV。这种电离方式结构简单,所得到的谱图是特征的、能表征组分的分子结构(目前大量的有机物标准质谱图均是用 EI 源得到的)。使用 EI 源时,样品必能气化,不适于难挥发、热不稳定的样品,该种电离方式只检测正离子,不检测负离子。

(2) CI 源

离子室内的反应气受电子轰击,产生离子,再与试样分离碰撞,产生准分子离子。这种方式要求样品必须能气化,适用于热稳定性好、蒸气压高的样品,不适于难挥发、热不稳定的样品。这种电离方式得到的谱图简单,易识别,可检测负离子,灵敏度高。但谱图的重现性差,故谱库中无 CI 源标准谱图。

8.4.3 GC-MS 分析技术的应用

气/质联用是解决复杂样品全组分定性定量分析的有力工具。在分析检测和研究的领域中起着越来越重要的作用,特别是在有机化合物常规检测工作中几乎成为一种必备的手段。

1) 环境分析

在环保方面,GC-MS 正在成为跟踪持续有机物污染所选定的工具。如对大气污染分析(有毒有害气体,气体硫化物、氮氧化物等)、大气污染分析(有毒有害气体,气体硫化物、氮氧化物等)、水资源分析(包括淡水、海水和废水中有机污染物分析)、土壤分析(有机污染物)、固体废弃物分析等。

2) 食品分析

GC-MS 广泛地用于分析农药残留、香精香料、食品添加剂、食品材料等挥发性成分的分析等。GC-MS 也可用于测定由于腐坏和掺假所造成的污染物。

3) 药物和临床分析

随着医疗技术的发展,先天性代谢缺陷(Inborn Error of Metabolism,IEM)现在都可通过新生儿筛检试验测到,特别是利用气相色谱-质谱法进行监测。GC-MS 可测定尿中的化合物,甚至该化合物在非常小的浓度下都可被测出,GC-MS 法日益成为早期诊断 IEM 的常用方法。

4) 其他领域

刑事鉴识 GC-MS 分析人身体上的小颗粒帮助将罪犯与罪行建立联系。在这种分析中,GC-MS 分析显得尤为重要,因为试样中常常含有非常复杂的基质,并且法庭上使用的结果要求要有高的精确度。GC-MS 也用于运动员反兴奋剂实验室的主要工具,在运动员的尿样中测试是否存在被禁用的体能促进类药物。

8.4.4 定性分析

通过 GC-MS 对试样的分析得到质谱图后,可通过计算机检索对未知化合物进行定性。检索结果可给出几个可能的化合物,并以匹配度大小顺序排列出这些化合物的名称、分子式、分子量和结构式等。使用者可根据检索结果和其他的信息,对未知物进行定性分析。

目前的 GC-MS 联用仪有几种数据库。应用最为广泛的有 NIST 库和 Willey 库,前者目前有标准化合物谱图 13 万张,后者有近 30 万张。此外还有毒品库、农药库等专用谱库。

8.4.5 定量分析

仪器分析的最初目的是为一种物质定量,这要通过在产生的谱图中比较各原子质量间的相对浓度来实现。比较分析的关键是将所获得的被分析物的质谱图与谱库里的谱图进行比较,在谱库中是否存在具有和该物质特征一致的样品的谱图。

另一种方法是测量各质谱峰的相对峰高。在该方法中,将最高的质谱峰指定为 100%,其他的峰根据对最高峰的相对比例标出其百分相对高度。将所有的大于 3% 相对高度的峰都进行标注。通常通过母体峰来确定未知化合物的总质量。用母体峰的总质量值与所推测的该化合物中所含元素的化学式相适配。对于具有许多同位素的元素,可用谱图中的同位素模式确定存在的元素。一旦化学式与谱图相匹配,就能确定分子结构和成键方式,而且必须和 GC-MS 记录的特点相一致。

任务 8.5 LC-MS 分析技术

8.5.1 LC-MS 分析色谱条件的选择

使用 LC-MS 时,对于色谱条件重点考虑流动相、样品性质及色谱柱的选择,具体要求有以下几个。

1) 流动相的选择

常用的流动相为甲醇、乙腈、水和它们不同比例的混合物以及一些易挥发盐的缓冲液,如甲酸铵、乙酸铵等,还可加入易挥发酸碱(如甲酸、乙酸和氨水等)调节 pH 值。

①梯度:梯度的起始避免从纯水相开始。

②缓冲溶液:LC/MS 接口避免进入不挥发的缓冲液,避免含磷和氯的缓冲液,含钠和钾的成分必须 <0.5 mmoL/L(盐分太高会抑制离子源的信号和堵塞喷雾针及污染仪器),若含甲酸(或乙酸)<1%。含三氟乙酸 ≤0.2%。含三乙胺 <0.5%。含醋酸铵 <2~5 mmoL/L。进样前一定要摸好 LC 条件,能够基本分离,缓冲体系符合 MS。避免使用硫酸盐、磷酸盐和硼酸盐等非挥发性缓冲剂,需用挥发性缓冲剂如乙酸铵、甲酸铵、乙酸、三氟乙酸(TFA)、七氟丁酸(HFBA)、氨水、氢氧化四丁基铵(TBAH)等代替。

③流动相 pH 值:当用挥发性酸、碱,如甲酸、乙酸、TFA 和氨水等代替非挥发性酸、碱时,

pH 值通常应保持不变。

④流动相的选择:对于反相流动相,可选择甲醇和乙腈;正相流动相可选择甲醇、乙腈、异丙醇和正己烷。

⑤流动相调节剂:为了达到较好的分析结果,可根据质谱离子模式,向流动相中添加适当的调节剂,如正离子模式,可添加甲酸、乙酸和三氟乙酸(依据化合物性质);负离子模式可添加氨水;同时适用于正离子和负离子可添加甲酸铵或乙酸铵。

特别注意的是,有些添加剂不但不会改善分析结果,反而会对分析结果的准确性产生不良影响,如金属离子缓冲盐影响离子化;表面活性剂影响去溶剂化过程;离子对试剂可以离子化,而导致高背景噪声;强离子对试剂可与待测物反应,导致待测物不能离子化。

⑥应根据具体的实验条件和样品的性质,选择最佳的液相流速,可采用内径较小的色谱柱(微径柱)和柱后分流(低流速下,浓度型检测器,不影响灵敏度)的方式。

2) 样品性质

①样品分子量通常不宜过大(<1 000),分子结构中不含有极性基团。

②样品溶剂中应添加适当甲醇(尤其是只溶于氯仿的溶剂),以利于质子传递而获得较好的响应信号。

3) 流量和色谱柱的选择

①不加热 ESI 源的最佳流速是 1~50 μL/min,应用 4.6 mm 内径 LC 柱时要求柱后分流,目前大多数采用 1~2.1 mm 内径的微柱。

②APCI 的最佳流速 1.0 mL/min,常规的直径 4.6 mm 柱最合适。

③为了提高分析效率,常采用<100 mm 的短柱,这对于大批量定量分析可以节省大量的时间。

8.5.2　LC-MS 分析质谱条件的选择

使用 LC-MS 时,质谱条件的选择应考虑 3 个方面:电离模式的选择、MRM 参数优化、离子源参数优化。

1) 电离模式的选择

(1) ESI 源

适用于离子在溶液中已生成,化合物无须具有挥发性的样品,是分析热不稳定化合物的首选。该种电离模式除了生成单电荷离子之外,还可生成多电荷离子。

①正离子 ES 模式:

a. 适合于碱性样品,可用乙酸或甲酸对样品加以酸化。样品中含有仲氨或叔氨时可优先考虑使用正离子模式。

b. 使用酸性流动相。

②负离子 ES 模式:

a. 适合于酸性样品,可用氨水或三乙胺对样品进行碱化。样品中含有较多的强伏电性基团,如含氯、含溴和多个羟基时可尝试使用负离子模式。

b. 有杂原子,可失去质子。如 COOH、OH。

c. 中性偏碱性流动相。

(2) APCI

适用于离子在气态条件中生成,具有一定的挥发性的、热稳定的化合物,该种电离方式只生成单电荷离子。

①适用样品:

a. 分子量和极性中等的化合物:脂肪酸、邻苯二甲酸酯类。

b. 不含酸性和碱性位点的化合物:碳氢化合物、醇、醛、酮和酯。

c. 含有杂原子的化合物:脲、氨基甲酸酯。

d. 电喷雾响应不好的样品。

②应避免的样品。在气化过程中热不稳定的化合物。从保护仪器角度出发,防止固体小颗粒堵塞进样管道和喷嘴,污染仪器,降低分析背景,排除对分析结果的干扰。

③溶液化学参数:

a. 较 ESI 源相比,对溶液化学作用不灵敏。

b. 较 ESI 源,更耐大的流速。

c. 适用 ESI 源不宜的一些溶剂。

2) 多反应监测 MRM 参数优化

MRM 参数的优化,可按照以下步骤进行:

①全扫描(Scan)或选择离子扫描(SIM)。优化毛细管出口电压(fragmentor),保证母离子的传输效率。

②子离子扫描(Product Ion Scan)。使用已优化好的毛细管出口电压(fragmentor),选择定性定量离子,优化碰撞能量(collision energy),得到优化子离子的响应。

③多反应监测 MRM 定量。使用已优化好的毛细管出口电压和碰撞能量,优化驻留时间(Dwell Time)。

3) 离子源参数优化

离子源参数的优化设置直接影响分析的灵敏度和稳定性,应从以下 4 个方面考虑:

①干燥气温度及流量的优化:影响去溶剂干燥效果。

②雾化器压力或喷针位置的优化:影响雾化效果。

③其他辅助雾化干燥气参数的优化:提高干燥雾化效果,匹配高流速条件。

④毛细管电压的优化:影响电离效果及源内诱导裂解。

8.5.3 LC-MS 分析技术的应用

色谱-质谱的在线联用将色谱的分离能力与质谱的定性功能结合起来,实现对复杂混合物更准确的定量和定性分析,而且也简化了样品的前处理过程,使样品分析更简便,扩展了应用范围。

1) 药物代谢研究

药物代谢与药物动力学研究技术上的最新重大进展是 LC-MS 的使用,电喷雾(ESI)和大气压化学电离(APCI)以及大气压光电离(APPI)是其主要的离子源,由于具有高灵敏度(ng/mL~pg/mL),高选择性(检测特定的碎片离子)、高效率(每天可检测几百个生物样品)

和对药物结构的广泛适用性,已广泛应用于药物代谢研究中一期生物转化反应和二期结合反应产物的鉴定、复杂生物样品的自动化分析以及代谢物结构阐述等。

2v 天然产物天然药物研究

高效液相色谱/质谱/质谱联用(HPLC-MS/MS),可对其十几种乃至几十种化学成分进行指纹图谱分离鉴定。再从指纹图谱中选择四五种指标成分(有效成分或特征成分)进行定量,可确定出简化的指纹图谱和指标成分,是研究中药复杂体系的有力工具。

3)临床诊断和疾病生物标志物的分析

欧美等目前已广泛采用 HPLC/MS 法用于临床诊断以及疾病生物标志物的研究、检测,具有专一性好、灵敏度高、成本低、分析快速,经济效益可观等特点。目前,可进行新生儿遗传疾病筛选、新生儿性激素变异的检测、男女激素的监测、老年痴呆症的早期诊断等领域。

4)残留、法医学和环境样品测定

随着人类对生存环境的倍加关注,要求对环境中各种污染物、有害或有毒物以及法庭科学中毒物、滥用药物等进行更加严格的监控。而配以 ESI、APCI 和 APPI 离子化技术的 LC/MS,以分析速度快、灵敏度高、特异性好等特点广泛应用于残留和毒物分析。

8.5.4 定性分析

单级质谱分析通过选择合适的 Scan 参数来测定待测物的质谱图。串联质谱分析则选择化合物的准分子离子峰,通过优化质谱参数,进行二级或多级质谱扫描,获得待测物的质谱。高分辨质谱可通过准确质量测定获得分子离子的元素组成,低分辨质谱信息结合待测化合物的其他分子结构的信息,可推测出未知待测物的分子结构。

8.5.5 定量分析

采用选择离子检测(SIM)或选择反应检测(SRM)、多反应监测(MRM)等方式,通过测定某一特定离子或多个离子的丰度,并与已知标准物质的响应比较,质谱法可实现高专属性、高灵敏度的定量分析。外标法和内标法是质谱常用的定量方法,内标法具有更高的准确度。质谱法所用的内标化合物可以是待测化合物的结构类似物或稳定同位素标记物。

任务 8.6 MS-MS 串联质谱

两个或更多的质谱连接在一起,称为串联质谱。最简单的串联质谱(MS/MS)由两个质谱串联组成,其中第一质量分析器(MS1)将离子预分离或加能量修饰,由第二级质量分析器(MS2)分析结果。根据 MS1 和 MS2 的扫描模式,如子离子扫描、母离子扫描和中性碎片丢失扫描,可查明不同质量数离子间的关系。最常见的串联质谱为三重四级杆串联质谱,现在出现了多种质量分析器组成的串联质谱,如四级杆-飞行时间串联质谱(Q-TOF)和飞行时间-飞行时间(TOF-TOF)串联质谱,大大扩展了应用范围。

8.6.1 磁质质谱-质谱仪

磁式质谱仪(Magnetic Sector Mass Spectrometer,MS-MS)是一种使试样分子电离成离子,并通过磁场,根据相同动能的离子在相同磁场中的偏转结果不同,使它们按质荷比不同进行分离,并以此检测它们的强度,对它们进行定性和定量分析的一种仪器,如图8.11所示。

图8.11 高分辨磁质质谱仪

1)磁质质谱仪的结构

高分辨磁质质谱仪采用了新设计的水平和垂直方向双向弯曲的环形静电场,使电场系统不单在水平方向有能量聚焦作用,在垂直方向能校正离子束通过磁场后所产生的球状弯曲,极大地增强了在垂直方向对离子束的利用能力,可加大磁、电场的通过气隙,提高灵敏度。

2)磁质谱的特点和应用

磁质谱具有新颖的磁场和电场分析器设计提供目标化合物的最高灵敏度,使常规分析飞克数量级目标化合物变得容易实现。磁质谱具有质量分辨率较高,定量分析较准确的特点,但其灵敏度一般,结构复杂,体积较大。磁质谱多用于元素分析,如地质、矿产、考古、材料表面分析以及新药开发和研究,石油化工、化学成分分析等多种分析领域,成为强有力的GC/MS分析手段。

8.6.2 三重四级质谱仪

三重四级杆质谱仪(Triple Quadrupole Mass Spectrometer,TQMS)由两个四级杆质量分析器以及串接在中间的惰性气体碰撞室组成,由于分析器内部可允许较高压力,很适合在大气压条件下电离。

三重四级杆串联质谱由离子源、前四级杆分析器Q1(第一分析器)、惰性气体碰撞池和后四级杆分析器Q3(第二分析器)及接收器构成,另外还有液相系统、高真空系统和供电系统等。前四级杆分析器为MS1,后四级杆分析器为MS2。

第一分析器Q1处于全扫描模式,碰撞室Q2处于碰撞碎裂模式,第二分析器Q3也处于全扫描模式。第二级四级杆分析器所起作用是将从第一分析器MS1得到的各个峰进行轰击,实现母离子碎裂后进入第二分析器MS2再行分析,其过程如图8.12所示。

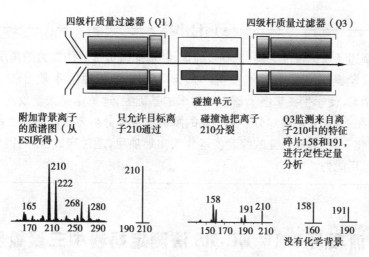

图 8.12　三重四级杆分析过程示意图

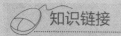

生物分子结构(序列结构)测定

生物分子结构测定主要借助于液相色谱与质谱联用(HPLC/MS)、毛细管电泳与质谱联用(CE/MS)、质谱与质谱联用(MS/MS)等技术加以解决。为了确定序列结构,一般先将生物大分子样品酶解(或酸解)成所期望的几个片段(相对小一些的分子)的混合物,然后借助联用技术测定每个片段的序列结构。根据酶解特定切点,再将各片段连接起来即完成了样品大分子序列结构的测定。

MS/MS 更适合于混合物中痕量组分的分析,其特点是样品不必经过色谱预分离,由第一个质量分析器逐个取出软电离所产生的分子离子(或质子化分子离子),通过碰撞诱导解离(或光解离)产生丰富的碎片离子,再由第二个质量分析器分离、收集成谱。这种联用技术解决了混合物中各组分的结构分析问题。使用 MS/MS 技术不仅简化了分析步骤,减少了样品前处理的工作量,更重要的是能获得混合物专一的特征信息,提高了检测灵敏度,因而成为快速、灵敏地研究混合物结构的有效手段。

电感耦合等离子体质谱(ICP-MS)

近年来,各主要厂家都对其关键技术如离子透镜、接口技术、检测器以及进样方式联用技术都进行研究开发,其特点是高性能、高灵敏度、高精度、高自动化,尤其是对近十多年来在 ICP-MS 技术的应用研究中多原子分子离子和同质异序素的干扰问题取得了新的技术突破。

> **· 项目小结 ·**
>
> 本项目阐述了质谱仪的分类、结构及原理,并从加强实践操作能力的角度,分析了质谱分析法的实验操作技术,包括气相色谱-质谱联用技术、液相色谱-质谱联用技术,通过这些内容的学习,使学生在掌握质谱基础知识的基础上,理解常见质谱仪的实验分析知识,包括质谱图的解析,质谱对分子结构式的解析及定量分析方法。在项目最后,引入5个涉及食品、化工、制药等行业的综合实验作为实训项目,通过实践操作,锻炼学生对本项目的综合运用能力。

实训项目 8.1　GC-MS 法测定奶粉中三聚氰胺

【实训目的】

1. 掌握样品预处理方法(固相萃取,样品的衍生方法)。
2. 气相色谱法分离样品的原理及操作。
3. 质谱碎片的解析原理及方法。
4. 掌握用化合物的保留时间和质谱碎片的丰度比定性,外标法定量。

【方法原理】

试样经超声提取、固相萃取净化后,进行硅烷化衍生,衍生产物采用选择离子检测质谱扫描模式(SIM),用化合物的保留时间和质谱碎片的丰度比定性,外标法定量。下图为三聚氰胺的结构示意图。

【仪器与试剂】

1. 仪器:气相色谱-质谱联用仪,超声波清洗仪,离心机,固相萃取仪。
2. 试剂:吡啶,衍生化试剂[N,O-双三甲基硅基三氟乙酰胺(BSTFA)],三甲基氯硅烷(TMCS),甲醇,氨化甲醇,三氯乙酸,乙醚。

【实训内容】

1) 样品的提取

(1) 液态样品的提取

适用于液态奶、奶粉、酸奶和奶糖等样品。称取 5.00 g(精确至 0.01 g)样品于 50 mL 具塞比色管,加入 25 mL 三氯乙酸溶液,涡漩振荡 30 s,再加入 15 mL 三氯乙酸溶液,超声提取 15 min,加入 2 mL 乙酸铅溶液,用三氯乙酸溶液定容至刻度。充分混匀后,转移上层提取液为 30~50 mL 离心试管,以不低于 4 000 r/min 离心 10 min。上清液待净化。

(2)固态样品的提取

适用于奶酪、奶油和巧克力等样品。称取 5.00 g(精确至 0.01 g)样品于 50 mL 具塞比色管中,用 5 mL 热水溶解(必要时可适当加热),再加入 20 mL 三氯乙酸溶液,涡漩振荡 30 s,再加入 15 mL 三氯乙酸溶液,超声提取及以下操作同前液体样品提取。

2)**样品的净化**

准确移取 5 mL 的待净化滤液至固相萃取柱(SPE)中。再用 3 mL 水、3 mL 甲醇淋洗,弃淋洗液,抽近干后用 3 mL 氨化甲醇溶液洗脱,收集洗脱液,50 ℃下氮气吹干。

3)**样品的衍生化**

取上述氮气吹干残留物,加入 600 μL 的吡啶和 200 μL 衍生化试剂(N,O-双三甲基硅基三氟乙酰胺(BSTFA)+三甲基氯硅烷(TMCS)(99+1),色谱纯),混匀,70 ℃反应 30 min 后,供 GC-MS 法定量检测或确证。

4)**色谱条件**

①色谱柱:5% 苯基二甲基聚硅氧烷石英毛细管柱(30 m×0.25 mm(i.d.)×0.25 μm)。

②流速:1.0 mL/min。

③程序升温:70 ℃保持 1 min,以 10 ℃/min 的速率升温至 200 ℃,保持 10 min。

④传输线温度:280 ℃。

⑤进样口温度:250 ℃。

⑥进样方式:不分流进样。

⑦进样量:1 μL。

5)**质谱条件**

①电离方式:电子轰击电离(EI)。

②电离能量:70 eV。

③离子源温度:230 ℃。

④扫描模式:选择离子扫描,定性离子 m/z 99、171、327、342,定量离子 m/z 327。

6)**结果计算**

直接从标准曲线上读出试样中三聚氰胺的浓度,其表达式为

$$X = \frac{(c_t - c_b) \times V \times f}{1\ 000 \times m}$$

式中 X——试样中三聚氰胺含量,g/kg;

c_t——从标准曲线上读取的试样溶液中三聚氰胺浓度,μg/mL;

c_b——从标准曲线上读取的空白溶液中三聚氰胺浓度,μg/mL;

V——试样溶液定容后的体积,mL;

m——试样的质量,g;

f——试样溶液的稀释因子。

【结果处理】

1.质谱结果。在本实验条件下得到的三聚氰胺衍生物 GC-MS 选择离子色谱图及质谱图。

2.结果记录。三聚氰胺测定结果按照下表进行处理。

项 目	1	2
空白溶液三聚氰胺峰面积 A_b		
试样中三聚氰胺峰面积 A_t		
从标准曲线上测得的空白溶液中三聚氰胺的浓度 $c_b/(\mu g \cdot mL^{-1})$		
从标准曲线上测得的试样溶液中三聚氰胺的浓度 $c_t/(\mu g \cdot mL^{-1})$		
称取的样品质量 m/g		
平均值		
判定结果(参照限量标准)		

【注意事项】

1. 样品净化后,样品浓缩氮吹的过程,注意根据样品的浓缩过程实时调节氮气的流速,在最初的氮吹过程中,流速不要过快,否则容易导致液体飞溅,造成样品流失,影响测定结果,在浓缩至近干时,可加速氮吹流速。

2. 本实验的色谱及质谱条件仅供参考,具体参数的选择可根据具体样品性质及仪器条件进行调整,以得到最佳的分析结果。

【思考题】

本实训项目采用的定量方法是外标法定量,如果改用内标法定量,请查阅相关资料,可选择的内标物是什么?应注意什么?

实训项目 8.2　LC-MS 法测定牛乳中三聚氰胺

【实训目的】

1. 掌握样品预处理方法(固相萃取法)。
2. 液相色谱法分离样品的原理及操作。
3. 质谱碎片的解析原理及方法。
4. 掌握用化合物的保留时间和质谱碎片的丰度比定性,外标法定量。

【方法原理】

试样经超声提取、固相萃取净化后,采用液相色谱-质谱联用仪,选择离子检测质谱扫描模式(SIM)检测,用化合物的保留时间和质谱碎片的丰度比定性,外标法定量。

【仪器与试剂】

1. 仪器:液相色谱-质谱联用仪,超声波清洗仪,固相萃取仪。
2. 试剂:乙腈,氨化甲醇,三氯乙酸,甲醇。

【实训内容】
1)样品的提取

称取 1.00 g(精确至 0.01 g)试样于 50 mL 具塞塑料离心管中,加入 8 mL 1% 三氯乙酸溶液和 2 mL 乙腈,超声提取 10 min,再振荡提取 10 min 后,以 6 000 r/min 离心 10 min。上清液备用。

2)样品的净化

将上述上清液转移至阳离子交换固相萃取柱中。依次用 3 mL 水和 3 mL 甲醇洗涤,抽至近干后,用 6 mL 氨化甲醇溶液(5 mL 氨水:95 mL 甲醇)洗脱,流速不超过 1.0 mL/min。收集洗脱液,于 50 ℃下用氮气吹干,残留物用 1 mL 流动相定容,涡旋后过 0.2 μm 微孔滤膜,供 LC-MS 测定。

3)色谱条件

①色谱柱:Waters Atlantis Hilic(50 mm×0.25 mm,0.25 μm)。
②流速:1.0 mL/min。
③流动相:甲醇。
④进样方式:不分流进样。
⑤进样量:1 μL。

4)质谱条件

①电离方式:ESI 源。
②电离能量:70 eV。
③离子源温度:230 ℃。

5)结果计算

称量三聚氰胺标准品配成甲醇溶液,稀释成适当浓度范围的标准品工作液;分别取 1 μL 注入 LC-MS,以峰面积法制作标准曲线。根据 5 点标准曲线法,求得三聚氰胺的残留含量。

直接从标准曲线上读出试样中三聚氰胺的浓度,代入公式

$$X = \frac{(c_t - c_b) \times V \times f}{1\,000 \times m}$$

式中 X——试样中三聚氰胺含量,g/kg;

c_t——从标准曲线上读取的试样溶液中三聚氰胺浓度,μg/mL;

c_b——从标准曲线上读取的空白溶液中三聚氰胺浓度,μg/mL;

V——试样溶液定容后的体积,mL;

m——试样的质量,g;

f——试样溶液的稀释因子。

【结果处理】

三聚氰胺测定结果按照下表进行处理。

项　目	1	2
空白溶液三聚氰胺峰面积 A_b		
试样中三聚氰胺峰面积 A_t		

续表

项 目	1	2
从标准曲线上测得的空白溶液中三聚氰胺的浓度 $c_b/(\mu g \cdot mL^{-1})$		
从标准曲线上测得的试样溶液中三聚氰胺的浓度 $c_t/(\mu g \cdot mL^{-1})$		
称取的样品质量 m/g		
平均值		
判定结果(参照限量标准)		

【注意事项】

本实训项目使用的流动相为甲醇,也可替换为乙腈,但需要注意的是,若流动相换为乙腈,则在样品净化过程中,溶解样品的溶剂也必须换为乙腈,保证溶解样品的溶剂和流动相一致。

【思考题】

本实训项目在样品净化过程中,使用的固相萃取柱是阳离子交换固相萃取柱,请查阅相关资料,阐述阳离子交换固相萃取柱有何性质。

实训项目8.3　皮革及其制品中残留五氯苯酚的检测

【实训目的】

1. 掌握皮革及其制品的样品预处理方法。
2. 掌握气相色谱-质谱联用技术。

【方法原理】

酸性介质条件下以正己烷提取,经硫酸钠溶液液-液分配洗涤后除去水溶性杂质得到净化,样液浓缩后无须衍生化直接进样,利用气相色谱-质谱联用仪进行测定,外标法定量。

【仪器与试剂】

1. 仪器:气相色谱-质谱仪,振荡器,离心机,旋转蒸发仪。
2. 试剂:浓硫酸、正己烷、无水硫酸钠均为分析纯,蒸馏水,五氯苯酚标准溶液。

五氯苯酚标准溶液:准确称取适量五氯苯酚标准品(纯度大于或等于99%),用正己烷配成100 mg/L 的标准储备液,根据需要再稀释至适当质量浓度的工作溶液。

【实训内容】

1) **气相色谱条件**

①色谱柱:DB-17 石英毛细管,30 m×0.25 mm,0.25 μm。

②进样口温度:270 ℃。

③柱温:程序升温,50 ℃保留 2 min,以 30 ℃/min 速率升至 220 ℃,保留 1 min,再以

6 ℃/min速率升至260 ℃,保留1 min。

④载气:氦气,流速1.4 mL/min。

2)质谱条件

①电离方式:电子轰击电离(EI)。

②电离能量:70 eV。

③测定方式:选择离子监测方式。

④进样量:1 μL。

3)样品处理

称取裁剪好的均匀试样约1.0 g于50 mL具塞离心管中,加入20 mL硫酸溶液(5 mol/L),振荡5 min。然后加入20 mL正己烷,振荡提取5 min,于3 000 r/min转速下离心3 min。将提取液移入分液漏斗中,残液再用20 mL正己烷重复提取一次。合并提取液于上述分液漏斗中,加入50 mL硫酸钠水溶液(20 g/L),振摇3 min,静置分层,弃去下层。上层正己烷经无水硫酸钠柱脱水,于40 ℃水浴中旋转浓缩至近干,用正己烷溶解并定容至5.0 mL,供气相色谱-质谱测定,外标法定量。

4)结果计算

直接从标准曲线上读出试样中穿心莲内酯的浓度,其表达式为

$$X = \frac{(c_t - c_b) \times V \times f}{1\ 000 \times m}$$

式中 X——试样中五氯苯酚含量,g/kg;

c_t——从标准曲线上读取的试样溶液中五氯苯酚浓度,μg/mL;

c_b——从标准曲线上读取的空白溶液中五氯苯酚浓度,μg/mL;

V——试样溶液定容后的体积,mL;

m——试样的质量,g;

f—试样溶液的稀释因子。

【结果处理】

五氯苯酚测定结果按照下表进行处理。

项 目	1	2
空白溶液五氯苯酚峰面积 A_b		
试样中五氯苯酚峰面积 A_t		
从标准曲线上测得的空白溶液中五氯苯酚的浓度 $c_b/(\mu g \cdot mL^{-1})$		
从标准曲线上测得的试样溶液中五氯苯酚的浓度 $c_t/(\mu g \cdot mL^{-1})$		
称取的样品质量 m/g		
平均值		
判定结果(参照限量标准)		

【注意事项】

按仪器说明书进行操作,实验条件仅供参考,根据实际情况可作调整。

【思考题】

五氯苯酚的沸点为310 ℃,沸点较高,但其热稳定性较差,直接采用气相色谱法,由于气化温度高,五氯苯酚可能发生热分解而使信号不稳定,可通过什么方法降低其沸点的同时,提高其热稳定性?

实训项目8.4　质谱法测定固体阿司匹林试样

【实训目的】
1. 液相色谱法分离样品的原理及操作。
2. 质谱碎片的解析原理及方法。
3. 掌握 HPLC-MS/MS 仪器的联用方法及原理。
4. 掌握用化合物的保留时间和质谱碎片的丰度比定性,外标法定量。

【方法原理】
利用液相色谱对不饱和脂肪酸进行分离,采用电喷雾(ESI)离子源,在负离子模式下选用多反应监测(MRM)的质谱扫描方式进行测定,利用内标法进行定量。

【仪器与试剂】
1. 仪器:液相色谱-质谱联用仪,氮吹仪。
2. 试剂:甲酸、乙腈、苯甲酸、乙酸乙酯。

【实训内容】
1) 样品的制备

称取0.2~0.3 g 的阿司匹林试样,加入50 μL 1 mol/L 的盐酸溶液和200 μL 的苯甲酸内标物,混匀后加入600 μL 乙酸乙酯,振荡1 min,静置后,取上清液,氮气吹干,加入300 μL 流动相复溶,取1 μL 进样。

2) 色谱条件

①色谱柱:Atlantis C_{18} 柱(4.6 mm×100 mm,5 μm)。

②流速:1.5 mL/min(分流比1∶9)。

③流动相:40% 含0.05% 甲酸的乙腈和60% 10 mmol/L 甲酸(pH=3.5)。

④柱温:40 ℃。

⑤进样量:1 μL。

3) 质谱条件

①电离方式:电喷雾电离源(ESI)。

②电离能量:70 eV。

③离子源温度:250 ℃。

④母/子离子对:阿司匹林178.9→136.8,内标物苯甲酸162.9→118.9。

4) 结果计算

(1) 相对质量校正因子测定

称取0.2~0.3 g 阿司匹林标准品加入50 μL 1 mol/L 的盐酸溶液和200 μL 的苯甲酸内

标物,混匀后加入 600 μL 乙酸乙酯,振荡 1 min,静置后,取上清液,氮气吹干,加入 300 μL 流动相复溶,取 1 μL 进样。

相对质量校正因子 f' 的计算

$$f' = \frac{A_s W_i}{A_i W_s}$$

式中　W_i——阿司匹林的质量,g;

　　　W_s——所加内标物苯甲酸的质量,g;

　　　A_i——阿司匹林的峰面积;

　　　A_s——所加内标物苯甲酸的峰面积。

(2)试样阿司匹林含量测定

试样中阿司匹林含量 X,其表达式为

$$X = f' \frac{A_i}{A_s} \cdot \frac{W_s}{W_i} \times 1\,000$$

式中　X——试样中阿司匹林含量,g/kg;

　　　f'——相对质量校正因子;

　　　W_i——待测试样的质量,g;

　　　W_s——所加内标物的质量,g;

　　　A_i——待测试样的峰面积;

　　　A_s——所加内标物的峰面积。

【结果处理】

阿司匹林测定结果按照下表进行处理。

项　目	1	2
相对因子 f'		
待测试样的质量 W_i		
内标物的质量 W_s		
待测物质的峰面积 A_i		
内标物的峰面积 A_s		
平均值		

【注意事项】

内标物必须能与样品中各组分充分分离。

【思考题】

本实训项目选用的内标物是苯甲酸,参考内标物的选择原则,还可选择哪种物质作为本项目可选用的内标物?

实训项目 8.5　GC-MS 法测定植物油中的不饱和脂肪酸的含量

【实训目的】
1. 掌握样品预处理方法(样品乙酯化方法)。
2. 气相色谱法分离样品的原理及操作。
3. 质谱碎片的解析原理及方法。
4. 掌握用化合物的保留时间和质谱碎片的丰度比定性,外标法定量。

【方法原理】
试样经乙酯化去除饱和脂肪酸,利用气相色谱对不饱和脂肪酸进行分离,质谱进行定性,利用归一化法进行定量。

【仪器与试剂】
1. 仪器:气相色谱-质谱联用仪,水浴锅,薄层色谱(硅胶 G 薄层板)。
2. 试剂:EPA 甲酯,DHA 乙酯,DPA 甲酯,氢氧化钠乙醇溶液,三氟化硼乙醇溶液,饱和氯化钠溶液,正庚烷,无水硫酸钠,石油醚,乙醚,0.02% 苏丹明乙醇溶液。

【实训内容】
1) 样品的制备
(1) 植物油的乙酯化
取样品 80 μL 于具塞刻度试管(5 或 10 mL)中,加 0.5 mol/L 氢氧化钠乙醇 1 mL,充氮气,加塞,于 50 ℃ 水浴中振摇至小油滴完全消失(为 8~10 min),加三氟化硼乙醇液 1.5 mL,混匀,于 50 ℃ 水浴中放置 5 min,取出冷却,加正庚烷 1 mL,饱和氯化钠液 2 mL,振摇混匀,静置分层,取上层正庚烷液于另一具塞试管中,加少量无水硫酸钠,充氮气,于 4 ℃ 冰箱放置,待 GC 分析。

(2) TLC 法检查乙酯化程度
取上述乙酯化样品 5 μL,点于硅胶 G 薄层板(20 cm×5 cm,110 ℃ 活化)上,用石油醚(沸程 30~36 ℃):乙醚=90:10 展开,然后喷涂 0.02% 苏丹明乙醇液,于紫外灯下观察,脂肪酸、甘油三酯和脂肪酸甲酯的 R_f 值依次增大。脂肪酸和甘油三酯点的消失,说明乙酯化反应完全。

2) 样品的净化
准确移取 5 mL 的待净化滤液至固相萃取柱(SPE)中。再用 3 mL 水、3 mL 甲醇淋洗,弃淋洗液,抽近干后用 3 mL 氨化甲醇溶液洗脱,收集洗脱液,50 ℃ 下氮气吹干。

3) 样品的衍生化
取上述氮气吹干残留物,加入 600 μL 的吡啶和 200 μL 衍生化试剂[N,O-双三甲基硅基三氟乙酰胺(BSTFA)+三甲基氯硅烷(TMCS)(99+1),色谱纯],混匀,70 ℃ 反应 30 min 后,供 GC-MS 法定量检测或确证。

4) 色谱条件
①色谱柱:PEG-20M 石英毛细管柱(30 m×0.25 mm,0.25 μm)。

②流速:1.0 mL/min。

③程序升温:40 ℃保持 1 min,以 10 ℃/min 的速率升温至 200 ℃,保持 5 min,再以 30 ℃/min的速率升温至 210 ℃,保持 2 min。

④载气:氮气;柱前压 3.0 kPa;分流比为 1∶30。

⑤进样口温度:250 ℃。

⑥进样方式:分流进样。

⑦进样量:1 μL。

5)质谱条件

①电离方式:电子轰击电离(EI)。

②电离能量:70 eV。

③离子源温度:250 ℃。

④质量扫描范围:350 AmU/s。

6)结果计算

直接从标准曲线上读出试样中不饱和脂肪酸的浓度,代入计算

$$X = \frac{(c_t - c_b) \times V \times f}{1\ 000 \times m}$$

式中　X——试样中三聚氰胺含量,g/kg;

c_t——从标准曲线上读取的试样溶液中不饱和脂肪酸浓度,μg/mL;

c_b——从标准曲线上读取的空白溶液中不饱和脂肪酸浓度,μg/mL;

V——试样溶液定容后的体积,mL;

m——试样的质量,g;

f——试样溶液的稀释因子。

【结果处理】

1.质谱结果。在本实验条件下得到的植物油中不饱和脂肪酸 GC-MS 选择离子色谱图。

2.结果记录。植物油中不饱和脂肪酸测定结果按照下表进行处理。

项　目	二十碳五烯酸甲酯 (EPA 甲酯)	二十二碳六烯酸甲酯 (DHA 甲酯)	二十二碳五烯酸甲酯 (DPA 甲酯)
空白溶液性激素峰面积 A_b			
试样中穿心莲内酯峰面积 A_t			
从标准曲线上测得的空白溶液中穿心莲内酯的浓度 $c_b/(\mu g \cdot mL^{-1})$			
从标准曲线上测得的试样溶液中穿心莲内酯的浓度 $c_t/(\mu g \cdot mL^{-1})$			
称取的样品质量 m/g			
判定结果(参照限量标准)			

【注意事项】

在样品的提取过程中,必须防止样品受到污染。

【思考题】

样品的乙酯化过程有何目的?需要注意什么?

练习题 8

1. 质谱仪的基本结构包括_____、_____、_____、_____、_____、_____六大系统。

2. 质谱仪的离子源种类很多,挥发性样品主要采用_____离子源。特别适合于分子量大、难挥发或热稳定性的样品的分析的是_____。工作过程中要引进一种反应气体获得准分子离子的离子源是_____电离源。在液相色谱-质谱联用仪中,既作为液相色谱和质谱之间的接口装置,同时又是电离装置的是_____电离源。

3. 除同位素离子峰外,如果存在分子离子峰,则其一定是 m/z _____的峰,它是分子失去_____生成的,故其 m/z 是该化合物的_____,它的相对强度与分子的结构及_____有关。

4. 在质谱图中,被称为基峰或标准峰的是(　　)。
   A. 分子离子峰　　　　　　　　B. 质荷比最大的峰
   C. 强度最大的离子峰　　　　　D. 强度最小的离子峰

5. 测定有机化合物的相对分子质量,应采用(　　)。
   A. 气相色谱　　B. 质谱　　C. 紫外光谱　　D. 核磁共振波谱

6. 下列(　　)简写表示大气压化学电离源。
   A. EI　　　　B. FAB　　　　C. APCI　　　　D. ESI

7. 在磁场强度保持恒定,而加速电压逐渐增加的质谱仪中,最先通过固定的收集器狭缝的是(　　)。
   A. 质荷比最低的正离子　　　　B. 质量最高的负离子
   C. 质荷比最高的正离子　　　　D. 质量最低的负离子

8. 判断分子离子峰的正确方法是(　　)。
   A. 增加进样量,分子离子峰强度增加　　B. 图谱中强度最大的峰
   C. 质荷比最大的峰　　　　　　　　　　D. 降低电子轰击电压,分子离子峰强度增加

9. 下列化合物中,分子离子峰的质荷比为奇数的是(　　)。
   A. $C_8H_6N_4$　　B. $C_6H_5NO_2$　　C. $C_9H_{10}O_2$　　D. $C_9H_{10}O$

10. 除同位素离子峰外,如果质谱中存在分子离子峰,则其一定(　　)。
    A. 基峰　　　　　　　　B. 质荷比最高的峰
    C. 偶数质量峰　　　　　D. 奇数质量峰

11. 要想获得较多碎片离子,采用以下( )离子源?
   A. EI　　　　　　B. FAB　　　　　C. APCI　　　　　D. ESI
12. 某化合物的相对分子质量为150,下面分子式中不可能的是( )。
   A. $C_9H_{12}NO$　　B. $C_9H_{14}N_2$　　C. $C_{10}H_2N_2$　　D. $C_{10}H_{14}O$
13. 辨认分子离子峰,以下几种说法不正确的是( )。
   A. 分子离子峰是质谱图中质量最大的峰
   B. 某些化合物的离子峰可能在谱图中不出现
   C. 分子离子峰一定是质谱图中质量最大、丰度最大的峰
   D. 分子离子峰的丰度大小与其稳定性有关
14. 含C、H和N的有机化合物的分子离子m/z的规则是( )。
   A. 偶数个N原子数形成偶数m/z,奇数个N原子形成奇数m/z
   B. 偶数个N原子数形成奇数m/z,奇数个N原子形成偶数m/z
   C. 不管N原子数的奇偶都形成偶数m/z
   D. 不管N原子数的奇偶都形成奇数m/z
15. 某含氮化合物的质谱图上,其分子离子峰m/z为265,则可提供的信息是( )。
   A. 该化合物含奇数氮,相对分子质量为265
   B. 该化合物含偶数氮,相对分子质量为265
   C. 该化合物含偶数氮
   D. 不能确定含奇数或偶数氮
16. 什么是质谱,质谱分析原理是什么?它有哪些特点?
17. 试述化学电离源的工作原理。
18. 有机化合物在电子轰击离子源中有可能产生哪些类型的离子?从这些离子的质谱峰中可以得到一些什么信息?
19. 色谱与质谱联用后有什么突出特点?
20. 什么是氮规则?能否根据氮规则判断分子离子峰?
21. 如何利用质谱信息来判断化合物的相对分子质量?判断分子式?
22. 某质谱仪能够分开CO^+(27.994 9)和N_2^+(28.006 2)两离子峰,该仪器的分辨率至少是多少?

第 5 篇
仪器分析综合实训

综合实训

综合实训项目 1　地面水中污染物的分析

【实训目的】
1. 了解地表水环境质量的分类标准及地表水常见的污染物类型。
2. 掌握原子吸收分光光度法测定水样重金属项目的方法。

【方法原理】
地面水污染,又称地表水污染。主要指由人类活动产生的污染物进入河流、湖泊(水库)、海洋等地面水中造成的水质下降现象。国家标准 GB 3838—2002 要求,根据地表水环境功能分类和保护目标,规定了水环境质量应控制的污染物项目及限值,以及水质评价、水质污染项目的分析方法。因水污染物检测项目繁多,本项目仅以重金属项目的检测作为训练重点,学生通过项目训练,掌握不同重金属污染指标的测定原理及原子吸收光谱仪在具体检测项目中的应用。

按照国家标准 GB 3838—2002 要求,水中的重金属污染项目主要涉及镉、铬、铅这几种重金属的检测,采用的方法是原子吸收分光光度法(螯合萃取法)。

【仪器与试剂】
1. 仪器:原子吸收分光光度计,乙炔钢瓶或乙炔发生器,空气压缩机。
备注:所用玻璃及塑料器皿用前需要在硝酸溶液中浸泡 24 h 以上,然后用水清洗干净。
2. 试剂:本标准所用试剂,均应使用符合国家标准或专业标准的分析纯试剂和去离子水或同等纯度的水。

①硝酸(HNO_3),密度 $\rho=1.42$ g/mL,优级纯。
②硝酸(HNO_3),密度 $\rho=1.42$ g/mL,分析纯。
③盐酸(HCl),密度 $\rho=1.19$ g/mL,优级纯。
④硝酸溶液(1+1):用②硝酸配制。
⑤硝酸溶液(1+99):用①硝酸配制。

⑥盐酸溶液(1+99)：用③盐酸配制。
⑦盐酸溶液(1+1)：用③盐酸配制。
⑧氯化钙溶液，10 g/L：将无水氯化钙($CaCl_2$)2.7750 g溶于水并稀释至100 mL。
⑨铅标准贮备液：称取光谱纯纯金属铅1.0000 g(准确到0.0001 g)，用60 mL盐酸⑦溶解，用去离子水准确稀释至1 000 mL。
⑩镉标准贮备液：称取光谱纯金属镉1.0000 g，准确到0.0001 g(称前用稀硫酸洗去表面氧化物，再用去离子水洗去酸，烘干，在干燥器中冷却后，尽快称取)，用10 mL硝酸④溶解。当镉完全溶解后，用盐酸⑥准确稀释至1 000 mL。
⑪铬标准贮备液：称取光谱纯金属铬1.0000 g(准确到0.0001 g)，用60 mL盐酸⑦溶解，用去离子水准确稀释至1 000 mL。
⑫铅、镉、铬混合标准操作液：分别移取铅标准贮备液50.0 mL，镉标准贮备液25.0 mL、铬标准贮备液50.0 mL于1 000 mL容量瓶中，用盐酸⑥稀释至标线，摇匀。此溶液中铁、镉、铬的浓度分别为50.0 mg/L、25.0 mg/L、50.0 mg/L。

【实训内容】

1) 试料

测定铅、镉、铬总量时，样品通常需要消解。混匀后分取适量实验室样品于烧杯中。每100 mL水样加入5.0 mL硝酸①溶液，置于电热板上在近沸腾状态下将样品蒸至近干，冷却后再加入硝酸①溶液重复上述步骤一次。必要时再加入硝酸①或高氯酸，直至消解完全，应蒸近干，加入盐酸⑥溶解残渣，若有沉淀，用定量滤纸滤入50 mL容量瓶中，加入氯化钙⑧溶液1.0 mL，以盐酸⑥溶液稀释至标线。

2) 空白试验

在测定样品的同时，测定空白。用水代替试料做空白实验。采用相同的步骤，且与采样和测定中所用的试剂用量相同。

3) 校准曲线的绘制

分别取铅、镉、铬混合标准操作液⑫于50 mL容量瓶中，用盐酸⑥溶液稀释至标线，摇匀。至少应配制5个标准溶液，且待测元素的浓度应落在这一标准系列范围内。根据仪器说明书选择最佳参数，用盐酸⑥溶液调零后，在选定的条件下测量其相应的吸光度，绘制标准曲线。在测定过程中，要定期检查校准曲线。

4) 测量

在测量标准系列溶液的同时，测量样品溶液及空白溶液的吸光度。由样品吸光度减去空白吸光度，从标准曲线上求得样品溶液中铅、镉、铬的含量。

5) 结果计算

重金属的含量，其表达式为

$$X = \frac{c \times 50 \times f}{m}$$

式中　X——(铅、镉、铬)可溶性含量，mg/kg；

　　　c——从标准曲线上测得的试验溶液(铅、镉、铬)的浓度，μg/mL；

　　　f——稀释因子；

50——定容体积,mL;

m——称取的样品量,g。

【结果处理】

水样中重金属测定结果按照下表进行处理。

项 目	1	2
空白溶液的吸光度 A_0		
试样中铅的吸光度 $A_{铅}$		
试样中镉的吸光度 $A_{镉}$		
试样中铬的吸光度 $A_{铬}$		
从标准曲线上测得的铅的浓度/(μg·mL^{-1})		
从标准曲线上测得的镉的浓度/(μg·mL^{-1})		
从标准曲线上测得的铬的浓度/(μg·mL^{-1})		
稀释因子 F		
称取的样品质量 m/g		
平均值		
判定结果(参照限量标准)		

【注意事项】

1. 标准曲线的绘制范围要根据不同吸收液中的重金属浓度进行相应的调整,原则上应使吸收液测定的吸光度在曲线中间段最佳。

2. 每测完一种重金属元素,在测定另外一种重金属元素前,需更换相应元素的空心灯,并预热 20 min 左右。

3. 影响铅、镉、铬原子吸收法准确度的主要干扰是化学干扰,当硅的浓度大于 20 mg/L 时,对铅的测定产生负干扰;当硅的浓度大于 50 mg/L 时,对铬、镉的测定也会出现负干扰,这些干扰的程度随着硅的浓度的增加而增加。若试样中存在 200 mg/L 氯化钙时,上述干扰可以消除。一般来说,铅、镉、铬的火焰原子吸收法的基体干扰不严重,由分子吸收或光散射造成的背景吸收也可忽略,但遇到高矿化度水样,有背景吸收时,应采用背景校正措施,或将水样适当稀释后再测定。

另外,由于铅、镉、铬的光谱线较复杂,为克服光谱干扰,应选择小的光谱通带。废弃溶液应统一收集起来,统一处理,避免污染环境。

【思考题】

1. 查阅关于地表水相关国家标准,概述地表水环境质量的分类标准及地表水常见的污染物类型,所用的分析仪器是什么?

2. 本项目使用的火焰原子吸收光谱仪在测定过程中,结合测定的不同重金属项目,需要调节的仪器关键参数有哪些? 为保证最佳参数,应如何实验?

综合实训项目 2 穿心莲药材与制品中有效成分的富集及含量测定

【实训目的】
1. 了解穿心莲内酯成分的药理作用。
2. 掌握常见的有效成分的富集方法。
3. 掌握高效液相色谱仪的操作及定量方法。

【方法原理】
穿心莲为爵床科穿心莲属植物,药用叶或全草,秋初茎叶盛时采割,晒干。在中药里归为凉性药物。穿心莲是抗病毒的首选药物之一,而穿心莲内酯为穿心莲药材及其制品中的主要活性成分。穿心莲内酯为酯类结构,在水溶液中易水解、开环、异构化,故影响药物稳定性。本项目利用醇提法提取穿心莲药材及其制品中的穿心莲内酯成分,并利用高效液相色谱法进行含量测定,通过项目的训练,使学生掌握有效成分的富集方法,学会用高效液相色谱仪测定样品中有效成分的含量。穿心莲药材及其制品中的主要活性成分是穿心莲内酯,而从穿心莲材及其制品中提取穿心莲内酯的方法很多,常用的有水提法、醇提法,本项目采用提取效果较好的醇提法对样品中的穿心莲内酯成分进行提取,并利用高效液相色谱法对提取的成分进行含量测定。

【仪器与试剂】
1. 仪器:植物试样粉碎机,超声波仪,旋转蒸发仪,高效液相色谱仪。
2. 试剂:穿心莲全草,穿心莲内酯标准品,乙醇(75%),纤维素酶,氯仿。

【实训内容】
1) 穿心莲内酯提取工艺
本试验采取酶解前处理及乙醇超声波提取相结合,同时采用氯仿纯化处理样品。将穿心莲全草试样用植物粉碎机粉碎后,称取 50.0 g 穿心莲粉末,加入 1 300 U 的纤维素酶,酶解温度控制在 50 ℃左右,控制酶解 pH 值控制在 4.0 左右,酶解时间为 100 min,将酶解液过滤待用。酶解后,往滤渣中加入浓度为 75% 乙醇,体积为原料 10 倍的乙醇放入超声波仪中进行提取,提取温度控制在 50 ℃,提取时间为 20 min。残渣按上述步骤进行二次超声过程,合并两次提取液,用旋转蒸发仪回收乙醇,浸膏用 100 mL 石油醚清洗,以除去叶绿素,加入适量水溶解浸膏后,加入 500 mL 氯仿萃取,静置过夜后,弃去水层和氯仿层,取中间层析出物,加入乙醇进行复结晶过程(加热溶解,浓缩,结晶),即得到穿心莲内酯结晶品。

2) 标准曲线绘制
精密称取约 25.0 mg 穿心莲内酯标准品于 50 mL 容量瓶中,用 75% 乙醇稀释至刻度,再分别吸取 0.0 mL、2.0 mL、4.0 mL、6.0 mL、8.0 mL、10.0 mL 于 10 mL 容量瓶中,定容,过滤头过滤取续滤液进高效液相色谱仪,进样 10 μL,以峰面积为纵坐标,进样品浓度为横坐标作图,绘制标准曲线。

3)色谱条件

色谱柱:Kxosmosil Cls色谱柱;流动相:甲醇：水=50：50;流速:0.6 mL/min;检测波长:225 nm;柱温:室温;进样量:10 μL。

4)样品测定

精密称取约50.0 mg穿心莲内酯品提取纯化样品于50 mL容量瓶中,用75%乙醇稀释至刻度,定容,过滤后取滤液进高效液相色谱仪,进样10 μL,记录色谱峰的峰面积。

5)结果计算

从标准曲线上读出试样中穿心莲内酯的浓度,其表达式为

$$X = \frac{(c_t - c_b) V \times f}{1\,000 \times m}$$

式中　X——试样中穿心莲内酯含量,g/kg;

c_t——从标准曲线上读取的试样溶液中穿心莲内酯浓度,μg/mL;

c_b——从标准曲线上读取的空白溶液中穿心莲内酯浓度,μg/mL;

V——试样溶液定容后的体积,mL;

m——试样的质量,g;

f——试样溶液的稀释因子。

【结果处理】

穿心莲内酯测定结果按照下表进行处理。

项　目	1	2
空白溶液穿心莲内酯峰面积 A_b		
试样中穿心莲内酯峰面积 A_t		
从标准曲线上测得的空白溶液中穿心莲内酯的浓度 c_b/(μg·mL^{-1})		
从标准曲线上测得的试样溶液中穿心莲内酯的浓度 c_t/(μg·mL^{-1})		
称取的样品质量 m/g		
平均值		
判定结果(参照限量标准)		

【注意事项】

由于试样成分的复杂程度不一样,可能会出现与穿心莲内酯保留时间相同的其他成分的干扰或由于干扰的存在,造成峰形拖尾等现象。若出现这些现象,应采取合适的办法降低或消除干扰。

【思考题】

1.穿心莲内酯有哪些物理化学性质？并简述穿心莲内酯的药理作用。

2.本项目测定的是试样中穿心莲内酯的粗品,未经过纯化过程,如若对穿心莲粗品进行纯化,常见的纯化方法有哪些?

综合实训项目3 化妆品中性激素的测定

【实训目的】
1. 了解化妆品中常见的性激素类型。
2. 掌握超高效液相色谱分离-紫外检测定量的方法及原理。
3. 掌握质谱仪定性分析的方法及原理。
4. 掌握超高效液相色谱分离-紫外检测定量-串联质谱定性联用的方法及原理,能对样品进行定性分析及谱图解析。

【方法原理】
化妆品中的激素主要集中在类固醇类激素上,按药理作用分为性激素和肾上腺皮质激素。性激素包括雄激素、雌激素和孕激素,性激素添加到化妆品中具有促进毛发生长、丰乳、美白、除皱和增加皮肤弹性等作用,但长期过量使用添加性激素的化妆品,会导致女性患乳腺癌和子宫肌瘤的发病率大大提高,还可引起月经不调、色素沉着、黑斑、皮肤变薄和萎缩等不良反应甚至有致癌的危险。由于具有特殊的美容功效,性激素常常被一些化妆品生产商添加到各类功能性化妆品中,给消费者健康带来损害。我国《化妆品卫生规范》规定性激素为化妆品的禁用物质,并提供了化妆品中雌二醇等7种性激素测定的液相色谱和气质联用检测方法,如《化妆品中四十一种糖皮质激素的测定(液相色谱-串联质谱法和薄层层析法)》(GB/T 24800.2—2009)以薄层层析法进行定性筛选,液相色谱-串联质谱法进行定量测定;《进出口化妆品中糖皮质激素类与孕激素类检测方法》(SN/T 2533—2010)中则规定了化妆品中17种糖皮质激素和11种孕激素的液相色谱法和液相色谱-串联质谱法等。对色谱检出阳性的样品必须要进行质谱确认。

《化妆品卫生规范》中规定化妆品中涉及的性激素种类包括雌酮、雌二醇、雌三醇、己烯雌酚、睾丸酮、甲基睾丸酮和黄体酮7种,上述7种性激素的定量测定方法为高效液相色谱紫外检测器法;定性测定方法为气相色谱质谱联用法定性。本项目采用超高效液相色谱-串联质谱法对化妆品中的7种性激素进行定量测定,旨在训练学生对超高效液相色谱及质谱仪的操作应用。

样品依次经提取、去脂、C_{18}固相萃取小柱净化,以乙腈和水为流动相,在C_{18}(2.1 mm×50 mm,1.7 μm)色谱柱上进行梯度洗脱分离,用多反应监测串联质谱定性。

【仪器与试剂】
1. 仪器:超高效液相色谱/串联质谱,色谱柱(Waters Acquity UPLC BEH C_{18}柱,2.1 mm×50 mm,1.7 μm);固相萃取装置。
2. 试剂:雌酮、雌二醇、雌三醇、己烯雌酚、睾丸酮、甲基睾丸酮和黄体酮7种性激素的标准品。

【实训内容】
1) 标准溶液的配制
单标储备溶液:准确称取7种性激素标准品各0.06 g(精确至0.0600 g),分别置于

100 mL容量瓶中,用甲醇溶解并定容至刻度,配成浓度为600 μg/mL标准储备液。

混合标准工作液:分别移取上述各单标储备液5.0 mL,置于一只50 mL容量瓶中,用甲醇溶液稀释至刻度,得到浓度为60 μg/mL混合标准工作液。

2)样品前处理

准确称取混匀试样约1.0 g于试管中,用乙醚2.0 mL振荡提取3次,合并提取液,氮气吹干后,加入乙腈1 mL超声提取移出,再用乙腈0.5 mL振荡洗涤,合并乙腈用氮气吹干。残渣加甲醇0.5 mL超声溶解后加入水3.5 mL,混匀,用C_{18}柱进行吸附(小柱预先依次用3.0 mL甲醇和5 mL水平衡),然后用乙腈+水(1+4)3.0 mL洗涤,真空抽干。最后用乙腈7.0 mL洗脱,经0.22 μm滤膜过滤得到待测液,在设定色谱条件下进样5.0 μL分析。

3)液相色谱条件

色谱柱:Waters Acquity UPLC BEH C_{18}柱;流动相:A为乙腈,B为水,采用梯度洗脱,初始时乙腈的体积分数为25%,至7 min线性增长至60%,7.1 min后恢复初始流动相,平衡1.5 min结束;流速:0.3 mL/min;进样量:5 μL;紫外吸收波长:215 nm。

4)质谱参考条件

离子化方式为ESI,其中雌性激素采用ESI-,雄性激素和黄体酮采用ESI+;毛细管电压:2.8 kV;电离源温度:100 ℃;脱溶剂气温度:350 ℃;脱溶剂气流量:500 L/h;锥孔气流量:50 L/h。

质谱采集方法:多反应监测串联质谱(MRM),包括两个采集通道,第一通道采集正离子,第二通道采集负离子。

各目标化合物特征离子,及其对应的锥孔电压、碰撞诱导解离能量及采集通道序号见下表。

编号	化合物	母离子(m/z)	离子源	锥孔电压/V	子离子(m/z)	碰撞能量/eV
1	睾丸酮	289	ESI+	30	97[a] 109	20
2	甲基睾丸酮	303	ESI+	30	97[a] 109	18
3	黄体酮	315	ESI+	30	97[a] 109	20
4	雌三醇	287	ESI-	50	171[a] 183	35
5	雌二醇	271	ESI-	50	183[a] 145	40
6	雌酮	269	ESI-	50	145[a] 159	38
7	己烯雌酚	267	ESI-	40	237[a] 251	28

注:a为定量离子。

5)标准曲线绘制

精密量取 1.0 mg/L 的混合标准工作液 0.5 mL、1.0 mL、2.0 mL、3.0 mL、5.0 mL、10.0 mL,分别置于 10 mL 容量瓶中,用甲醇溶液稀释至刻度,摇匀,配制成 3.0 μg/mL、6.0 μg/mL、12.0 μg/mL、18.0 μg/mL、30.0 μg/mL、60.0 μg/mL 的标准系列混合工作溶液,10 μL 进样,以峰面积对浓度绘制标准曲线。

6)结果计算

直接从标准曲线上读出试样中穿心莲内酯的浓度,其表达式为

$$X = \frac{(c_t - c_b) \times V \times f}{1\,000 \times m}$$

式中 X——试样中性激素含量,g/kg;

c_t——从标准曲线上读取的试样溶液中性激素浓度,μg/mL;

c_b——从标准曲线上读取的空白溶液中性激素浓度,μg/mL;

V——试样溶液定容后的体积,mL;

m——试样的质量,g;

f——试样溶液的稀释因子。

【结果处理】

化妆品中性激素测定结果按照下表进行处理。

项 目	雌酮	雌二醇	雌二醇	己烯雌酚	睾丸酮	甲基睾丸酮	黄体酮
空白溶液性激素峰面积 A_b							
试样中穿心莲内酯峰面积 A_t							
从标准曲线上测得的空白溶液中穿心莲内酯的浓度 $c_b/(\mu g \cdot mL^{-1})$							
从标准曲线上测得的试样溶液中穿心莲内酯的浓度 $c_t/(\mu g \cdot mL^{-1})$							
称取的样品质量 m/g							
判定结果(参照限量标准)							

【注意事项】

1. 本项目采用梯度洗脱程序,以保证 7 种性激速均可得到很好的分离,即可排除相互干扰,也可缩短样品的分析时间。

2. 由于各目标化合物分子结构的特点,睾丸酮、甲基睾丸酮、黄体酮电离方式选择 ESI+,雌三醇、雌二醇、雌酮、己烯雌酚 4 种雌性激素采用 ESI−,两种电离方式瞬间切换进行 MRM 采集。

【思考题】

1. 锥孔电压的大小和碰撞能量的大小有何影响?
2. 判断影响质谱分析结果的原因是什么?

综合实训项目 4　家畜肉中土霉素、四环素、金霉素残留量测定

【实训目的】
1. 理解高效液相色谱的分析原理。
2. 掌握标准曲线定量的方法。

【方法原理】
近年来,为有效预防和治疗禽畜、鱼类等疾病的发生,兽药及化学药品被广泛地应用作饲料添加剂,以促进其生长速度,控制其生殖周期和繁育能力。土霉素、金霉素、四环素是我国应用最广、应用时间最长的动物保健性抗生素,曾经为我国的"菜篮子工程"保驾护航,但是这3种抗生素在动物性食品中的残留不仅危害人体健康,而且更为严重的是动物性食品中残留较低浓度的土霉素、金霉素和四环素容易诱导各种致病菌产生耐药性,不利于抗生素药物对人类和畜禽类疾病的治疗。如果在牛羊肉、猪肉以及鸡鸭鱼肉中残留过量的各种抗生素,这些残留通过食物链进入人体,进而会对人体产生各种危害。

为了保障人类的生命健康,世界各国卫生组织以及食品药品监督管理部门都已将肉食品中各种抗生素残留量作了严格规定,并且以抗生素在肉食品中的残留量作为产品进口的贸易壁垒。我国也制定了国家标准 GB/T 5009.116—2003 对畜、禽肉中土霉素、四环素、金霉素残留量的检测方法进行了严格规定。试样经提取,微孔滤膜过滤后直接进样,用液相色谱分离,紫外检测器检测,与标准比较定量,出峰顺序为土霉素、四环素、金霉素。本方法的检出限分别为 0.15 mg/kg,四环素 0.20 mg/kg,金霉素 0.65 mg/kg。

【仪器与试剂】
1. 仪器:高效液相色谱仪(HPLC),具有紫外检测器。
2. 试剂:市售家畜肉,乙腈,磷酸二氢钠溶液(用 30% 硝酸溶液调节 pH 2.5),土霉素、四环素、金霉素标准品。

【实训内容】
1)试样测定
称取 5.00 g(±0.01 g)切碎的肉样(<5 mm),置于 50 mL 锥形瓶中,加入 5% 高氯酸 25.0 mL,于振荡器上振荡提取 10 min,移入离心管中,以 2 000 r/min 离心 3 min,取上清液经 0.45 μm 滤膜过滤,取溶液 10 μL 进样,记录峰面积,从工作曲线上查得含量。

2)色谱条件
色谱柱:ODS-C$_{18}$(6.2 mm×15 cm, 5 μm);柱温:室温;检测波长:355 nm;流速:1.0 mL/min;进样量:10 μL;流动相:乙腈+0.01 mol/L 磷酸二氢钠溶液=35+65,使用前用超声波脱气 10 min。

3)标准曲线绘制
分别称取 7 份切碎的肉样,每份 5.00 g(精确到±0.01 g),分别加入混合标准溶液

0.0 μL、25.0 μL、50.0 μL、100.0 μL、150.0 μL、200.0 μL、250.0 μL（含土霉素、四环素各为 0 μg、2.5 μg、5.0 μg、10.0 μg、15.0 μg、20.0 μg、25.0 μg；含金霉素 0.0 μg、5.0 μg、10.0 μg、20.0 μg、30.0 μg、40.0 μg、50.0 μg），按上述试样测定的方法操作，峰面积为纵坐标，抗生素含量为横坐标，绘制标准工作曲线。

4）数据记录

记录的数据，其表达式为

$$X = \frac{(c_t - c_b) \times V \times f}{1\,000 \times m}$$

式中　X——试样中抗生素含量，g/kg；
　　　c_t——从标准曲线上读取的试样溶液中抗生素浓度，μg/mL；
　　　c_b——从标准曲线上读取的空白溶液中抗生素浓度，μg/mL；
　　　V——试样溶液定容后的体积，mL；
　　　m——试样的质量，g；
　　　f——试样溶液的稀释因子。

【结果处理】

家畜肉中抗生素测定结果按照下表进行处理。

项　目	土霉素	四环素	金霉素
空白溶液性激素峰面积 A_b			
试样中穿心莲内酯峰面积 A_t			
从标准曲线上测得的空白溶液中穿心莲内酯的浓度 $c_b/(\mu g \cdot mL^{-1})$			
从标准曲线上测得的试样溶液中穿心莲内酯的浓度 $c_t/(\mu g \cdot mL^{-1})$			
称取的样品质量 m/g			
判定结果（参照限量标准）			

【注意事项】

土霉素、四环素、金霉素这 3 种物质结构相似，电荷数相同，只有足够灵敏度的检测方法才能同时达到分离和低浓度检测的目的。

【思考题】

家畜肉中经常需要检测的抗生素有哪些类型？本项目涉及的土霉素、四环素和金霉素属于哪种类型？除这 3 种抗生素以外，家畜肉中常检测的抗生素类型还有哪些？

参考文献

[1] 王峰.现代仪器分析[M].北京:中国轻工业出版社,2008.
[2] 蔡自由.分析化学[M].北京:中国医药科技出版社,2013.
[3] 丁明浩.仪器分析[M].北京:化学工业出版社,2009.
[4] 梁述忠.仪器分析[M].北京:化学工业出版社,2008.
[5] 曹国庆.仪器分析技术[M].北京:化学工业出版社,2009.
[6] 黄杉生.分析化学习题集[M].北京:科学出版社,2008.
[7] 王燕.食品检验技术(理化部分)[M].北京:中国轻工业出版社,2014.
[8] 曾泳.分析化学(仪器分析部分)[M].北京:高等教育出版社,2010.
[9] 魏福祥.仪器分析原理及技术[M].北京:中国石化出版社,2011.
[10] 张剑荣.仪器分析实验[M].北京:科学出版社,2008.
[11] 曹国庆.仪器分析技术[M].北京:化学工业出版社,2009.
[12] 刘密新,等.仪器分析[M].北京:清华大学出版社,2002.
[13] 朱明华.仪器分析[M].北京:高等教育出版社,2000.
[14] 黄一石.仪器分析技术[M].北京:化学工业出版社,2000.
[15] 董慧茹.仪器分析[M].北京:化学工业出版社,2000.
[16] 陈培榕,邓勃.现代仪器分析实验与技术[M].北京:清华大学出版社,1999.
[17] 赵瑶兴,孙祥玉.光谱解析与有机结构鉴定[M].北京:中国科学技术大学出版社,1992.
[18] 王彦吉,宋增福.光谱分析与色谱分析[M].北京:北京大学出版社,1995.
[19] 施荫玉,冯亚非.仪器分析解题指南与习题[M].北京:高等教育出版社,1998.
[20] 魏培海,曹国庆.仪器分析[M].北京:高等教育出版社,2014.
[21] 黄一石,吴朝华,杨小林.仪器分析[M].3版.北京:化学工业出版社,2013.
[22] 朱明华,仪器分析[M].3版.北京:高等教育出版社,2000.
[23] 杨根元.实用仪器分析[M].3版.北京大学出版社,2001.
[24] 钱沙华,韦进宝.环境仪器分析[M].2版.北京:中国环境科学出版社,2011.
[25] 叶宪曾,张新祥.仪器分析教程[M].2版.北京:北京大学出版社,2009.
[26] 曾北危,姜平.环境激素[M].北京:化学工业出版社,2005.
[27] 汪正范,杨树民,吴侔天,等.色谱联用技术[M].北京:化学工业出版社,2001.
[28] 付成程,郑战伟,郭玉蓉,等.质谱仪的发展及其在食品行业中的应用[J].农产品加工(学刊),2011(05).

[29] 韩德权,等.微生物发酵工艺学原理[M].北京:化学工业出版社,2013.

[30] 胡斌,江组成.质谱联用技术及形态分析(精)[M].北京:科学出版社,2007.

[31] 王光辉,熊少祥.同位素质谱技术与应用[M].北京:化学工业出版社,2005.

[32] Li-Ping Bai, Zongwei Cai, Zhong-Zhen Zhao, Kazuhiko Nakatani, Zhi-Hong Jiang. Site-specific binding of chelerythrine and sanguinarine to single pyrimidine bulges in hairpin DNA[J]. Analytical and Bioanalytical Chemistry,2008(4).

[33] LIU J, WANG X R, CAI Z W, et al. Effect oftanshinone IIA on the noncovalent interaction between warfarin and human serum albumin studiedby electrospray ionization mass spectrometry[M]. Journal of the American Society for Mass Spectrometry,2008.

[34] 邹红.四极杆气相色谱-质谱联用仪的管理与维护[J].实验室科学,2012(5).

[35] 李俊玲,王冬梅,王余萍.固相萃取-三重串联四极杆气相色谱/质谱联用测定食用油中16种邻苯二甲酸酯类化合物[J].中国卫生检验杂志,2014(6).

[36] Sheretov EP, Kolotilin BI, Veselkin NV, et al. Opportunities for Optimization of the Signal Applied to Electrodes of Quadrupole Mass Spec-trometers[M]. International Journal of Mass Spectrometry,2000.

[37] 单晓梅.MS/MS原理及GC/MS/MS技术在农残检测中应用[J].安徽预防医学杂志,2008(6).

[38] 肖文,姜红石.MS/MS的原理和GC/MS/MS在环境分析中的应用[J].环境科学与技术,2004(5).

[39] Guillaume Salquèbre, Claude Schummer, Maurice Millet, Olivier Briand, Brice M. R. Appenzeller. Multi-class pesticide analysis in human hair by gas chromatography tandem (triple quadrupole) mass spectrometry with solid phase microextraction and liquid injection[J]. Analytica Chimica Acta,2011.

[40] Qin-Bao Lin, Hui-Juan Shi, Ping Xue. MSPD-GC-MS-MS Determination of Residues of Organic Nitrogen-Containing Pesticides in Vegetables[J]. Chromatographia,2010 (11-12).

[41] 刘志刚,岳峥,马东兵.中国资源综合利用[J].水体生物修复技术研究进展,2008,26(12):25-28.

[42] 王金梅,薛叙明,等.水污染控制技术[M].北京:化学工业出版社,2004.

[43] 孙希君.水污染及污水处理[J].哈尔滨学院学报,2002(8).

[44] 张春滨,王昆,顾文涛.穿心莲内酯工艺改进探讨[J].安徽医药,2002,6(3):7-8.

[45] 宋粉云,种兆健.HPLC法测定莲芝消炎胶囊中穿心莲内酯含量[J].广东药学院学报,2002,18(3):184.

[46] 王克柳.HPLC法测定炎得平片中穿心莲内酯及脱水穿心莲内酯含量[J].山东医药工业,2002,21(5):8-9.

[47] 穆缊,刘洋,刘华.欧盟化妆品新法规简介及我国与欧盟化妆品监管的比较[J].香料香精化妆品,2010(5):39-42.

[48] 刘宪萍. 浅析我国化妆品质量安全及其标准化工作[J]. 日用化学品科学, 2010, 33(10): 39-40.

[49] Maria Jose Gonzalez. Sample preparation strategy for the simultaneous determination of macrolide antibiotics in animal feedingstuffs by liquid chromatography with electrochemical detection (HPLC-ECD) [J]. Journal of Pharmaceutical and Biomedical Analysis, 2007, 43(5): 1628-1637.

[50] Furusawa N. Simplified liquid-chromatographic determination of residues of tetracycline antibiotics in eggs[J]. Chromatographic, 2001, 53(1): 47-50.

[51] Ienrik C Wegener. Antibiotics in animal feed and their role in resistance development[J]. Current opinion in microbiology, 2003, 6(5): 439-445.